嘉峪关市水资源承载能力与酒泉钢铁(集团)循环经济和结构调整适应性研究

焦瑞峰　刘永峰　宋华力　彭　勃　李　锐　等著

黄河水利出版社

·郑州·

内 容 提 要

本书从地表水、地下水和中水等方面，全面分析、论述了嘉峪关市水资源承载能力，结合酒泉钢铁（集团）循环经济和结构调整项目，分析项目的政策符合性，评价项目清洁生产水平，识别项目的工艺和涉水环节，通过对项目取水的可靠性和可行性以及退水对水文情势、区域水资源配置、水环境影响等方面的论证，提出了相应的水资源保护措施和建议，从而得出嘉峪关市水资源承载能力可支撑该项目的运行和对水环境的影响在可承受的范围内。

本书可供从事水文研究、水资源管理、水资源论证、环境影响评价等方面的专业技术人员和管理人员以及相关专业的大中专学生、研究生参考使用。

图书在版编目（CIP）数据

嘉峪关市水资源承载能力与酒泉钢铁（集团）循环
经济和结构调整适应性研究/焦瑞峰等著. —郑州：黄河
水利出版社，2013.12
ISBN 978 - 7 - 5509 - 0686 - 0

Ⅰ.①嘉…　Ⅱ.①焦…　Ⅲ.①水资源 - 承载力 -
关系 - 钢铁厂 - 自然资源 - 资源利用 - 研究 - 嘉峪关市
②水资源 - 承载力 - 关系 - 钢铁厂 - 工业结构调整 -
研究 - 嘉峪关市　Ⅳ.①TV213.4②F426.31

中国版本图书馆 CIP 数据核字（2013）第 309816 号

策划编辑：王路平　电话：0371 - 66022212　E-mail：hhslwlp@163.com

出　版　社：黄河水利出版社
　　　　　地址：河南省郑州市顺河路黄委会综合楼 14 层　　邮政编码：450003
发行单位：黄河水利出版社
　　　　　发行部电话：0371 - 66026940、66020550、66028024、66022620（传真）
　　　　　E-mail：hhslcbs@126.com
承印单位：河南新华印刷集团有限公司
开本：787 mm×1 092 mm　1/16
印张：19.25
字数：450 千字　　　　　　　　　　　　　印数：1—1 000
版次：2013 年 12 月第 1 版　　　　　　　　印次：2013 年 12 月第 1 次印刷
定价：50.00 元

前　言

嘉峪关市地处戈壁腹地、河西走廊中部,因 1958 年国家"一五"重点建设项目"酒泉钢铁公司"(目前的酒泉钢铁(集团)有限责任公司前身)的建设而兴起的一座新兴的工业旅游现代化区域中心城市。其气候干燥寒冷,降水量稀少,水资源主要依靠祁连山区大气降水和冰雪融水补给,是一个缺水较严重的城市,水资源总量为 256 万 m^3/a。人均占有水资源量为 1 440 m^3,不足全国人均的 1/2,为全国 108 个重点缺水城市之一。随着城市规模的日益扩大、人口的不断增加、社会经济的不断发展,水资源供需矛盾日趋突出。

酒泉钢铁(集团)有限责任公司总部经过多年的发展,现已形成"采、选、烧"到"铁、钢、材"完整配套的钢铁工业生产体系和以钢铁业为主,集火力发电、机械制造、电器修造、焊接材料、钢结构制作、耐材化工、水泥建材、工业民用建筑、区域物流、房地产开发、高科技种植养殖、葡萄酿酒、餐饮商贸、工业旅游等多元产业并举的跨地区、跨行业、跨所有制的新格局,是西北地区最大的钢铁联合企业和碳钢、不锈钢生产基地。一方面,酒泉钢铁(集团)有限责任公司现有的钢铁产品中,高档产品不多,与大型企业的地位不符,不适应市场的需要;另一方面,钢铁业整体发展水平与先进企业水平相比存在差距,节能降耗、清洁生产和产品档次等存在不足,如部分工序能耗高、二次能源回收不充分、先进与落后技术装备并存、自产矿品位不高、资源利用整体水平不高等。作为全国大型钢铁企业和甘肃省名列前茅的大企业集团,酒泉钢铁(集团)有限责任公司亟须尽快全面提升技术装备水平、产品档次、节能减排能力、资源综合利用水平,实现企业综合竞争力的提高和可持续发展。

2009 年底,国务院批复了《甘肃省循环经济总体规划》(国函〔2009〕150 号),这是国家首次批准的地区性循环经济发展规划。对于资源大省和老工业基地的甘肃省,发展循环经济是转变发展方式,实现全面、协调和可持续发展的必然选择。为了促进甘肃省循环经济发展的全面实施,2010 年国家先后发布了《国务院办公厅关于进一步支持甘肃经济社会发展的若干意见》(国办发〔2010〕29 号)和《国务院办公厅印发关于进一步支持甘肃经济社会发展若干意见重点工作分工方案的通知》(国办函〔2010〕143 号),要求甘肃省抓紧启动实施《甘肃省循环经济总体规划》,努力形成循环经济产业集群。

在此背景下,按照甘肃省委、省政府统一部署,酒泉钢铁(集团)有限责任公司适时提出了嘉峪关本部循环经济和结构调整项目,拟在现有钢铁产业链基础上,淘汰小高炉、小转炉、小电炉等落后装备,从采选到轧钢的全过程实施填平补齐、结构调整和发展循环经济,建设以 2 250 mm 热连轧机为中心前后配套的采矿、选矿、烧结、球团、焦化、高炉、转炉、电炉、冷轧等生产设施,同时建设干法除尘、余热余能回收、废弃物处理和资源化利用项目,全面提升技术装备水平、产品档次、节能减排能力、资源综合利用水平,提高企业综合竞争力,实现企业可持续发展。2012 年 5 月 10 日,国家发展改革委以《关于酒泉钢铁

(集团)有限责任公司循环经济和结构调整项目开展前期工作的复函》同意本项目开展前期工作。

酒泉钢铁(集团)有限责任公司作为嘉峪关市的支柱产业,城市的水资源承载能力是否能支撑项目的实施是至关重要的。本书从地表水、地下水和中水等方面,全面分析论述嘉峪关市水资源承载能力,结合酒泉循环经济和结构调整项目,识别项目的工艺和涉水环节,从而得出嘉峪关市水资源承载能力可支撑该项目的运行和该项目对水环境的影响在可承受的范围内。

本书撰写人员及撰写分工如下:第1章、第6章由李锐撰写,第2章由闫海富撰写,第3章、第10章由彭勃撰写,第4章由宋华力撰写,第5章、第8章由焦瑞峰撰写,第7章、第9章由刘永峰撰写,全书由焦瑞峰统稿。

黄河水资源保护科学研究院王任翔副院长给予了悉心的指导和帮助,李家东在诸多关键技术方面提供了大量帮助。甘肃省水利厅、嘉峪关市水务局、甘肃省地矿局水文地质工程地质勘察院、兰州大学、北京京诚嘉宇环境科技有限公司等单位的多位专家给本次研究提出了宝贵意见与建议,在此一并表示衷心感谢!

由于作者水平有限,错漏之处在所难免,敬请广大读者批评指正。

作 者
2013 年 10 月

目　录

第 1 章　嘉峪关市概况

嘉峪关是古"丝绸之路"的交通要冲,又是明代万里长城的西端起点。在这里,两千多年前开辟的中国与西方经济文化交流的"丝绸古道"及历代兵家征战的"古战场"烽燧依稀可见。这里是中国丝路文化和长城文化的交汇点,素有"河西重镇"、"边陲锁钥"之称。

1.1　自然环境

1.1.1　地理位置

嘉峪关市位于甘肃省的西北部、祁连山北麓、河西走廊的中段、酒泉西缘,南北介于文殊山和嘉峪关西北山之间,是以举世闻名的天下第一雄关——嘉峪关命名的工业旅游城市。

嘉峪关市具有比较明显的区位优势,是新亚欧大陆桥的必经之地,位居酒泉市、东风航天城、玉门石油城、404 核工业基地和敦煌艺术宝库的地理中心。东与酒泉接壤,西与玉门市为邻,南倚终年积雪的祁连山和张掖市的肃南裕固族自治县,北同酒泉市的金塔县和内蒙古自治区的额济纳旗相连。

嘉峪关市地理位置为东经 97°25′～98°30′,北纬 39°18′～39°59′,区域总面积 2 935 km²。嘉峪关城区在嘉峪关市中部,中心地理坐标为东经 98°15′,北纬 39°45′。全市海拔在 1 412～2 722 m,绿洲分布于海拔 1 450～1 700 m,城区平均海拔 1 600 m。境内地势平坦,土地类型多样。城市的中西部多为戈壁,是市区和工业企业所在地;东南、东北为绿洲,是农业区,绿洲随地貌被戈壁分割为点、块、条、带状,占土地总面积的 1.9%。市区规划面积约 260 km²,已建成面积 87 km²。嘉峪关地理位置见图 1-1。

1.1.2　地形地貌

嘉峪关市地处大陆内部,基本上属于干旱荒漠自然景观地带,海拔在 1 410～3 600 m。西南部是海拔 2 500～4 000 m 的祁连山,东北部是海拔 2 500～3 600 m 的龙首山(合黎山),两山骈列,中部为冲积扇形成的盆地。全市土地总面积 4 240 km²,其中,14.4% 为山区,51.1% 为川区,34.5% 为荒区。按其自然特点,市域内可分为北山山区和走廊平原两部分。

北山山区由中高山、低山和梯状平原三个地貌类型构成,主要分布在北山山区的东大山、大梁坡山、盘道山、红泉墩山、红沙窝北山、北大山等地区,呈西北—东南走向,一般海拔 1 670～2 380 m,最高的东大山海拔 3 633 m,属低山丘陵地形。由于第四纪时期地壳震荡上升,在山体北麓形成具有多级夷平面的桌状山地形,在北部平山湖地区,由于地壳徐缓的上升作用,形成梯状高平原地形。这部分山区气候干旱、缺水、植被稀少,山麓岩石裸露,为典型荒漠景观。

图1-1 嘉峪关地理位置

走廊平原是河西走廊的一部分,属于祁连山地槽边缘拗陷带。喜马拉雅运动时,祁连山大幅度隆升,走廊接受了大量新生代以来的洪积、冲积物。走廊地势平坦,一般海拔1 500 m左右。

1.1.3　水文水资源

嘉峪关市的主要地表水源为讨赖河及大草滩水库。嘉峪关市水系分布见图1-2。

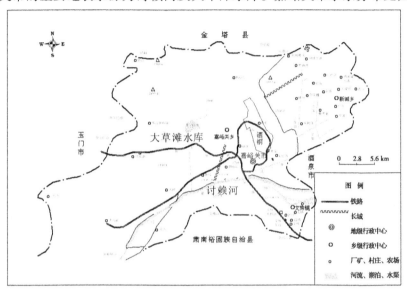

图1-2　嘉峪关市水系分布

1.1.3.1　讨赖河

讨赖河原名北大河,属于内陆黑河水系,也有将出口前河段称为讨赖河的。讨赖河发源于祁连山的讨赖掌,向西北流经讨赖川及讨赖峡,横穿山岭于冰沟口入河西走廊后,折向东北自嘉峪关盆地西南、文殊山北,由西向东经酒泉城北再流经3 km汇入鸳鸯池水库,流程360 km,集水面积6 883 km^2。河水主要靠祁连山区大气降水和冰雪融化汇集而成。

讨赖河源头位于嘉峪关市南侧的祁连山中。水源区达620 km^2,年均降水量800 mm,汇集可得22亿 m^{3}的水。除蒸发外,约35%(即7.7亿 m^3)直接补给地表水或地下水;还有一部分结成冰川,冰川消融时,也补给地表水和地下水。河源区域有冰川120余条,储水达31亿 m^3,消融和积结保持平衡。

讨赖河河水主要作为农业生产灌溉用水,只是在洪水期和非农业用水季节自讨赖河冰沟引水入大草滩水库作为酒泉钢铁(集团)有限责任公司(简称酒钢)生产用水。

补连山区峰顶冰川消融和大气降水(200~300 mm/a)是讨赖河水理想的补给水源。补连山区气温在5月开始上升,雪水开始补给讨赖河水,到7、8月气温上升到最高,这种补给作用也相应地增强。另外,山区降雨也多集中在7、8月。

2010年,对讨赖河嘉峪关段进行了12次26个项目的水质监测,全年有13个项目未检出;对大草滩水库进行了6次28个项目的水质监测,其中有16个项目全年未检出,地表水其余项目浓度值均低于《地表水环境质量标准》(GB 3838—2002)的二级标准限值,水环境质量状况良好。

1.1.3.2　大草滩水库

大草滩水库位于嘉峪关市中部偏西,总库容为 6 400 万 m³,兴利库容为 5 900 万 m³,设计年平均供水流量为 3 m³/s。大草滩水库主要引讨赖河水,自讨赖河渠首,经 7.5 km 暗渠与 2.7 km 明渠进入大草滩水库。暗渠最大引水量为 16.5 m³/s,每年分洪和非农灌季节引赖河水入库,这是酒钢工业生产用水的主要来源。当水库储水水位较低时,对地下水没有多大影响。但上升到较高水位时,由于地下水顶托条件消失,水面扩展到渗透性好的地段,对地下水有一定的补给作用。

1.1.3.3　地下水

嘉峪关市境内地下水储量较丰富,可开采量为 1.41 亿 m³,流量为 3.53 m³/s。市境内地下水的运动,因有文殊山至黄草营间地质断层而产生地下水跌落。断层以西,潜水面距地表很浅,一般只有 10~25 m,含水层厚度为 10~50 m;在断层地貌分界线有嘉峪关泉水断续流出;断层以东,潜水面深度突然增至 100 m 以下,含水层厚度也突然增至 400 m以上,这是由含水层底板下降造成的。

嘉峪关市地下水补给途径有地表径流渗漏补给、南山沟谷潜流补给、深部基岩(侧向、顶托)补给和其他补给等。地表径流主要是讨赖河,渗漏补给量为 3.468 m³/s;由祁连山通向嘉峪关地区的有大红泉沟、西沟、东浪柴沟等 24 条沟谷,有潜流,也有表流,渗入补给量约 0.32 m³/s;深部基岩侧向、顶托及其他补给 3.889 m³/s。

嘉峪关大断层控制着当地潜水的运动状况。在断层以西,潜水由南向北移动,埋深由南部的 100 m 渐变为黑山湖一带 10 m 左右,含水层厚度一般只有 40~60 m;当潜流在黑山受阻后,又向东移动,经过 15 km 长的大断层(过水宽度 8.895 km),又潜至 100 m 以下,自西南向东流动;自新城一带,潜水水位又上升至 10 m 左右,新城以东地段地下水位在 5 m 左右、含水层厚度 10~50 m。由于地下潜水排泄不利,地下水具承压性,低洼处成泉水出露,形成湖沼。

2010 年,对地下水峪泉镇四号井、文殊双泉和新城野麻湾七队 3 个监测点进行了 6次 23 个项目的水质监测,3 个监测点均无超标项目,地下水环境质量状况良好。

1.1.4　气候气象

嘉峪关市地处亚洲大陆腹地的中温带干旱区,属大陆性季风气候,干燥少雨,春季风沙大,日照充足,辐射强,蒸发量大,降雨主要集中在每年 7、8 月,年平均气温为 7.3 ℃,日照时间长,干热风是主要灾害性天气。酒泉气象站多年主要气象要素平均值及极值见表 1-1。

1.1.5　矿产资源

嘉峪关市已探明矿产资源有 21 个矿种,产地 40 多处,其中铁、锰、铜、金、石灰石、芒硝、铸型黏土、重晶石等为当地优势矿产资源。镜铁山铁矿石矿总储量为 4.83 亿 t,现已建成 560 万 t 的生产能力,是国内最大的坑采冶金矿山;西沟石灰石矿储量为 2.06 亿 t,为露天开采,年产量 80 万 t;大草滩铸型黏土总储量为 9800 万 t。邻近地区还有储量可

表 1-1　酒泉气象站多年主要气象要素平均值及极值

序号	项目	数值
1	年平均气压(hPa)	852.7
2	年平均气温(℃)	7.3
3	年平均风速(m/s)	2.3
4	年平均降水量(mm)	85.3
5	年平均相对湿度(%)	46
6	年平均蒸发量(mm)	2 114
7	日照率(%)	68
8	极端最高气温(℃)	38.4
9	极端最低气温(℃)	-31.4
10	最大风速(m/s)	34
11	平均冻土深度(mm)	108
12	盛行风向	偏西风

观的芒硝矿及可供开采的铬、锰、萤石、冰川石等矿藏。

在嘉峪关市目前开发利用的矿产资源中,砂石主要用作建筑材料,年产约 20 万 t;铸型黏土主要作为水泥配料,年产约 6 万 t;花岗岩经破碎后主要用作铁路、公路的路基石,产量随嘉酒地区道路建设情况而定,浮动较大,现年产约 10 万 t;石灰石和白云石于 2003 年发现,目前尚未开发利用;零星金矿点由于矿石品位不高,目前处于试验性生产阶段。

1.1.6　土壤植被

嘉峪关地区土壤类型属砾质(戈壁)灰棕漠土,其成土母质为洪积物和砖红、灰黄色陆相碎屑岩。

区内植被情况较差,没有天然林木。新城、文殊、峪泉镇的居民点、公路沿线及市区有少量人造防风、防沙林,树种以白杨、沙枣树为主,文殊镇有部分经济林木。农作物多系小麦、豆类、糜谷及蔬菜等。

现有植被类型为典型的荒漠型植被。戈壁滩上草类稀少,多是野生的芨芨草、白刺、骆驼刺、野芦苇等碱性草类,覆盖度 5% 以下。

新城镇以北湖滩沼泽地,多是马莲、冰草和地皮草等,覆盖度为 50% ~60%。

1.1.7 野生动物

嘉峪关区域生态环境脆弱,市境内约 60% 的土地为戈壁滩,不适宜野生生物生存,区域内野生生物较少。据区域历史调查资料,嘉峪关境内野生动物有兽类、禽类、爬行类和两栖类共 4 种。区域动物种类汇总见表 1-2。

表 1-2 区域动物种类汇总

类型	种类
兽类	黄羊、青羊、野兔、狼、狐狸、黄鼠狼、旱獭、猞猁、刺猬,分布于山谷地、戈壁滩中水草较多处。其中,黄羊和野兔较多
禽类	乌鸦、麻雀、原鸽、沙鸡、野鸭、山鸡、寒鸦、喜鹊、布谷鸟、黄鸟、猫头鹰、雪鸡、斑鸠、啄木鸟、灰雀、山雀、蝙蝠、鹰、白鹤、水雀、雉、百灵鸟、雁和燕子
爬行类	蛇、壁虎、蜥蜴、蛤蚧
两栖类	青蛙、蟾蜍

1.2 社会环境

1.2.1 行政区划

嘉峪关市历史上无郡县设置,是 1958 年伴随着国家"一五"重点建设项目"酒泉钢铁公司"的建设而逐步发展起来的一座新兴的现代化城市。1965 年设市,1971 年经国务院批准为省辖市。嘉峪关市下辖长城、雄关、镜铁 3 个区。

嘉峪关市为移民城市,居民以汉族为主,约占全市总人口的 98%,主要集中在市区。此外,还有回族、藏族、满族、东乡族等 12 个少数民族,大多数分布于各乡镇。2010 年年末,全市总人口 21.8 万人。

1.2.2 社会经济

嘉峪关市是伴随着酒钢的建设而发展起来的新兴工业旅游城市。镜铁山矿区丰富的铁矿资源,为酒钢的生产提供了大量的原料,是本地区钢铁工业发展的保证。旅游资源丰富,文物古迹众多,对促进本地区社会经济的发展和对外开放起到了十分重要的作用。由于讨赖河灌溉水资源丰富、土地集中,农业收成较好,农牧业基础好,现已形成以冶金为主体,旅游、商贸、城郊型农业为重点的经济格局,三大产业持续发展,经济实力不断增强。

2010 年,全市实现地区生产总值(GDP)184.3 亿元,按可比价格计算,比 2009 年增长 17.54%。人均国内生产总值达到 83 425 元;地区性财政收入完成 8.34 亿元;城镇居民人均可支配收入 16 741 元,全面完成经济社会发展的各项指标。

1.2.3　交通

嘉峪关市区位优势明显,交通条件优越。它是我国内地通往新疆、中亚的咽喉要冲,新亚欧大陆桥上的中转重镇,处于西部资源产区的中心,配置资源的地理位置优越。境内及周边地区有酒钢、404 核工业基地、玉门石油管理局、东风航天城等大型国有企业,"西气东输"、"西电东送"、"西油东送"等几大能源网跨境而过,是河西走廊生产要素最富集、最活跃的地区之一。

嘉峪关市呈立体交通格局。国道 312 线高速公路纵贯全境,嘉峪关火车站是新亚欧大陆桥上的一等客货运站和二等编组站,每天有 20 多对客运列车通过。嘉峪关机场是 4E 级国际备降机场,可起降各类大型飞机,有直达北京、上海、西安、兰州、成都、天津、乌鲁木齐等地的航线。

2010 年,嘉峪关市全年交通运输、仓储和邮政业完成增加值 8.19 亿元,与 2009 年相比,增长 7%。全年铁路完成客运量 143.71 万人次,增长 10.11%;货运量 652.69 万 t,增长 20.62%。公路完成客运量 2 640.82 万人次,增长 17.6%;货运量 2 730 万 t,增长 40.87%。公路旅客周转量 36 387.09 万人,增长 27.54%。民航旅客吞吐量 133 513 人次,增长 49%。

1.2.4　旅游资源

嘉峪关地处古"丝绸之路"的交通要冲,又是明代万里长城的西端起点。在这里,丝路文化和长城文化融为一体、交相辉映,素有"河西重镇"、"边陲锁钥"之称,旅游资源非常丰富。这里有雄伟壮观的汉代和明代万里长城、嘉峪关关城、长城第一墩、悬壁长城,以及展现古代游牧民族社会生活的黑山浅石刻岩画,国家重点文物保护单位魏晋墓地下画廊等人文古迹;有亚洲距城市最近的七一冰川及祁连积雪、瀚海蜃楼等独具特色的西部风光,有博大精深的中国第一座"长城博物馆"和被誉为世界三大滑翔基地之一的嘉峪关国际滑翔基地及国家 5A 级关城文化旅游景区;有西北民俗风情旅游和讨赖河大峡谷探险、沙漠探险、花海魔鬼城探险等具有西部风情的探险旅游胜地;有乾圆山庄、新城草湖等休闲度假的好地方;还有石关峡、黑山湖等多处正在开发的旅游资源。这些形成了以嘉峪关关城为龙头的四大资源(空中气流资源、山地冰川资源、陆地资源和地下资源)、八大景点(嘉峪关关城、嘉峪关国际滑翔基地、长城第一墩、悬壁长城、黑山浅石刻岩画、长城博物馆、魏晋墓地下画廊、七一冰川),为旅游业的发展奠定了资源基础。当地生产的旅游产品主要有夜光杯、风雨雕、驼绒画、祁连玉雕、嘉峪石砚、文物复制品及反映魏晋时代人文景观的墓砖画等。

1.2.5　农业生产

嘉峪关市的农业生产基地主要是峪泉、文殊及新城 3 个镇,主要农牧产品为粮食、油料、蔬菜、瓜果及畜牧类。

2010 年,全市农作物播种面积达到 5.79 万亩(1 亩 = 1/15 hm^2,余同),与 2009 年持平。粮食播种面积达到 1.3 万亩,下降 3%。其中,小麦播种面积达到 0.63 万亩,下降

14.86%;玉米播种面积达到0.53万亩,增长17.86%;蔬菜园艺播种面积达到2.39万亩,下降0.8%。2010年,粮食总产量达到7 076.88 t,下降0.6%;肉类总产量达到2 291.16 t,下降0.8%;牛奶产量4 942 t,增长75%。

2010年,全市大牲畜存栏0.55万头,增长19.6%。其中,牛存栏0.49万头,增长22.5%;生猪存栏2.48万头,下降4.98%;羊存栏3.82万只,下降14.35%;家禽存栏9.51万只,增长4.97%。

1.2.6　工业生产

嘉峪关市重点工业生产行业为化学原料及化学制品制造业、金属制品业、热力生产供应业。2010年,全市工业企业完成工业总产值518.2亿元,增长23.7%;完成工业增加值143.44亿元,增长21.3%。其中,市属工业企业实现工业增加值11.38亿元,增长28%。主要产品产量稳步增长:钢增长7.3%,生铁增长2.8%,钢材增长11.8%,水泥、铁合金也分别增长30.4%和25.9%,牛奶产量增长4.4倍。

第 2 章　嘉峪关市水资源及其开发利用分析

　　嘉峪关市地处戈壁腹地,气候干燥,降水量少,水资源主要依赖祁连山区降水和冰雪融水补给,是全国 200 个缺水城市之一,人均水资源量仅为全国平均水平的 1/2。讨赖河是唯一一条流经嘉峪关市的河流,且酒钢循环经济和结构调整项目区域地处讨赖河干流区(其中,原料部分是指镜铁山铁矿,位于甘肃省肃南裕固族自治县祁丰乡境内;钢铁部分是指除矿山外的钢铁产业链,位于嘉峪关市),因此分析嘉峪关市水资源及其开发利用情况主要是分析讨赖河干流嘉峪关市段。

2.1　区域概况

2.1.1　地理位置

　　讨赖河流域地处河西走廊中部,属黑河水系一级支流。流域东起马营河,西以嘉峪关市境内的黑山为界,南与疏勒河流域毗邻,北以金塔盆地马鬃山为界,位于北纬 38°24′ ~ 40°56′、东经 97°22′ ~ 99°27′,涉及行政区域有青海省祁连县,甘肃省张掖市的肃南县、高台县,嘉峪关市以及酒泉市的肃州区、金塔县,流域总面积 2.81 万 km²。

　　讨赖河流域水系图见图 2-1。

2.1.2　地形地貌

　　讨赖河流域总的地形特征是南北高,中间低;南部高,北部低;西部高,东部低。流域包括三大地形地貌区,分别是南部祁连山区、酒泉盆地区和金塔盆地区。

　　(1)讨赖河流域南部祁连山区为典型的褶皱断块高山。山脉呈 N65°W ~ S65°E 方向延展,与主构造线方向相一致,海拔多在 3 000 m 以上,最高可达 5 387 m,相对高差 800 ~ 1 000 m,具有冰川剥蚀及水流刻蚀的外貌。冰槽谷、幽谷、悬谷、角峰及冰斗屡见不鲜,V 型谷纵横其间,狭窄而陡峻,水文网异常发育,峭壁横生,陡崖林立。山坡北陡南缓,坡角 30° ~ 60°,最大可达 80°。本项目原料部分位于该区之内。

　　(2)酒泉盆地区东接高台县,西临该盆地与赤金盆地地下水分水岭(白杨河附近),南起祁连山前,北至金塔县的夹山子,形成了四周高、中间低的封闭盆地,盆地内地形西南高,东北低,由西南向东北倾斜。新城—酒泉城南—上坝—下河清以南至祁连山前是洪积扇裙,又称山前洪积戈壁带,海拔 1 500 ~ 2 100 m,以 10‰ ~ 40‰ 的坡度向北及北东方向倾斜,愈近山麓愈陡;在平原可见 4 ~ 5 级陡坎(或斜坡),均呈南东东—北西西向延伸,平原表面漫流式的冲沟极为发育;以北至北山边缘为冲洪积细土平原,海拔 1 340 ~ 1 500 m,地形平坦,微向河流下游倾斜,坡度 5‰ 左右,表面被稀疏的冲沟切割,最深可达 7 ~ 8 m,纵横交错的渠道破坏了平原的原始外貌。本项目钢铁部分位于该区之内。

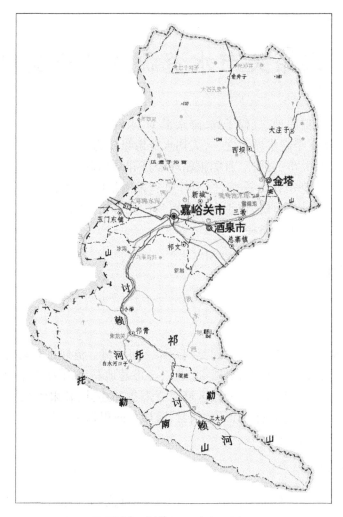

图2-1　讨赖河流域水系图

(3)金塔盆地区东以黑河出大墩门后冲洪积扇西缘为界,西与玉门市花海灌区相连,南起北山,北至马鬃山。盆地内地貌景观为洪积、湖积平原及风积沙漠,地形总趋势由南西向北东倾斜,县城以南坡度一般在10‰~20‰,县城以北坡度较缓,仅为1‰~2‰。县城以北坡度属马鬃山东南部低山地带,海拔多在1 400~1 900 m,其中大红山最高,为1 924 m,由于长时间的风化剥蚀,已成为波状起伏的准平原;中南部的讨赖河冲积扇和东部黑河两岸是金塔绿洲和鼎新绿洲;黑河东岸属巴丹吉林沙漠边缘,有沙丘分布;金塔绿洲西北和北山山地以南为戈壁分布地带,金塔绿洲与黑河之间在讨赖河古道两侧有戈壁和沙丘分布。讨赖河流域地形地貌遥感解析图见图2-2。

嘉峪关市地处祁连山北麓的戈壁平原地带,三面环山,总的地势为西南高,东北低,呈扇形由西南向东北收敛。境内土地类型多样,有山地、盆地、沙漠、戈壁、沼泽等多种地形地貌。按其成因和地形可分为中高山、长垄台地、桌状、垄岗状残丘、冲洪积扇平原、河流切蚀谷地等6种地貌。其中,山地约占全市总面积的40%,平地沙碛类约占32%,盆地可耕地约占28%。全市海拔为1 412~2 722 m,一般山地海拔为1 430~2 799 m,绿洲分布

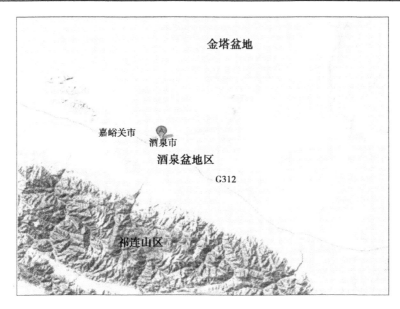

图 2-2　讨赖河流域地形地貌遥感解析图

于 1 430 ~ 1 700 m,市区中心海拔为 1 642 m。

2.1.3　地质构造

2.1.3.1　讨赖河流域

讨赖河流域地层发育较全,除震旦系和泥盆系外,各时代地层均有分布。在构造上,流域横跨中朝地台及昆仑秦祁地槽褶皱区两个一级大地构造单元,而主要位于后者中的祁连加里东褶皱系西段北部。南部为北祁连山褶皱带,中部为边缘拗陷带(走廊过渡带),向北则过渡到阿拉善地台金塔—花海子台缘拗陷带。此外,流域内新构造运动表现得相当活跃。讨赖河流域构造分区略图见图 2-3。

2.1.3.2　嘉峪关市

嘉峪关市区域出露地层在黑山地区有寒武系灰岩、板岩、砂岩、砾岩;奥陶系砾岩、灰岩、粉砂质板岩;侏罗系砾岩、细砂岩、砂质泥岩。麻芦山地区出露地层为白垩系砂质泥岩和泥岩互层,夹泥灰岩;下更新统八格楞组泥岩及砂质泥岩、砂岩和砾岩互层。文殊山地区有新近系的粉砂质泥岩夹砂岩及砾岩。嘉峪关和文殊山有第四系下更新统玉门组砾岩。大草滩、嘉峪关的台地上及讨赖河河槽内可见中更新统下酒泉组砾卵石层,泥、钙质半胶结或未胶结。戈壁滩普遍分布上更新统上酒泉组漂砾卵石层。古河道出口处和地下水溢出带附近有全新统的黄土状亚砂土分布。

区域在大地构造上属走廊拗陷带。北部为黑山隆起,西部为酒泉西盆地,东部为酒泉东盆地,介于两盆地之间的是嘉峪关大断层,东南部为文殊山隆起。区内新构造运动现象普遍存在,均受老构造的控制,并继承了老构造运动特点而发育起来。根据其构造特征又分为中央拗陷带、南倾单斜带等次一级构造单元。嘉峪关市构造分区简图见图 2-4。

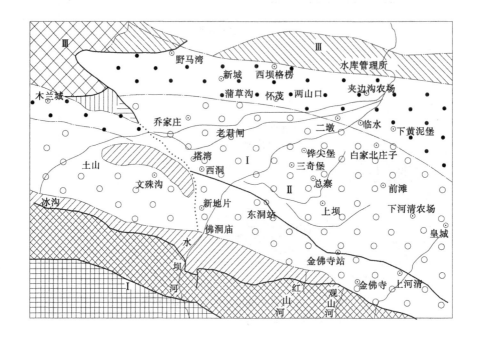

I—北祁连差异性断块隆起区;II—酒泉断块拗陷区;III—北山隆起区;
1—中新生代强烈断块隆起;2—中新生代中等强度断块隆起;3—早更新世强烈断陷,中、晚更新世隆起;
4—早、中更新世强烈拗陷、晚更新世隆起;5—第四系中等强度单斜沉降区;6—中、晚更新世以末阶状隆起;
7—中新生代中等强度隆起;8—中更新世以来微弱背斜状隆起;
9—中新世早期下降,新生代晚期相对隆起;10—第四纪时期有显著活动的逆断层;
11—第四纪时期有显著活动的大断裂带;12—第四纪时期活动不显著的大断裂带

图 2-3　讨赖河流域构造分区略图

2.1.4　河流水系

讨赖河干流发源于祁连山区讨赖南山东段的讨赖掌,其从河源至出山口冰沟口的河长为 330 km,集水面积 6 883 km²。根据冰沟水文站(简称冰沟站)63 年(1948 ~ 2010 年,2002 年因建设冰沟一级水电站,水文站迁至嘉峪关站,因此 2002 年以后进行了还原计算,利用嘉峪关站观测资料、河流引水量及河流渗漏量反求冰沟站流量)径流资料系列(见图 2-5),讨赖河出山口处径流量 6.35 亿 m³,以山区降水、冰川融水(含雪融水)和地下水为主要补给来源。

2.1.5　水文地质

嘉峪关市地下水主要分布在平原区,赋存于酒泉西盆地和酒泉东盆地两个水文地质单元。以嘉峪关大断层为界,西部是酒泉西盆地的东端,东部是酒泉东盆地的西端。地下

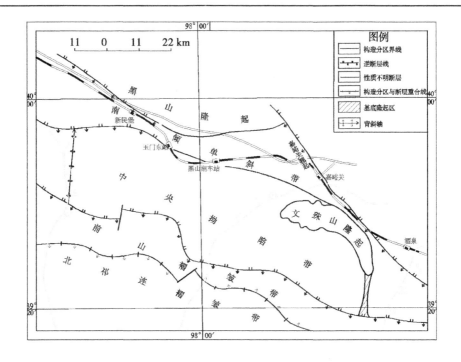

图2-4 嘉峪关市构造分区简图

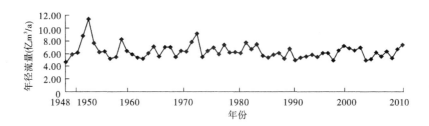

图2-5 讨赖河冰沟水文站 1948～2010 年径流过程示意图

水类型有松散岩类孔隙水、碎屑岩类孔隙－裂隙水和基岩裂隙水等3大类型。

松散岩类孔隙水广布于盆地,是区内最重要的地下水类型,属于以单一大厚度为特征的潜水,局部地带分布有承压水,含水层主要由第四系中下更新统砾卵石层构成,区内潜水含水层厚度大、富水性强,给水度达 0.15～0.28。受含水层厚度、含水层颗粒大小及地下水补给条件的制约,松散岩类孔隙水含水层富水性呈现西南向北东由大渐小的变化规律,西部的嘉峪关市一带含水层富水性较好,单井涌水量一般大于 1 000～3 000 m³/d,东部泥沟附近单井涌水量一般小于 500～1 000 m³/d。

碎屑岩类孔隙－裂隙水主要分布于鳖盖山和文殊山,含水层由白垩系及第四系下更新统砾岩、砂岩等构成,单井涌水量一般小于 1 000 m³/d,水质较差,矿化度 1～3 g/L,水化学类型为 $SO_4^{2-} - Cl^- - Mg^{2+} - Na^+$。

基岩裂隙水主要分布在黑山一带,含水层由奥陶系变质岩和碎屑岩构成,地下水径流模数小于 1 L/(s·km²),单井涌水量一般小于 100～200 m³/d,水质差,矿化度 1.1～2.6 g/L,水化学类型以 $SO_4^{2-}-Cl^--Na^+-Mg^{2+}$ 为主。

嘉峪关市地下水富水性分区图见图 2-6,地下水水化学类型分布图见图 2-7。

图 2-6 嘉峪关市地下水富水性分区图

2.1.6 气象气候

讨赖河流域地处欧亚大陆腹地,远离海洋,属大陆性气候。上游南部祁连山地,地势高峻,其后阴湿寒冷,在海拔较高地带,常年积雪,降水量随高程由南向北递减,为 300～100 mm,属典型的高寒半干旱气候,年均降水量 272.2 mm,年均气温 -3.2 ℃,年日照时数 2 926 h。全年盛行西北风,最大风速 18 m/s。主要自然灾害为干旱、风灾、霜冻、雹灾和洪水。

讨赖河流域中部酒泉盆地至北部金塔盆地,是地势平坦的绿洲,绿洲边缘有戈壁、沙漠分布。它的气候特点是:温差大,降水少,蒸发大,日照长,光热充足,干旱严重,属温带干旱气候,具有冬季寒冷、夏季炎热、干旱少雨、冬季多大风等特点。

据酒泉、金塔县气象站资料统计,多年平均气温 7.5～8.0 ℃,极端最高气温 38.4～38.6 ℃,极端最低气温 -36.1～-29 ℃,多年平均降水量 59.7～84.7 mm,年均蒸发量 2 039.5～2 539 mm,区域干旱指数高达 20 以上。干热风是主要的灾害性天气。

图2-7　嘉峪关市地下水水化学类型分布图

嘉峪关市深居内陆,远离海洋,属河西冷温带干旱气候区。据冰沟水文站(海拔2 015.0 m)、玉门火车站(海拔1 840.20 m)、嘉峪关火车站(1 710.0 m)和酒泉(1 477.2 m)气象(水文)站多年(冰沟1958~1964年、1987~2004年,玉门火车站1954~1963年,嘉峪关火车站1941~1980年,酒泉1934~2004年)平均资料(见图2-8),嘉峪关市多年平均气温7.0~8.1 ℃,7月最高平均气温为20.2~23.4 ℃,1月最低平均气温为-9.1~-7.1 ℃,极端最高温度38.6 ℃,极端最低温度-31.6 ℃;多年平均降水量85.4~181.8 mm,集中于6、7、8三个月,占全年降水量的59.3%~62.2%,其余九个月降水量占全年降水量的37.8%~40.7%;多年平均蒸发量1 175.8~2 205.4 mm,集中于5~8月四个月,占全年蒸发量的55.6%~56.7%,其余八个月蒸发量占全年蒸发量的43.3%~44.4%;多年平均相对湿度42%~46%;盛行西北风,多年平均风速2.3~3.2 m/s(见图2-9)。随着海拔的升高,降水量逐渐增加;同时,气温增加,蒸发量相应也增大。嘉峪关市多年平均降水量、气温等值线图见图2-10。

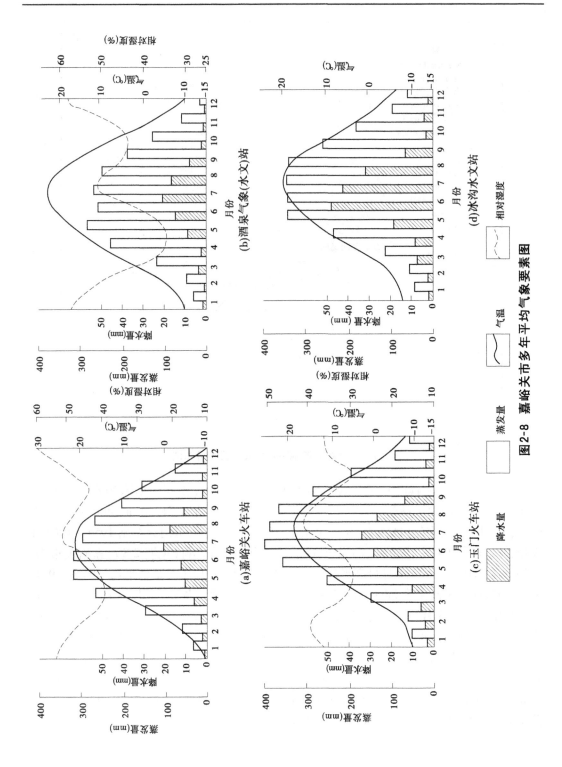

图2-8　嘉峪关市多年平均气象要素图

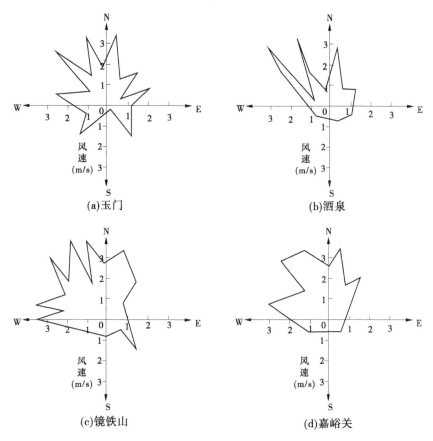

图 2-9　主要气象台 (站) 多年平均风速、风向统计

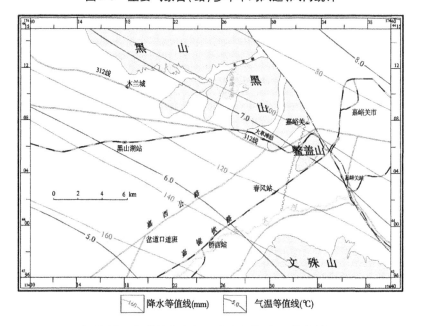

图 2-10　嘉峪关市多年平均降水量、气温等值线图

2.2　水资源状况

2.2.1　讨赖河干流区水资源状况

讨赖河发源于青海省祁连山中段讨赖南山,出冰沟口流经嘉峪关、酒泉、金塔后汇入黑河,属黑河一级支流。出山口处的冰沟水文站以上河长 260 km,集水面积 6 883 km^2,上游基本没有人为活动,因此冰沟水文站的径流量代表着讨赖河出山前的天然径流量。讨赖河从嘉峪关市西南入境,由东面流出,境内河长 40 km。河流来水由降水、冰雪融水和地下水补给,冰沟口上游属径流形成区,年降水量为 300 ~ 450 mm,植被覆盖率高,地势陡峻,河床坡降大,河水涨落迅速,洪水过程呈尖瘦型,在出山口(冰沟)径流达到最大值。

2.2.2　嘉峪关市水资源状况

2.2.2.1　地表水资源

1. 当地自产地表水资源量

受典型河西冷温带干旱区气候的影响,嘉峪关市干旱少雨,降水主要受西风带气流影响,一次降水量超过 10 mm 的场次不多,基本上不能形成有效降水。同时,嘉峪关市境内大部分下垫面为砂土、卵石和砂砾卵石,难以形成地表径流;在夏季有偶发性暴雨,局部有地表径流,但其量很小且流程短,很快下渗补给地下水。根据《嘉峪关市水资源调查评价报告》成果,嘉峪关市自产地表水资源量可近似为 0。

2. 多年平均入境地表水资源量

讨赖河是流经嘉峪关市的唯一河流,多年平均入境地表水资源是按照讨赖河冰沟断面的来水量计为 6.40 亿 m^3。据冰沟水文站 52 年(1957 ~ 2008 年,2002 年以后进行了还原计算)观测资料统计计算,讨赖河出山口径流特征值统计见表 2-1,讨赖河冰沟水文站1957 ~ 2008 年径流量过程线见图 2-11,用矩法初估参数,采用 P – Ⅲ型曲线求得讨赖河多年平均径流量为 6.40 亿 m^3,$C_v = 0.152$,$C_s = 2.5C_v$。丰水年($P = 20\%$)径流量为 7.18亿 m^3;平水年($P = 50\%$)径流量为 6.33 亿 m^3;中等干旱年($P = 75\%$)径流量为 5.71 亿m^3;枯水年($P = 95\%$)径流量为 4.94 亿 m^3。讨赖河泥沙主要来源于上游,上游山区下垫面条件较好,水土流失轻微,讨赖河出山口多年平均输沙量为 71.5 万 t,多年平均输沙模数 104 t/km^2,每年 1 ~ 5 月河水清澈,断面平均含沙量在 0.37 kg/m^3 以下,5 ~ 9 月洪水中悬移质大量增多,断面平均含沙量在 2.5 ~ 10 kg/m^3,9 月底河水悬移质才慢慢减少。河水在 11 月中旬开始结冰,至翌年 3 月下旬解冻。

表 2-1　讨赖河出山口径流特征值统计

特征值	最大值		最小值		均值(亿 m^3)	C_v	C_s	不同保证率 P 下的径流量(亿 m^3)			
	径流量(亿 m^3)	典型年	径流量(亿 m^3)	典型年				20%	50%	75%	95%
讨赖河	9.132	1972	4.85	1990	6.40	0.152	2.5C_v	7.18	6.33	5.71	4.94

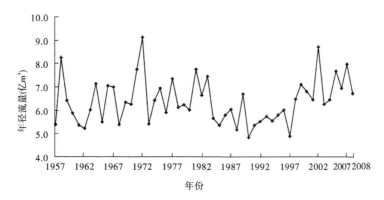

图 2-11 讨赖河冰沟水文站 1957～2008 年径流量过程线

同级分析表明,讨赖河冰沟站平水年中,冰川融水占 12.7%,高山积雪融水占 11.8%,降水占 35.9%,地下水占 39.6%,属降水和地下水混合补给类型的河流,尽管不同水平年各补给源所占比重有所差异,但地下水与冰川、积雪融水始终占有 60% 以上的比重,加上水系汇水面积较大,调蓄能力较强,因而讨赖河出山径流的年际变化相对比较稳定。从差积曲线(见图 2-12)可以看出,1957～1970 年为下降期,1971～1983 年为上升期,1984～1997 年为下降期,1998 年至今为上升期,经分析认为:1957～1970 年、1984～1997 年为相对枯水年组,多年平均径流量分别为 6.234 亿 m³、5.606 亿 m³;1971～1983 年、1998 年至今为相对丰水年组,多年平均径流量分别为 6.862 亿 m³、7.059 亿 m³。年径流变化的小周期为 3～5 年,大周期为 11～13 年。

图 2-12 讨赖河冰沟水文站 1957～2008 年径流量累计差积曲线

受上游径流补给条件的影响和支配,讨赖河出山径流虽然比较稳定,但仍呈明显的季节性变化。一般冬末春初,河源部分封冻,仅靠地下水补给,是径流的最枯时段;进入 3 月以后,随着气温上升引起的融雪和解冻,径流量显著增大;夏秋两季是祁连山区降水量最集中的季节,也是河流流量最丰沛的时期;10 月以后,气温降低,降水减少,径流量也迅速减少。汛期 6～9 月的径流量占年径流量的 55.7%。其中,7 月占 18.72%,其余八个月径流量较均匀,月径流量占年径流量的 4.82%～6.9%(见表 2-2、图 2-13)。

表2-2　讨赖河出山口径流的年内分配(冰沟站)

不同月份(m³/s)												平均	6~9月(%)全年	Q_{max}/Q_{min}
1	2	3	4	5	6	7	8	9	10	11	12	(m³/s)		
11.8	12.8	13.2	13.8	14.7	22.8	44.9	41.7	26.1	16.9	14.1	12.9	20.5	55.7	3.80

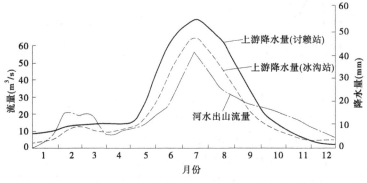

图2-13　讨赖河出山(冰沟站)逐月径流及山区降水过程曲线(2004年)

3.地表水资源可利用量

嘉峪关市地表水资源可利用量主要是讨赖河的水资源可利用量。讨赖河现行分水制度正式开始于1963年的《讨赖河系1963年灌溉管理实施办法(草案)》,之后又因为灌区规模扩大、鸳鸯池水库修建和酒钢成立等因素,对分水制度分别于1974年、1976年、1980年、1984年作了4次调整和修改。

1)讨赖河流域分水制度

讨赖河流域现行分水制度是1984年8月经原讨赖河流域管理委员会第六次会议讨论通过,由原酒泉地区行署和嘉峪关市人民政府批准生效的。其规定如下:

(1)讨赖灌区(包括嘉峪关、酒泉肃州区、农林场)用水。

3月25日中午12时至4月18日中午12时(以下均为12时)共24天;

5月5日至7月15日共71天;

7月31日至8月15日共16天;

8月31日至9月15日共16天;

9月25日至10月15日共20天;

10月31日至11月8日共9天。

讨赖灌区共计用水153天。其中,春、夏、秋给洪水河灌区分水3 000万m³左右(春灌1 000万m³,夏灌800万m³,秋灌1 200万m³左右)。3月为春灌开始时间,根据气温变化情况,可提前或推后,连续供水24天不变。

(2)鸳鸯灌区(金塔县)。

年内用水175天,分7个用水时段。

(3)酒钢用水。

全年按4 500万m³供给,今后生产规模扩大需要增加水量另行商定。冬季从12月28日至翌年2月3日供水37天,这个期间河道来水量要尽量做到全部引进,以免浪费。

不足部分在7、8、9月三个月讨赖灌区用水时间内补够。冬季供水开始日期可视气温变化情况适当提前或推后。

讨赖河给酒钢、讨赖灌区、鸳鸯灌区分水水量分别以大草滩水库渠首和讨赖河渠首计算。

2）嘉峪关市地表水资源可利用量

由上可知,讨赖河流域现行的分水制度的核心是"定时不定量（酒钢除外）",因此嘉峪关市地表水资源可利用量是在制度规定分水时段内可能获得的最大水量。随着历年来水量的变化,嘉峪关市可利用的讨赖河水资源量也在发生着变化。

2.2.2.2　地下水资源

1. 地下水类型及含水层特征

嘉峪关市地下水主要分布在平原区,赋存于酒泉西盆地和酒泉东盆地两个水文地质单元。以嘉峪关大断层为界,西部是酒泉西盆地的东端,东部是酒泉东盆地的西端。地下水类型有松散岩类孔隙水、碎屑岩类孔隙 - 裂隙水和基岩裂隙水等3大类型。

松散岩类孔隙水广布于盆地,是区内最重要的地下水类型,属于以单一大厚度为特征的潜水,局部地带分布有承压水,含水层主要由第四系中下更新统砾卵石层构成。

酒泉西盆地地下水水力坡度2‰ ~ 10‰,西南较缓,东北较陡。含水层南部较大,渗透系数一般为100 ~ 300 m/d,黑山湖水源地中部最大为300 ~ 400 m/d,北部山前最小,一般小于80 ~ 100 m/d。含水层富水性自南西向北东由弱变强,在312国道以南、黑山湖及嘉峪关古河道、讨赖河北岸广大地区为单井涌水量均大于10 000 m³/d的强富水区,北部黑山山前及古阶地附近为小于2 000 m³/d的弱富水区。地面坡降大于地下水水面坡降,含水层厚度一般为40 ~ 160 m,讨赖河北岸较厚,大于140 m,黑山湖一带为40 ~ 120 m,嘉峪关水源地一带为30 ~ 80 m,北部山前与古阶地附近较薄,一般小于20 ~ 30 m。地下水埋深自南西向东北由大于100 m渐变至10 ~ 20 m,水关峡一带则小于5 ~ 10 m,局部地段如水关峡、大草滩、嘉峪关城楼和双泉等地呈泉水溢出。

与酒泉西盆地相比较,酒泉东盆地地下水力坡度较小,一般为1‰ ~ 3‰。地下水埋深嘉峪关市区西南部最大,一般大于120 ~ 140 m,向北东方向地下水埋深逐步变小,东北部的泥沟一带受地形变缓、含水层颗粒渐细、导水性变差的影响,地下水埋深渐变为1 ~ 3 m,局部有泉水溢出,形成沼泽。含水层厚度在市区附近最大,为150 ~ 250 m,向东渐薄,到新城以东含水层厚度已不足10 m。渗透系数也呈西大东小的变化规律,西部的市区一带渗透系数一般大于100 m/d,中部毛庄子附近渗透系数渐变为50 ~ 100 m/d,东部泥沟一带渗透系数一般小于50 m/d,局部地带小于10 m/d。受含水层厚度、含水层颗粒大小及地下水补给条件的制约,含水层富水性也呈西南向北东由大渐小的变化规律,西部的嘉峪关市一带含水层富水性较好,单井涌水量一般大于1 000 ~ 3 000 m³/d,东部泥沟附近单井涌水量一般小于500 ~ 1 000 m³/d。富水性与含水层厚度、渗透系数的变化规律一致。

在新城镇以东的上部潜水赋存于全新统薄层的砂及亚黏土、亚砂土中,富水性十分微弱,单井涌水量小于0.5 L/(s·m)。下伏承压水单井涌水量大于10 L/(s·m),渗透系数大于100 m/d,富水性较好。

区内潜水含水层厚度大、富水性强,给水度达 0.15~0.28。

碎屑岩类孔隙 – 裂隙水主要分布于鳖盖山和文殊山,含水层由白垩系及第四系下更新统砾岩、砂岩等构成,单井涌水量一般小于 1 000 m³/d,水质较差,矿化度 1~3 g/L,水化学类型为 SO_4^{2-} – Cl^- – Mg^{2+} – Na^+。

基岩裂隙水主要分布在黑山一带,含水层由奥陶系变质岩和碎屑岩构成,地下水径流模数小于 1 L/(s·km²),单井涌水量一般小于 100~200 m³/d,水质差,矿化度 1.1~2.6 g/L,水化学类型以 SO_4^{2-} – Cl^- – Na^+ – Mg^{2+} 为主。

2. 地下水补给量

根据补给来源划分,地下水的补给可分为侧向地下径流流入量、地表径流渗漏量、大气降水入渗量、渠道田间渗漏量、凝结水渗入量、基岩裂隙水侧向和顶托补给量。根据水文地质单元划分,嘉峪关市地下水天然补给量可分为酒泉西、东两盆地进行计算。

1)西盆地

a. 地表径流渗漏补给量

据《三九公司地下水资源详细勘察报告》,白杨河出山后入渗补给酒泉西盆地 0.072 亿 m³/a(0.23 m³/s),与 2004 年甘肃省地矿局水文地质工程地质勘察院调查统计值 0.089 亿 m³/a 接近。本次计算取白杨河出山入渗补给量 0.089 亿 m³/a。

讨赖河渗漏补给量:2008 年讨赖河出山口径流量为 6.73 亿 m³/a,讨赖河冰沟口至龙王庙渠首全长 33 km,渗漏率为 18.83%,地下水的渗漏量为 1.267 3 万 m³/a,扣除 10% 的蒸发及包气带消耗水量,讨赖河地表径流对西盆地地下水补给量为 1.140 6 亿 m³/a。

b. 南部山前小沟小河出山地表渗漏量及沟谷潜流量

酒泉西盆地南部祁连山前尚分布有青头山沟、马莲泉沟、小麻黑头沟、麻黑头沟、麻米驼沟、大红泉沟、小红泉沟、马莲沟、西沟、东豺狼沟、松大板沟、红水河西沟等小沟谷。据 1966 年实际调查,沟谷潜流量大者 43.2 L/s(如西沟),小者仅 0.468 L/s(如添草沟),沟谷年潜流总量 0.099 5 亿 m³(见表 2-3),全部补给盆地地下水。

c. 基岩裂隙水侧向流入量和深层基岩承压水顶托补给量

关于盆地深层基岩承压裂隙水的顶托补给,因区内资料缺乏,故直接引用 1966 年《三九公司地下水资源详细勘察报告》资料:酒泉西盆地深层基岩承压水顶托补给和南部山区基岩裂隙水的侧向流入量为 3.889 7 m³/s(1.226 7 亿 m³/a)。

d. 渠道、田间渗漏补给量及降雨入渗补给量

根据地渗观测资料,次降水量(指某次降雨开始至结束连续一次降雨的总量,单位为 mm)大于 10 mm 且地下水埋深小于 5 m 时,才有有效补给。本区降水、凝结水入渗量补给仅在盆地北部局部地段有,且量十分小,可忽略不计。

综上所述,西盆地地下水总的天然补给量为 2.555 8 亿 m³/a。其中,地表径流渗漏补给量为 1.140 6 亿 m³/a,占西盆地地下水总补给量的 44.63%;侧向流入量为 1.415 2 亿 m³/a,包括白杨河出山口入渗补给量、南部山前小沟小河出山口地表渗漏及沟谷潜流量、基岩裂隙水侧向流入量和深层基岩承压水顶托补给量,占西盆地地下水总补给量的 55.37%。

表 2-3　酒泉西盆地南部祁连山沟谷潜流量一览表

名称	潜流量（m³/s）	潜流总量（m³/a）	说明
青头山沟	0.003 1	97 761.6	不包括已用去的 0.007 8 m³/s
马莲泉沟	0.003 24	102 176.64	
小麻黑头沟	0.018 0	567 648.0	
麻黑头沟	0.001 55	48 880.8	不包括已用去的 0.004 25 m³/s
麻米驼沟	0.007 9	249 134.4	不包括已用去的 0.005 09 m³/s
大红泉沟	0.027 4	864 086.4	不包括已用去的 0.030 8 m³/s
小红泉沟	0.010 2	321 667.2	
马莲沟	0.002 25	70 956.0	
西沟	0.043 2	1 362 355.2	不包括已用去的 0.006 m³/s
东豺狼沟	0.025 4	801 014.4	
窑泉沟	0.003 85	121 413.6	不包括已用去的 0.001 m³/s
添草沟	0.000 468	14 758.848	
石炭沟	0.000 725	22 863.6	
大黄沟	0.009 34	294 546.24	
下柴罩子沟	0.011 94	376 539.84	
大火烧沟	0.024 47	771 685.92	
东红沟	0.006 22	196 153.92	
红波琼沟	0.006 86	216 336.96	
松大板沟	0.027 97	882 061.92	
大直沟	0.029 943	944 282.448	不包括已用去的 0.000 007 m³/s
大直沟东沟	0.008 44	260 163.34	
干沟	0.021 16	667 301.76	
大脑皮沟	0.019 96	629 458.56	
红水河西沟	0.001 90	59 918.4	
合计	0.315 486	9 949 166.496	不包括已用去的 0.054 947 m³/s

2）东盆地

a. 地表径流渗漏补给量

2008 年讨赖河现状径流量为 6.73 亿 m³/a，西盆地渗漏量为 1.267 3 亿 m³/a，大草滩水库引水量为 0.45 亿 m³/a，西盆地渠首引水量为 3.245 2 亿 m³/a，则进入东盆地河水量为 1.767 5 亿 m³/a。讨赖河的龙王庙渠首至市界的 15 km 内有渗漏补给，此段渗漏率为 16%（《甘肃省嘉峪关市水资源开发利用现状评价》，1993），地表径流的渗漏量为 0.282 8 亿 m³/a，扣除 10% 的包气带消耗，对地下水的补给量为 0.254 5 亿 m³/a。

b. 东盆地侧向地下径流流入量

东盆地侧向地下径流流入量主要是西盆地通过嘉峪关断层的排泄量，主要指发生在水关峡、大草滩车站、嘉峪关、鳖盖山—文殊山地带的断面径流量。依据甘肃省地矿局水文地质工程地质勘察院 2008 年调查，近年来境内地下水位变幅不大，故地下水侧向流出量可直接利用 2005 年甘肃省地矿局水文地质工程地质勘察院完成的《甘肃省酒泉钢铁

(集团)有限责任公司大草滩地下水源地水文地质勘探报告》的数据,即西盆地地下水侧向流出量为 1.666 8 亿 m³/a。其中,讨赖河断面流量为 1.357 2 亿 m³/a,嘉峪关断面流量为 0.190 4 亿 m³/a,水关峡断面流量为 0.119 2 亿 m³/a。

c. 渠道渗漏量

本区的渠道主要有南、北干渠,北一支干渠,双泉截引渠及酒钢排污渠。根据讨赖河流域分水制度,各渠的入渠水量和传统的渠道损失率,计算出渠道的渗漏量,扣除包气带损耗 10%,东盆地渠道渗漏补给地下水量为 0.482 7 亿 m³/a。其中,峪泉镇 0.287 1 亿 m³/a,文殊镇 0.132 1 亿 m³/a,新城镇 0.063 5 亿 m³/a。嘉峪关市渠道渗漏补给地下水量计算结果如表 2-4 所示。

表 2-4 嘉峪关市渠道渗漏补给地下水量计算结果

渠道名称	渠首引水量 （万 m³）	渠道长度 （km）	总损失率 （%）	渠水损失量 （万 m³）	蒸发及包气 带消耗水量 （万 m³）	渠道渗漏补 给地下水量 （万 m³）
北干渠	18 292.168 3	10	9.00	1 646.30	164.43	1 481.87
南干渠	10 622.413 8	13.8	11.00	1 163.47	116.85	1 046.62
北一支干渠	2 538.068 4	10.44	27.78	705.08	70.51	634.57
双泉截引渠	2 900	16.70	10.34	299.86	29.99	269.87
酒钢排污渠	2 805.41	21.5	47.73	1 339.02	133.90	1 205.12

d. 田间渗漏量

田间渗漏量只计算潜水埋深小于 5 m 的地段,渗入系数 0.30,平均灌溉定额 1 239.8 m³/亩;新城镇田间渗入补给量为 0.051 0 亿 m³/a。

e. 大气降水的入渗补给量

大气降水的入渗补给量在潜水水位埋深小于 5 m 的地段,按有效降水量 70 mm,入渗系数 0.52 计算,大气降水入渗补给量为 0.013 0 亿 m³/a。

以上五项合计,东盆地的天然补给量为 2.468 5 亿 m³/a,其中西盆地地下水侧向补给东盆地的量为 1.667 3 亿 m³/a。

因此,嘉峪关市总的地下水天然补给量为东西盆地地下水天然补给量之和(扣除由西盆地的侧向补给重复量),为 3.357 0 亿 m³/a。

3. 地下水的排泄

本区地下水的排泄方式主要是东部的侧向流出,其次是泉水溢出,另外还有少量的地下水开采和人工截引及陆面蒸发。

1) 西盆地

a. 地下径流侧向流出

西盆地的侧向流出量即为通过嘉峪关断层向东盆地的流入量,为 1.667 3 亿 m³/a。

西盆地地下水侧向流出量计算断面位置图如图 2-14 所示。

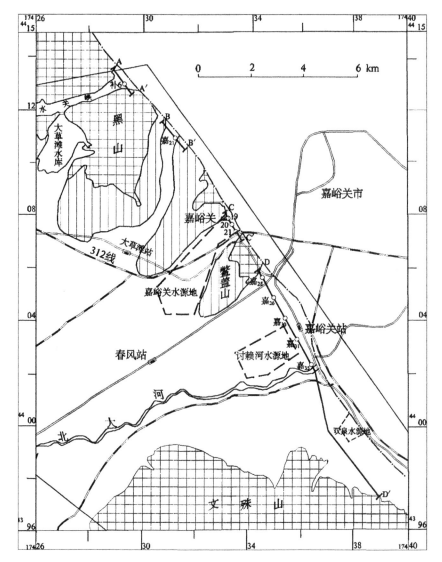

图 2-14　西盆地地下水侧向流出量计算断面位置图

b. 泉水溢出

依据 2005 年甘肃省地矿局水文地质工程地质勘察院完成的《甘肃省酒泉钢铁(集团)有限责任公司大草滩地下水源地水文地质勘探报告》,除大草滩水库泉水、双泉水源地泉水外,泉水溢出带尚有嘉峪关泉水、水关峡泉水溢出,两处泉水溢出量达 491.46 万 m³/a。其中,水关峡泉水溢出量 150.87 万 m³/a,嘉峪关泉水溢出量 340.59 万 m³/a,酒泉西盆地泉水溢出量为 4 521.29 万 m³/a(见表 2-5)。

表 2-5　嘉峪关市西盆地泉水溢出量统计

泉水溢出地带	水关峡	大草滩	嘉峪关	双泉	讨赖河	合计
泉水溢出量(万 m³/a)	150.87	1 214.14	340.59	2 800.00	15.69	4 521.29

c. 机井开采

集中供水机井开采量是地下水的重要排泄方式,西盆地共有机井 73 眼(不包括未开采机井),总的开采量为 0.605 6 亿 m³/a(见表 2-6)。

表 2-6 嘉峪关市西盆地各水源地机井开采情况

水源地名称	讨赖河水源地	嘉峪关水源地	黑山湖水源地
井数(眼)	25	21	27
开采量(万 m³/a)	3 691.34	2 337.21	27.29

综上所述,西盆地地下水的总排泄量为 2.725 0 亿 m³/a。

2)东盆地

a. 地下径流侧向流出

经计算,东盆地的地下径流侧向流出量总计为 21 453.79 万 m³/a,包括四个方面:一是北山沟谷地下径流排泄量,为 7 220.24 万 m³/a(见表 2-7);二是文殊镇东侧边界的侧向排泄量,为 4 303.44 万 m³/a;三是峪泉镇东侧边界的侧向排泄量,为 8 409.60 万 m³/a;四是新城镇东侧的侧向排泄地下径流排泄量,为 1 520.51 万 m³/a。上述数据均引自甘肃省地矿局水文地质工程地质勘察院 1980 年完成的《酒泉市综合水文地质图说明书》,本次工作未作进一步校核。

表 2-7 北山沟谷地下径流排泄量计算成果

断面名称		断面宽度 B(m)	含水层平均厚度 H (m)	渗透系数 K (m/d)	水力坡度 I (%)	断面面积 F(m²)	径流量 Q		总径流量 (万 m³/a)
							m³	万 m³/a	
稻房子沟	I	750.00	1.07	1.40	38.00	800.25	42.57	1.55	274.19
	II	550.00	8.41	7.70	38.00	4 624.95	1 353.26	49.39	
	III	750.00	9.67	22.20	38.00	7 250.25	6 116.31	223.25	
刀湖间沟	I	1 430.00	12.06	7.70	21.00	17 250.09	2 789.34	101.81	140.47
	II	760.00	4.93	13.45	21.00	3 749.84	1 059.14	38.66	
下水阴沟		3 720.00	26.51	178.36	10.60	98 620.92	186 454.29	6 805.58	6 805.58
合计									7 220.24

注:计算公式为 $Q = BHKI\alpha$。α 为径流排泄系数,取 9.9×10^{-4}。

b. 泉水溢出

据本次实测结果,东盆地市境内的泉水溢出量为 372 万 m³/a,主要分布在新城镇下水阴沟至泥沟一带,在东盆地新城以东的泉水或流入清水河或汇入锅盖梁水库或顺下水阴沟、道湖涧等沟谷流出盆地(见表 2-8)。

c. 机井开采

据实地调查结果,酒泉东盆地嘉峪关市境内共有开采井 121 眼,主要分布于新城水源地,总的开采量为 3 279.64 万 m³/a。

综上所述,东盆地地下水的排泄量为 25 376.74 万 m³/a。嘉峪关市总的地下水排泄量为 3.595 4 亿 m³/a(扣除重复量后)。

表 2-8 东盆地泉水溢出量统计

泉沟名称	测流断面	实测流量(m³/h)	年泉水溢出总量(万 m³)
芦家泉沟	Ⅱ	61.524	53.895 0
后墩水槽支泉沟	Ⅳ	1.62	1.419 1
后墩水槽	Ⅴ	27.468	24.062 0
野猪泉沟	Ⅵ	133.74	205.023 4
羊神庙滩泉沟	Ⅶ	3.6	3.153 6
黄水沟泉沟	Ⅷ	48.924	42.857 4
二道泥沟	Ⅸ	47.34	41.469 8
合计			371.880 3

4. 地下水位动态

1) 酒泉西盆地

a. 黑山湖水源地

受 1998 年以后停采的影响,地下水位呈现逐年上升趋势,至 2003 年后地下水位出现上下波动,但总体趋于稳定(见图 2-15)。2003 年与 1998 年相比,年平均水位上升 0.273～0.546 m,2008 年与 2003 年相比,年平均水位波动 -0.105～0.099 m,水位变幅较小。

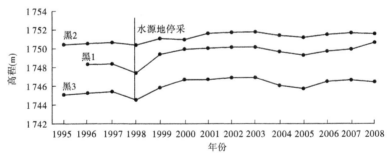

图 2-15 黑山湖水源地地下水位动态曲线

b. 嘉峪关水源地

1998 年水源地部分停采,地下水位在近年内有所上升,2003 年与 1998 年相比,年平均水位上升 0.345～0.787 m;2003 年后又处于缓慢下降趋势,年平均地下水位下降 0.105～0.396 m。局部开采地段地下水位一直处于缓慢下降趋势,年均降幅 0.284 m(见图 2-16)。总体水源地地下水位变化较小。

c. 讨赖河水源地

受 1998 年之后开采的影响,地下水位呈现逐年下降趋势(见图 2-17)。北 10 号井年平均地下水位下降 0.392 m,北 11 号、12 号井 2000～2008 年年平均地下水位下降分别为 0.204 m 和 0.125 m,总体水位下降幅度较小。

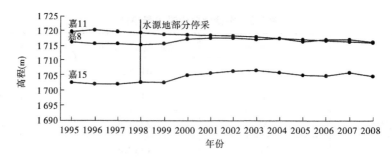

图 2-16 嘉峪关水源地地下水位动态曲线

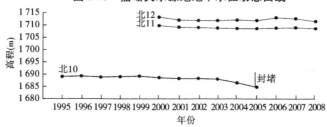

图 2-17 讨赖河水源地地下水位动态曲线

d. 双泉水源地

双泉水源地在改建后的半年内地下水位下降 0.66 ~ 1.88 m,但很快趋于稳定状态。

2)酒泉东盆地

a. 新城水源地

由于下游大量开采地下水及新城镇农田灌溉过量开采地下水,新城水源地地下水位呈下降状态,1982 ~ 1988 年下降 0.10 ~ 1.45 m,年平均水位下降 0.02 ~ 0.24 m。1988 年以后由于缺乏水位观测点,地下水位动态不详,推测地下水位处于缓慢下降趋势。

b. 其他地带

由于缺少开采井及观测资料,地下水位动态不详。

5. 地下水资源量

地下水资源量是指地下水中参与水循环且可以更新的动态水量,其计算是采用补给量法。根据补给来源划分,地下水的补给可分为侧向地下径流流入量、地表径流渗漏量、大气降水入渗量、渠系田间渗漏量、凝结水渗入量、基岩裂隙水侧向和顶托补给量。根据水文地质单元划分,嘉峪关市地下水天然补给量可分为酒泉西、东两盆地进行计算。

1)西盆地地下水资源量

经分析,西盆地地下水总的天然补给量为 2.555 8 亿 m³/a。其中,地表径流渗漏补给量为 1.229 6 亿 m³/a,包括白杨河和讨赖河渗漏补给量,其占西盆地地下水总补给量的48.1%;侧向流入量为 1.226 7 亿 m³/a,包括南部山前小沟小河出山地表渗漏、基岩裂隙水侧向流入量和深层基岩承压水顶托补给量,其占西盆地地下水总补给量的 48.0%。西盆地地下水补给量计算成果见表 2-9。

2)东盆地地下水资源量

经分析,东盆地的天然补给量为 2.468 5 亿 m³/a。其中,西盆地地下水侧向流入补给东盆地的量为 1.667 3 亿 m³/a。东盆地地下水补给量计算成果见表 2-10。

表 2-9　西盆地地下水补给量计算成果　　　　　（单位:亿 m³/a）

补给项	地表径流渗漏	沟谷潜流	侧向流入	降水入渗、渠道、田间渗漏补给	总补给量
补给量	1.229 6	0.099 5	1.226 7	0	2.555 8

表 2-10　东盆地地下水补给量计算成果　　　　　（单位:亿 m³/a）

补给项	地表径流渗漏	侧向流入	渠道渗漏	降水入渗	田间渗漏	总补给量
补给量	0.305 5	1.667 3	0.482 7	0.025 6	0.051 0	2.532 1

3）嘉峪关市地下水资源量

嘉峪关市地下水天然补给量为东、西盆地地下水天然补给量之和扣除重复计算量（西盆地向东盆地的侧向补给量）而得,为 3.420 6 亿 m³/a。

6.地下水可开采量

根据《甘肃省嘉峪关市用水总量控制指标》成果,嘉峪关市地下水资源可开采量为 1.440 8 亿 m³/a,即酒泉东、西盆地地下水天然补给量之和与河道径流渗漏补给量、渠道田间灌溉入渗补给量等地表水重复量之差。

2.2.3　水资源总量

根据《全国水资源综合规划技术细则》规定,一定区域内的水资源总量是指当地降水形成的地表产水量和地下产水量,即地表径流量与降水入渗补给量之和,不包括过境水量。

前面分析到,嘉峪关市当地自产地表水资源量可近似为 0,降水入渗补给量为 256 万 m³/a,即嘉峪关市水资源总量为 256 万 m³/a。

2.2.4　水资源质量

2.2.4.1　地表水资源质量

根据《甘肃省水功能区划成果表》,讨赖河流域水功能区划成果见表 2-11。

表 2-11　讨赖河流域水功能区划成果

水功能区级别	水功能区名称	起始断面	终止断面	河段长度(km)	水质目标
一级	讨赖河肃南源头水保护区	青甘省界	镜铁山	63	Ⅰ类
	讨赖河肃南、嘉峪关、肃州、金塔开发利用区	镜铁山	金塔	130	Ⅲ类
二级	讨赖河肃南、嘉峪关、金塔工业农业用水区	镜铁山	金塔	130	Ⅲ类

镜铁山铁矿处于讨赖河上游,2010年、2011年均对讨赖河的水质进行取样化验,选取的检测因子为色度、臭和味、肉眼可见物、pH、总硬度、溶解性总固体、硫酸盐、氯化物、铁、锰、硝酸盐、氰化物、NH_4^+、氟化物、砷、耗氧量等16项常规指标,经评价,各项指标均满足《生活饮用水卫生标准》(GB 5749—2006),水质良好。

根据2006~2010年《嘉峪关市环境质量年报》,讨赖河渠首断面、大草滩水库为嘉峪关市环保部门设定的地表水常规水质监测断面,监测频次分别为12次/年和6次/年,评价标准采用《地表水环境质量标准》(GB 3838—2002),监测参数有pH、溶解氧、高锰酸盐指数、COD、BOD_5、挥发酚、砷、氰化物、汞、六价铬、镉、铜、锌、石油类、氟化物、硫酸盐、氯化物、阴离子表面活性剂、总磷、铅、硒、粪大肠菌群、硫化物、氨氮等24项因子。5年来的水质监测数据评价结果表明,讨赖河渠首断面、大草滩水库断面水质均达到《地表水环境质量标准》Ⅲ类水质要求。

根据酒泉市环境监测站2010年对讨赖河尾部鸳鸯池、解放村两水库的水质监测资料的分析,鸳鸯池和解放村水库水质良好,所监测指标均满足《地表水环境质量标准》(GB 3838—2002)中Ⅲ类水质标准要求。

2.2.4.2　地下水资源质量

根据2006~2010年《嘉峪关市环境质量年报》,讨赖河水源地、嘉峪关水源地等两个监测点和峪泉镇四号井、文殊双泉地下水监测点、新城七队地下水监测点为嘉峪关市环保部门设定的地下水常规水质监测点,监测频次分别为12次/年和6次/年,评价标准采用《地下水质量标准》(GB/T 14848—93),监测参数有pH、总硬度、硫酸盐、氯化物、挥发酚类、高锰酸盐指数、硝酸盐、亚硝酸盐、氨氮、氟化物、总大肠菌群、汞、阴离子合成洗涤剂、氰化物、铁、锰、铜、砷、硒、六价铬、铅、锌等22项监测因子。

5年来的水质监测数据评价结果表明,嘉峪关水源地和讨赖河水源地两个监测点的水质均达到《地下水质量标准》Ⅱ类水质标准。

峪泉镇四号井、文殊双泉地下水监测点的水质均达到《地下水质量标准》Ⅲ类水质标准。

新城七队地下水中除总大肠菌群、总硬度有超标现象外,其他项目均达到《地下水质量标准》Ⅲ类水质标准。

2.3　区域水资源开发利用分析

2.3.1　讨赖河流域水资源开发利用状况

2.3.1.1　水利工程现状

讨赖河流域调蓄工程大多分布在中下游水资源开发利用区,截至2010年,共有水库60座,其中大型水库1座,中型水库2座,小型水库57座,设计总库容2.81亿 m^3,现状总库容1.83亿 m^3。

在讨赖河出山口以下,已建成讨赖河南北灌溉引水渠首1座,主要向讨南、讨北、清水、鸳鸯灌区的农田及林草灌溉,以及向嘉峪关城区等生活、工业供水;在引水干渠渠首以上 11.0 km 处,有酒钢讨赖河渠首 1 座,设计引水流量 18 m³/s,最大引水流量 25 m³/s,主要向大草滩水库供水。

2.3.1.2　现状供水状况

根据资料,2006～2010 年讨赖河干流地表供水工程年平均供水量为 59 084 万 m³。其中,嘉峪关市年用水量为 8 187 万 m³,占地表水总供水量的 14.0%。2006～2010 年讨赖河干流供用水量统计见表 2-12,2006～2010 年讨赖河干流供水量示意图见图 2-18,2006～2010 年各用户平均取用讨赖河干流地表水比例示意图见图 2-19。

表 2-12　2006～2010 年讨赖河干流供用水量统计　　　　（单位:万 m³）

年份	嘉峪关	肃州区	边湾	自用	金塔	酒钢	合计
2006	3 691	10 286	94	260	28 163	4 500	46 994
2007	3 797	10 642	122	256	40 966	4 500	60 283
2008	3 520	9 996	108	251	32 017	4 500	50 392
2009	3 551	11 540	119	441	43 915	4 500	64 066
2010	3 877	10 854	109	318	52 043	4 500	71 701
平均	3 687	10 664	110	305	39 421	4 500	58 687

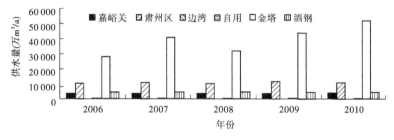

图 2-18　2006～2010 年讨赖河干流供水量示意图

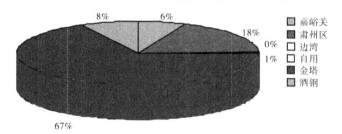

图 2-19　2006～2010 年各用户平均取用讨赖河干流地表水比例示意图

本项目原料部分位于讨赖河流域南部祁连山区,经调研论证,该区域内地表水、地下水均有开发利用,主要以工业用水为主,现阐述如下:

(1)讨赖河下红土湾至朱陇关水文站河段建有三级梯级电站,利用涵洞引用地表水发电。

(2)讨赖河小柳沟盆地有多家矿山企业,生产、生活利用地下水,经调查,现状小柳沟盆地内有 7 眼开采井,地下水开采量为 110.13 万 m³/a。

(3)本项目原料部分镜铁山铁矿取地表水(河水)作为生产、生活用水,年取水量 10 万 m³ 左右。

2.3.2　嘉峪关市水资源开发利用分析

2.3.2.1　水利工程现状

嘉峪关市水利工程主要有引水工程、蓄水工程、渠道工程和机井工程等 4 类。嘉峪关市水利工程及水源地分布示意图见图 2-20。

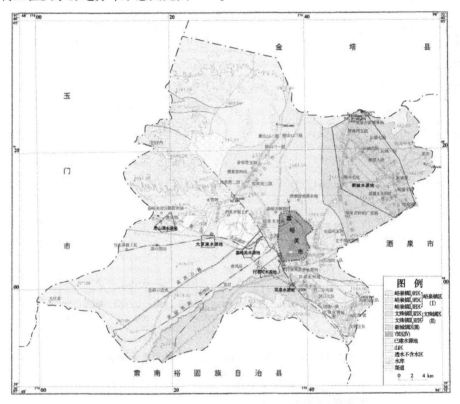

图 2-20　嘉峪关市水利工程及水源地分布示意图

1.引水工程

讨赖河是流经嘉峪关市境的唯一地表河流,在龙王庙处筑有分水闸,将水分入主河道南北两侧的人工水渠——南干渠与北干渠,分别流向嘉峪关市文殊镇和新城镇方向,主要为文殊镇、新城镇、峪泉镇安远沟村的农业灌溉输水,后进入酒泉境内。讨赖河农业渠首及南、北岸干渠卫星图片见图 2-21。

1)讨赖河南干渠

讨赖河南干渠始建于 1958 年,1966 年进行改建,1967 年完工并投入运行,属中型灌溉引输水渠道工程。渠道设计流量 20 m³/s,实际控制流量 14 m³/s。讨赖河南干渠从渠首至南干渠四支渠分水闸,全长 14.8 km,设计渠道断面为梯形,采用浆砌石砌筑,渠底宽 3.5 m,渠上口宽 7.5 m,渠深 1.8 m,边坡系数 1.25。共有各类建筑物 35 座,其中有 3 级落差 20 m 的陡坡,渠道平均坡降 1/320。

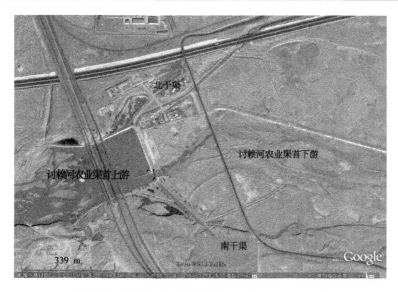

图 2-21　讨赖河农业渠首及南、北岸干渠卫星图片

2）讨赖河北干渠

讨赖河北干渠始建于 1959 年,1965 年进行改建,1966 年完工投入运行。该渠道从讨赖河渠首北干进水闸开始引水,沿东北向布置至鸳鸯分水闸前,全长 17.23 km,其中上段长 10.04 km,下段长 7.19 km,沿线共有建筑物 20 座,工程上段、下段设计流量均为 20 m³/s,实际最大过流量 16 m³/s。

2. 蓄水工程

嘉峪关市有中型水库 1 座,即大草滩水库,库容 6 400 万 m³;小型水库 4 座,即双泉水库、拱北梁水库、迎宾湖、安远沟水库,总库容 590 万 m³。

3. 渠道工程

灌区现有干、支、斗、农、毛 5 级渠道 952 条,总长为 679.49 km。其中,干渠 2 条,长 23.8 km;支干渠 1 条,长 10.44 km;支渠 13 条,长 66.79 km;斗渠 70 条,长 111.75 km;农渠 341 条,长 262.1 km;毛渠 525 条,长 204.61 km。通过建设各级渠道及配套建筑物,衬砌率由原来的 50% 提高到现在的 70% 以上。

4. 机井工程

经统计,嘉峪关市机井主要分布在 4 个水源地(黑山湖、讨赖河、双泉、嘉峪关),共有机井 216 眼,设计供水能力 9 653 万 m³。

2.3.2.2　现状供用水统计

嘉峪关市现状供用水统计资料由嘉峪关市水务局提供。

1. 供水统计

经统计,2006~2010 年嘉峪关市平均供水量为 18 464 万 m³。其中,地表水供水量为 8 187 万 m³,地下水供水量为 10 277 万 m³。

现状年 2010 年嘉峪关市总供水量为 18 321 万 m³。其中,地表水供水量为 8 377 万 m³,地下水供水量为 9 944 万 m³。

2006~2010 年嘉峪关市供水量统计见表 2-13,2006~2010 年嘉峪关市各类水利工程供水量示意图见图 2-22,2006～2010 年嘉峪关市各类水利工程平均供水比例示意图见图 2-23。

表 2-13　2006～2010 年嘉峪关市供水量统计　　　　　　　（单位:万 m³）

年份	地表水源供水量			地下水源供水量			总供水量
	蓄水	引水	小计	浅层地下水	深层地下水	小计	
2006	4 822	3 369	8 191	9 331	—	9 331	17 522
2007	4 847	3 450	8 297	9 419	—	9 419	17 716
2008	4 867	3 153	8 020	10 987	—	10 987	19 007
2009	4 851	3 200	8 051	11 702	—	11 702	19 753
2010	4 935	3 442	8 377	9 944	—	9 944	18 321
平均	4 864	3 323	8 187	10 277	—	10 277	18 464

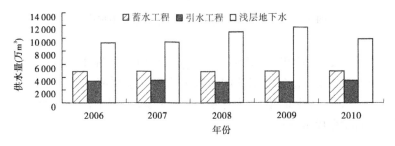

图 2-22　2006～2010 年嘉峪关市各类水利工程供水量示意图

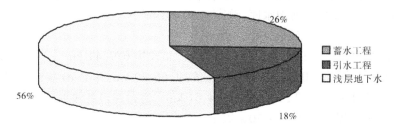

图 2-23　2006～2010 年嘉峪关市各类水利工程平均供水比例示意图

2. 用水统计

经统计,2006～2010 年嘉峪关市平均用水量为 18 463 万 m³。其中,农田灌溉用水量为 7 510 万 m³,工业用水量为 6 931 万 m³,居民生活用水量为 1 614 万 m³,生态环境用水量为 2 408 万 m³。

现状年 2010 年嘉峪关市总用水量为 18 321 万 m³。其中,农田灌溉用水量为 6 884 万 m³,工业用水量为 7 328 万 m³,居民生活用水量为 1 442 万 m³,生态环境用水量为 2 667 万 m³。

2006～2010 年嘉峪关市用水统计见表 2-14,2006～2010 年嘉峪关市各业用水量统计示意图见图 2-24,2006～2010 年嘉峪关市各业平均用水比例示意图见图 2-25。

表 2-14　2006~2010 年嘉峪关市用水统计　　　　（单位:万 m³）

年份	农田灌溉		工业用水		居民生活用水		生态环境用水		总用水量	
	总水量	地下水	总水量	地下水	总水量	地下水	总水量	地下水	总水量	地下水
2006	7 560	3 063	6 502	2 992	1 589	1 589	1 871	1 687	17 522	9 331
2007	7 667	2 980	6 227	2 807	1 579	1 579	2 243	2 053	17 716	9 419
2008	7 659	3 235	7 257	3 837	1 695	1 695	2 396	2 220	19 007	10 987
2009	7 782	3 486	7 339	3 750	1 767	1 767	2 865	2 699	19 753	11 702
2010	6 884	2 606	7 328	3 805	1 442	1 442	2 667	2 091	18 321	9 944
平均	7 510	3 074	6 931	3 438	1 614	1 614	2 408	2 150	18 464	10 277

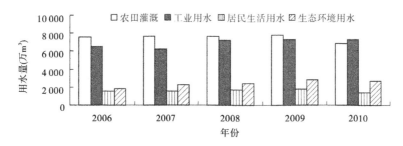

图 2-24　2006~2010 年嘉峪关市各业用水量统计示意图

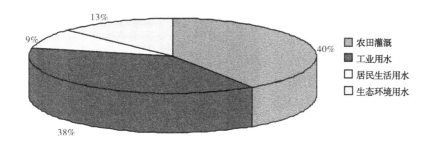

图 2-25　2006~2010 年嘉峪关市各业平均用水比例示意图

2.3.2.3　现状用水水平分析

经计算,现状年 2010 年嘉峪关市人均用水量 735 m³,万元 GDP(当年价)用水量 97 m³/万元,万元工业增加值用水量 51 m³/万元;城镇居民生活用水指标 157 L/(人·d)。2006~2010 年嘉峪关市用水分类指标对照见表 2-15,2010 年嘉峪关市主要用水指标对比分析见表 2-16。

经分析,现状年嘉峪关市万元 GDP 用水量、万元工业增加值用水量均低于甘肃省与全国的平均水平,究其原因,嘉峪关为新兴工业城市,用水效率和用水效益相对较高。

表 2-15 2006~2010 年嘉峪关市用水分类指标对照

年份	人均用水量(m³)	万元 GDP 用水量 (m³/万元)	城镇居民生活用水指标 (L/(人·d))	万元工业增加值 用水量(m³/万元)
2006	863	178	170	81
2007	863	147	167	63
2008	906	132	174	61
2009	937	123	180	58
2010	735	97	157	51

表 2-16 2010 年嘉峪关市主要用水指标对比分析

用水指标	嘉峪关市	甘肃省	全国
万元 GDP 用水量(m³/万元)	97	229	191
人均用水量(m³)	735	478	448
万元工业增加值用水量(m³/万元)	51	82	105
城镇居民生活用水指标(L/(人·d))	157	114	—

注:全国数据来自《2010 年全国水利发展统计公报》,甘肃省数据来自《2010 年甘肃省水资源公报》。

2.3.2.4 现状水资源供需平衡分析

在现状供需平衡分析中,供水量采用本年度实际供水量,需水量采用不同行业的设计保证率标准、本年度的社会经济指标及现阶段正常定额进行分析计算。

1.需水预测

1)农业需水

根据嘉峪关市水务局提供的数据,嘉峪关市有文殊、新城、嘉峪关等 3 个灌区,有效灌溉面积 5.97 万亩,综合毛灌溉定额约 1 080 m³/亩,则农业灌溉需水量为 6 447.6 万 m³。

嘉峪关市林草灌溉面积 4.31 万亩,毛灌溉定额约 452 m³/亩,则林草灌溉需水量约为 1 948.1 万 m³。

2)工业需水

以 2010 年实际工业用水量 7 328 万 m³ 作为工业需水量。

3)城乡生活需水

2010 年嘉峪关市人口总数为 23.21 万人。其中,城市人口 21.17 万人,农村人口 2.04 万人。根据《甘肃省行业用水定额(修订版)》,嘉峪关市城镇居民生活用水定额取 130 L/(人·d),考虑 10%的管网损失,毛定额为 145 L/(人·d);农村居民生活用水定额取 60 L/(人·d),考虑 30%供水损失,毛定额为 85 L/(人·d)。计算可得,嘉峪关市城乡居民生活需水量为 1 183.7 万 m³。其中,城镇居民生活需水量 1 120.4 万 m³,农村居民生活需水量 63.3 万 m³。

2010 年,嘉峪关市共有大牲畜 0.55 万头,小牲畜 6.87 万头,根据《甘肃省行业用水定额(修订版)》,大牲畜用水定额取 60 L/(头·d),小牲畜以羊为主,取 10 L/(只·d)。

计算可得,嘉峪关市牲畜需水量为 37.1 万 m³。其中,大牲畜需水量 12.0 万 m³,小牲畜需水量 25.1 万 m³。

综上,现状年嘉峪关市城乡生活需水量为 1 220.8 万 m³。

4)建筑业、第三产业需水

2010 年,嘉峪关市建筑业增加值 5.04 亿元,第三产业增加值 33.94 亿元。参考《西北内陆河水资源综合规划》成果,建筑业和第三产业现状用水定额取 12 m³/万元,则建筑业、第三产业需水量约为 467.8 万 m³。

5)城镇生态需水

嘉峪关城市现状绿化面积 14.784 km²(2.22 万亩),嘉峪关市缺乏生态需水定额数据,张掖市与嘉峪关市气候相近,因此本次计算采用张掖市生态需水定额 900 m³/亩,需水量为 1 998 万 m³。

6)嘉峪关市现状需水量汇总

综上分析,嘉峪关市现状需水总量为 19 410.3 万 m³。其中,农业灌溉需水量为 6 447.6 万 m³,林草灌溉需水量为 1 948.1 万 m³,工业需水量为 7 328 万 m³,城乡生活需水量为 1 220.8 万 m³,建筑业、第三产业需水量为 467.8 万 m³,城镇生态需水量为 1 998 万 m³。

2. 供需平衡分析

嘉峪关市 2010 年供水量为 18 321 万 m³,现状年需水量为 19 410.3 万 m³,经供需平衡分析后,缺水量为 1 089.3 万 m³,缺水率 5.6%,参见表 2-17。

表 2-17　嘉峪关市现状年水资源供需平衡分析

需水量 (万 m³)	可供水量(万 m³)				缺水量 (万 m³)	缺水率(%)
	蓄水	引水	地下水	合计		
19 410.3	4 935	3 442	9 944	18 321	1 089.3	5.6

2.4　区域水资源开发利用存在的主要问题

2.4.1　讨赖河流域水资源开发利用存在的主要问题

(1)上游小水电造成局部河段减水或脱流。

经调研,讨赖河出山口以上建有多处引水式电站,在建设运行过程中对河道生态流量考虑不足,造成局部河段减水或脱流,造成一定的环境问题。

(2)调蓄能力不足,地表水资源阶段性紧缺,中下游用水矛盾日益突出。

由于讨赖河渠首无调蓄能力,讨赖河干流中游肃州及嘉峪关的引水量完全取决于河道天然来水量,而讨赖河径流年内分配不均,致使嘉峪关和肃州区引水保证率低,往往在 5 月上中旬、7 月下旬以及 10 月下旬出现缺水情况。

(3)现行分水制度已不适应用水需求。

讨赖河分水制度历史悠久,始于民国,成型于 1963 年,历经修改,最后一次修订于 1984 年,并沿用至今。该分水制度主要特点是"定时不定量",曾经在流域水资源管理中发挥了重要作用。但随着改革开放的不断深入,流域内人口不断增长、社会不断发展,对水资源的需要已发生了改变,传统的分水制度与现代水资源管理体制、方式和手段已不适应。一是中游和下游用水时段交替定死,无法进行余缺调剂;二是在中游无调蓄能力的情况下,引水量完全依赖于河道天然来水量,无法按照灌溉实际需水量进行有效配置;三是"定时不定量"的分水制度,缺乏总量控制,不利于节约用水。

2.4.2　嘉峪关市水资源开发利用存在的主要问题

嘉峪关市多年平均降水量 84.7 mm,蒸发量 2 039.5 mm(E601 蒸发皿),干旱指数 24.1,基本上不产生径流,属严重干旱缺水地区。该区域水资源开发利用中存在的主要问题如下:

(1)属资源型缺水,且缺少调蓄工程,水资源供需矛盾突出。

嘉峪关市属资源型缺水地区,用水主要依靠过境地表水和开采地下水,是全国 200 个缺水城市之一。

讨赖河来水时空分布不均,除酒钢用水有大草滩水库调蓄保证外,讨赖灌区渠首对河川径流不起控制作用,不能有效地利用讨赖河来水,水资源供需矛盾突出。

(2)水利工程老化,灌区配套差。

嘉峪关市大部分供水设施建于 20 世纪六七十年代,设计标准低,大多需要维修和更新,灌区配套程度低;灌区管理人员中,技术人员比重小,难以实施科学、有效的管理;农田灌溉方式采用大水漫灌,渗漏蒸发损失量大,水资源存在浪费现象。由于投资渠道单一,致使部分蓄供水、节水工程项目滞后,节水技术和节水工程还不够普及。

(3)农业用水利用效益较低。

2010 年,嘉峪关市用水总量为 1.83 亿 m³。其中,第一产业用水量 0.69 亿 m³,占总用水量的 37.7%;工业用水 0.73 亿 m³,占总用水量的 39.9%。根据《2010 年嘉峪关市国民经济和社会发展统计公报》,嘉峪关市第一产业生产总值 2.46 亿元,工业增加值 142.72 亿元,则第一产业水资源利用效益为 3.6 元/m³,工业水资源利用效益为 195.5 元/m³,工业用水效益是第一产业用水效益的 54 倍。

嘉峪关市城镇化率达 90%,作为新兴的工业旅游型城市,应大力发展集约化高效节水农业,用水结构向用水效益较高的工业和第三产业调整,实现水资源从低效益领域向高效益领域的流转。

2.5　小　结

(1)讨赖河干流多年平均地表天然径流量为 6.35 亿 m³,2006 ~ 2010 年讨赖河干流地表供水工程年平均供水量为 58 687 万 m³。其中,嘉峪关市供用地表水量占地表水供水总量的 14.0%。

(2)嘉峪关市多年平均降水量 84.7 mm,蒸发量 2 039.5 mm(E601 蒸发皿),干旱指数 24.1,属于严重缺水地区。嘉峪关市当地自产地表水资源量可近似为零,降水入渗补给量为 256 万 m^3/a,其水资源总量为 256 万 m^3/a。现状年 2010 年嘉峪关市各类供水工程总供水量为 18 321 万 m^3。现状年水资源供需平衡分析结果表明,嘉峪关市 2010 年缺水量为 1 089.3 万 m^3,缺水率 5.6%。

嘉峪关市属资源型缺水地区,水资源供需矛盾突出。目前,水资源开发利用中存在着缺少调蓄工程、水利工程老化、灌区配套差、农业用水效益低下等问题。

建议嘉峪关市未来社会经济发展建设中,应加强水资源管理,转变经济增长方式,调整产业结构,大力发展优质高产节水农业项目,建立以节水、增效为核心的节水型社会,实现以水资源可持续利用促进当地社会经济可持续发展。

第 3 章　循环经济与结构调整涉水识别

3.1　现有原料部分概况

3.1.1　矿山概况及现状开采规模

酒钢镜铁山铁矿属生产矿山,已建成投产多年,分为两个矿区,即桦树沟矿区和黑沟矿区,讨赖河由南向北通过两矿区之间,相距约 2.3 km。桦树沟矿区现有生产规模为 360 万 t/a 的磁铁矿,黑沟矿区现有生产规模为 300 万 t/a 的磁铁矿。桦树沟矿区为地下开采,黑沟矿区为地表开采。

桦树沟矿区是一座有 40 多年开采历史的大型地下开采矿山,截至 2011 年年末,桦树沟地质矿量为 2.62 亿 t。经过几十年的开采,现已经形成东区、中西区两个采区。其中,14 勘探线以东为东区,东区Ⅲ、Ⅳ矿体已经开采结束,东区Ⅰ、Ⅱ矿体现正在 2 640 m 水平以上进行开采,2 640 m 以下深部开拓基建工作已经结束。14 勘探线以西—6 勘探线附近为中西区,现正对中西区Ⅰ、Ⅱ矿体 2 880 m 以上进行开采。

黑沟矿区开采方式为山坡露天开采,以 9 勘探线为界,分一期、二期两个采场,一期目前在 3 682 m、3 670 m 台阶开采;二期在 3 835 m、3 850 m 台阶开采,台阶高度为 12 m;截至 2011 年年末,矿山结存地质矿量为 13 408.5 万 t。

桦树沟矿区采用无底柱分段崩落采矿方法,常用的分段高度为 10 ~ 12 m,通过斜坡道、设备井与各分段的联络巷道相联系。分段联络巷道一般位于下盘,每隔 10 m 左右掘进回采进路,上下分段的回采进路采用菱形交错布置。在进路的端部开切割槽,以切割槽为自由面用中深孔或深孔挤压爆破后退回采,每次爆破 1 ~ 2 排炮孔,崩落矿石在崩落的覆盖岩石下从进路的端部用铲运机、装运机、装岩机等出矿设备运到放矿溜井。当上一分段退采到一定距离后,便可开始下一分段的回采。此法掘进回采进路,钻凿炮孔、出矿可以在同一矿块的不同分段同时进行。

黑沟矿区采用露天开采工艺,矿山生产工艺主要为穿孔、装药、爆破、采装、运输等工序。镜铁山矿黑沟露天矿实景图见图 3-1。

3.1.2　矿山现状取、用、排水情况介绍

3.1.2.1　取水情况

经现场调研,镜铁山矿现状用水为镜铁山铁矿矿井涌水和讨赖河地表水。其中,矿井涌水取水口为桦树沟矿区井下水仓;讨赖河地表水取水点位置为讨赖河镜铁山矿公路桥下,具体坐标为北纬 39°18′39.33″、东经 97°56′29.19″。镜铁山矿地表取水点位置实景图见图 3-2。

　　　　　（a）　　　　　　　　　　　　　　　（b）

图 3-1　镜铁山矿黑沟露天矿实景图

图 3-2　镜铁山矿地表取水点位置实景图

3.1.2.2　用水情况

　　经现场论证调查,镜铁山矿现有职工总数 1 463 人,矿山用水较为简单,主要有生活用水、降尘洒水、锅炉用水等,年用水量约 30 万 m^3(其中,地表水约 27 万 m^3,矿井涌水约 3 万 m^3)。

3.1.2.3　排水情况

　　矿山排水有矿井涌水、生活污水等,在正常工况下,矿井涌水经处理后全部用于矿山洒水降尘,生活等废污水经处理达标后排入讨赖河;在矿井涌水突然增大的情况下,矿井涌水经处理达标后排入讨赖河。镜铁山矿污水处理站实景图见图 3-3。

图 3-3　镜铁山矿污水处理站实景图

3.2　现有钢铁部分概况

3.2.1　现有钢铁产业链组成规模及分布

　　根据现场调查和业主提供的资料,酒钢本部现有钢铁产业主要产品有高线、棒材、中厚板、碳钢热轧板卷和冷轧卷板、不锈钢热轧卷板和冷轧卷板、不锈钢中板等。2011 年,酒钢本部年产生铁 650 万 t,钢坯 750 万 t。酒钢嘉峪关本部现有钢铁产业链组成情况一览表见表 3-1,现有钢铁产业链分布示意图见图 3-4。

表 3-1　酒钢嘉峪关本部现有钢铁产业链组成情况一览表

序号	项目名称	主体设备	始建年代	产品	产量(万 t/a)
1	选矿工序	振动筛、燃烧竖炉、磁选机、浮选机等	1958	铁精矿	333
2	原料场	嘉东综合料场	1958	—	受料能力 1 700
		嘉北综合料场	2008	—	受料能力 1 700
3	焦化工序	1#JN43 – 58 焦炉	1970	焦炭	43.5
		2#JN43 – 58 焦炉	1973	焦炭	43.5
		3#JN60 – 6 焦炉	1997	焦炭	50
		4#JN60 – 6 焦炉	2005	焦炭	60
		2 × 5#TJL5550 捣固焦炉	2010	焦炭	110
4	烧结工序	球团工序:2 × 10 m² 球团竖炉	1972	球团矿	100
		3 座 130 m² 烧结机、1 座 265 m² 烧结机	1972 ~ 2008	烧结矿	797.2
5	炼铁工序	1#:1 800 m³ 高炉	1970	生铁	150
		2#:1 260 m³ 高炉	1989	生铁	110
		3#:450 m³ 高炉	2004	生铁	60
		4#:450 m³ 高炉	2004	生铁	60
		5#:450 m³ 高炉	2004	生铁	60
		6#:450 m³ 高炉	2004	生铁	60
		7#:1 800 m³ 高炉	2010	生铁	150

续表 3-1

序号		项目名称	主体设备	始建年代	产品	产量(万 t/a)
6	炼钢工序	一炼钢	3 座 65 t 转炉、3 座 LF 精炼炉、1 座 VD 真空精炼炉、3 台四机四流小方坯连铸机、2 台弧形板坯炼铸机	1985	钢	钢坯:260
		二炼钢	3 座 120 t 顶底复吹转炉、3 座 120 t LF 精炼炉、1 台 120 t 双工位 RH 精炼炉、1 台 1 机 1 流直弧板型连铸机、2 台 1 机 1 流 CSP 薄板连铸机	2004	钢	钢坯:390
		不锈钢	1 座 100 t 脱磷转炉、1 座 100 t 电炉、2 座 110 t AOD 氩氧精炼炉、2 座 110 t LF 钢包精炼炉、2 台 1 机 1 流板坯连铸机	2005	钢	钢坯:100
7	热轧	炼轧工序线棒材生产线	线材和棒材复合生产线	1988	线材、棒材	85
		炼轧工序高线生产线	线材轧机	2003	线材	73
		炼轧工序连续棒材生产线	棒材轧机	2011	圆钢、螺纹钢筋	100
		2800 中板车间	2 800 mm 中板轧机	1998	钢材	中板:104
		CSP 薄板坯连轧机	CSP 薄板坯连轧机	2006	钢材	276.7
		炉卷轧机	炉卷轧机生产线	2003	钢材	96.8
8	冷轧	碳钢冷轧机组	普通级生产线	2009	钢卷	45
			深冲级生产线	2009	钢卷	20
			超深冲级生产线	2009	钢卷	6
			高强度钢生产线	2009	钢卷	4
		热镀锌机组	家电板生产线	2009	钢卷	35
			高档次建筑用板生产线	2009	钢卷	40
		不锈钢冷轧生产线	冷轧卷生产线	2007	钢卷	70
			酸洗白卷生产线	2007	钢卷	0.9
9	公辅设施	电力	1 座 220 kV 变电站、11 座 110 kV 变电站			

续表 3-1

序号	项目名称		主体设备	始建年代	产品	产量(万 t/a)
9	公辅设施	给水排水	生产新水、消防给水系统,生活给水系统,化学水处理系统,生产废水再次利用处理系统,生产、生活、雨水排水系统,各车间循环水系统			
		动力	酒钢宏晟热电厂、煤气锅炉、烧结余热锅炉房		蒸汽	
		空压站	共 8 个空压站:30 台 100 m³/min 空压机、3 台 200 m³/min 空压机、4 台 40 m³/min 空压机			
		制氧	3 台 6 000 m³/h 制氧机、4 台 21 000 m³/h 制氧机		氧气、氮气和氩气等	28 881 万 m³

3.2.2　现有钢铁产业链主要生产工艺介绍

3.2.2.1　选矿工序

酒钢本部现有选矿工序始建于 1958 年,目前年处理原矿 650 万 t,年生产铁精矿 333 万 t,选矿工序处理的原矿主要来自镜铁山桦树沟、黑沟矿区。选矿工艺主要采用焙烧磁选工艺,其工艺流程见图 3-5,现有选矿工序实景图见图 3-6。

3.2.2.2　焦化工序

焦化工序现有 6 座焦炉,生产能力 307 万 t/a。5#、6#焦炉采用的是捣固焦炉,1#、2#焦炉采用的是湿法熄焦工艺,其他 4 座焦炉全部采用干法熄焦工艺。

焦化工序有焦炉、化产回收车间等。主要产品为焦炭和焦炉煤气,回收的副产品主要是粗焦油以及纯苯、甲苯、二甲苯和溶剂油等。现有焦化系统工艺流程见图 3-7,现有焦化系统实景图见图 3-8。

3.2.2.3　烧结工序

烧结工序现有 2 台 10 m² 球团竖炉,3 台 130 m² 烧结机,1 台 265 m² 烧结机,年产烧结矿 797.2 万 t,球团矿 100 万 t。现有烧结装置(烧结机)实景图见图 3-9,现有项目烧结生产工艺流程见图 3-10,现有项目球团生产工艺流程见图 3-11。

3.2.2.4　炼铁工序

炼铁工序现有 4 座 450 m³ 高炉,2 座 1 800 m³ 高炉,1 座 1 260 m³ 高炉,年产生铁 650 万 t。目前,1#、2#、3#、4#、7#高炉炉渣采用干渣处理方式,5#、6#高炉采用水冲渣处理方式;1#、2#、7#高炉配套建设了高炉炉顶余压膨胀透平装置(TRT);除 7#高炉采用干法对高炉煤气进行净化外,其余高炉均采用两级文士管净化除尘;现有项目炼铁生产工艺流程见图 3-12,现有炼铁装置(高炉)实景图见图 3-13。

图 3-4　现有钢铁产业链分布示意图

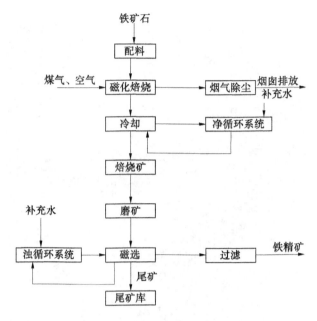

图 3-5 现有工程选矿工艺流程

图 3-6 现有选矿工序实景图

3.2.2.5 炼钢工序

现有炼钢工序主要有一炼钢、二炼钢和不锈钢生产车间,年产钢坯750万t。其中,碳钢小方坯260万t,碳钢板坯390万t,不锈钢坯100万t,其设备主要有混铁炉、转炉、电炉等。现有转炉炼钢生产工艺流程见图3-14,现有电炉炼钢生产工艺流程见图3-15,现有炼钢装置实景图见图3-16。

3.2.2.6 轧钢工序

各轧钢工序的生产工艺大致相同,型材、线材、板材的基本工艺流程是先将钢坯入加热炉加热,到轧制温度时喂入轧机。经粗轧、中轧、精轧、剪切、矫直、冷却等一系列工序,得到合格产品入库,中小型轧钢生产工艺流程见图3-17,2 800 mm中板生产工艺流程见图3-18,冷轧车间生产工艺流程见图3-19,热镀锌车间生产工艺流程见图3-20,现有轧钢装置实景图见图3-21。

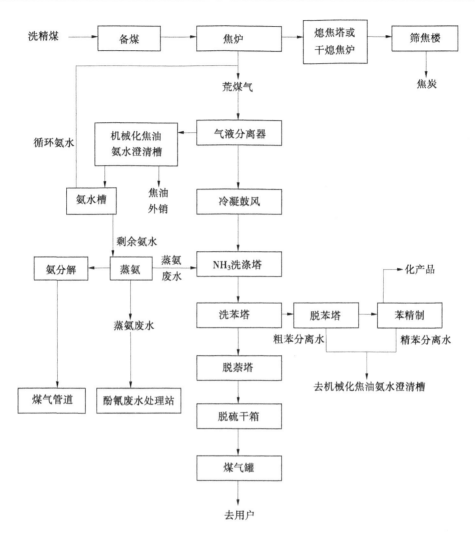

图 3-7　现有焦化系统工艺流程

图 3-8　现有焦化系统实景图

图 3-9　现有烧结装置(烧结机)实景图

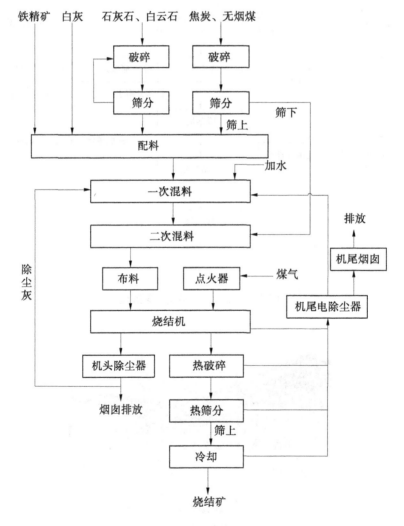

图 3-10　现有项目烧结生产工艺流程

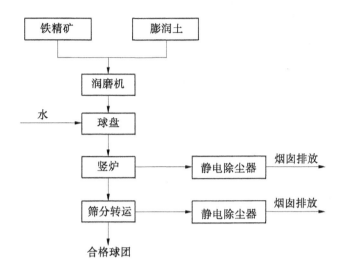

图 3-11　现有项目球团生产工艺流程

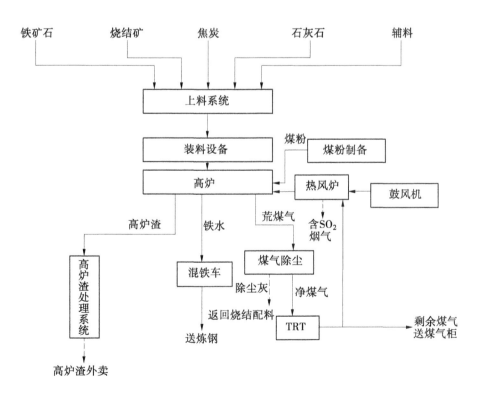

图 3-12　现有项目炼铁生产工艺流程

图 3-13　现有炼铁装置(高炉)实景图

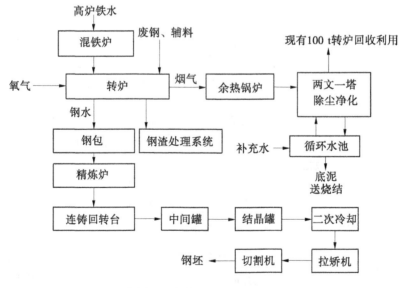

图 3-14　现有转炉炼钢生产工艺流程

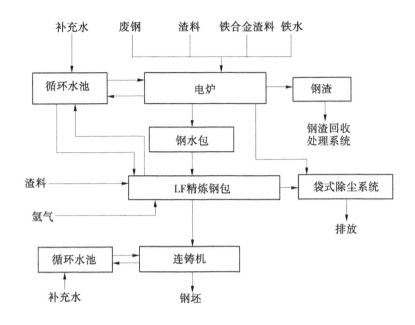

图 3-15　现有电炉炼钢生产工艺流程

图 3-16　现有炼钢装置实景图

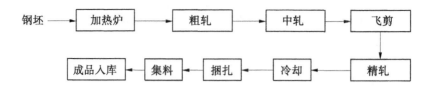

图 3-17　中小型轧钢生产工艺流程

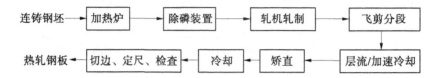

图 3-18　2 800 mm 中板生产工艺流程

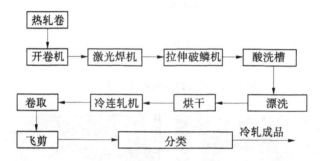

图 3-19　冷轧车间生产工艺流程

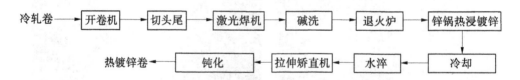

图 3-20　热镀锌车间生产工艺流程

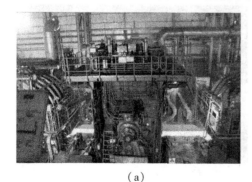

(a)　　　　　　　　　　　(b)

图 3-21　现有轧钢装置实景图

（c）　　　　　　　　　　　　　　　（d）

续图 3-21

3.2.3　酒钢本部及现有钢铁产业链取用水情况介绍

酒钢本部主要分为现有钢铁产业链部分用水、热电部分用水、生活及其他用水等 3 部分。其中,现有钢铁产业链用水量占酒钢本部用水比例最大。为能清楚说明情况,分别对酒钢本部、现有钢铁产业用水情况进行介绍。

3.2.3.1　取水方案

酒泉钢铁(集团)有限责任公司本部水源分为大草滩水库地表水源、讨赖河水源地地下水水源、酒钢综合污水处理厂水源等 3 部分,现有钢铁产业链的水源由此 3 部分组成,其中主要使用大草滩水库地表水和讨赖河水源地地下水,还使用少量的酒钢综合污水处理厂中水。

1. 大草滩水库地表水源

大草滩水库位于嘉峪关市西北方向约 13 km,为一座旁注式水库,库底海拔 1 711.7 m,总库容 6 400 万 m^3,其中兴利库容 5 900 万 m^3,对应水位 1 749 m。水库的水源为讨赖河,自讨赖河沟口下游 19 km 处的渠首引入,引水渠由 7.5 km 的暗渠和 2.7 km 的明渠组成,渠首渠道设计引水量为 18～20 m^3/s,实际最大引水量为 16.5～17.1 m^3/s,引水的季节分别是每年的丰水期和枯水期。大草滩水库水源经消能池和 13 km 的暗渠送往酒钢。讨赖河渠首及大草滩水库实景图见图 3-22。

（a）讨赖河渠首　　　　　　　　　　（b）引水隧洞

图 3-22　讨赖河渠首及大草滩水库实景图

(c)大草滩水库　　　　　　　　　　(d)供水渠道

续图 3-22

2.讨赖河水源地地下水源

讨赖河水源地取水用途为酒钢工业和生活用水,许可水量为 5 050 万 m^3/a。共建有 10 口井泵房,井群通过管道连接汇集,流入容积为 2×2 500 m^3 贮水池后,由 DN1000 输水管道重力输送至酒钢厂区,供厂区部分生产和生活用水。讨赖河水源地井群分布图见图 3-23。

图 3-23　讨赖河水源地井群分布图

3.酒钢综合污水处理厂水源

酒钢综合污水处理厂为国家发展改革委高技术产业化重大示范工程,位于酒钢尾矿坝南侧。酒钢综合污水处理厂已于 2011 年 6 月建成试运行,目前接纳酒钢生产、生活排水和嘉峪关市城北的生活污水。酒钢综合污水处理厂设计处理能力为 16 万 m^3/d,目前处理后的中水部分用于酒钢宏晟电热公司二热电、三热电和现有钢铁产业链的炼钢等环节,其余用作绿化或排至花海农场。

酒钢综合污水处理厂收水总渠实景图见图 3-24。酒钢综合污水处理厂实景图见图 3-25。

3.2.3.2　用水方案

1.酒钢本部现状供用水情况

酒钢本部现状使用的水源共 4 处,其中酒钢综合污水处理厂为非常规水源。酒钢本

图 3-24　酒钢综合污水处理厂收水总渠实景图

图 3-25　酒钢综合污水处理厂实景图

部现持有讨赖河地表取水许可指标 4 500 万 m³/a,讨赖河水源地地下取水许可指标 5 050 万 m³/a,嘉峪关水源地地下取水许可指标 3 658 万 m³/a。现状地表供水约 4 500 万 m³/a (无偿转供峪泉镇农业用水 1 200 万 m³/a,其余 3 300 万 m³/a 供酒钢厂区生产);现状嘉峪关水源地地下供水约 1 736 万 m³/a(全部供嘉峪关北市区),现状讨赖河水源地地下供水约 3 213 万 m³/a(供酒钢厂区生产、生活使用),均未超指标取水。

　　酒钢本部除向厂区供水外,还向峪泉镇提供农业用水,向嘉峪关北市区提供生活用水,经统计,现状年酒钢本部总供水量达到了 10 157 万 m³/a。

　　酒钢本部现状用水主要分为钢铁部分用水、热电部分用水、生活及其他用水。酒钢现状本部用水量为 7 221 万 m³/a(地表水 3 300 万 m³/a,地下水 3 213 万 m³/a,中水 708 万 m³/a)。其中,钢铁部分用水量为 4 404 万 m³/a(地表水 2 043 万 m³/a,地下水 2 156 万 m³/a,中水 205 万 m³/a),热电部分用水量为 1 760 万 m³/a(地表水 1 257 万 m³/a,中水 503 万 m³/a),生活及其他部分用水量为 1 057 万 m³/a(地下水 1 057 万 m³/a)。

　　酒钢本部现状整体水平衡图见图 3-26,酒钢本部现状供用水情况一览表见表 3-2。

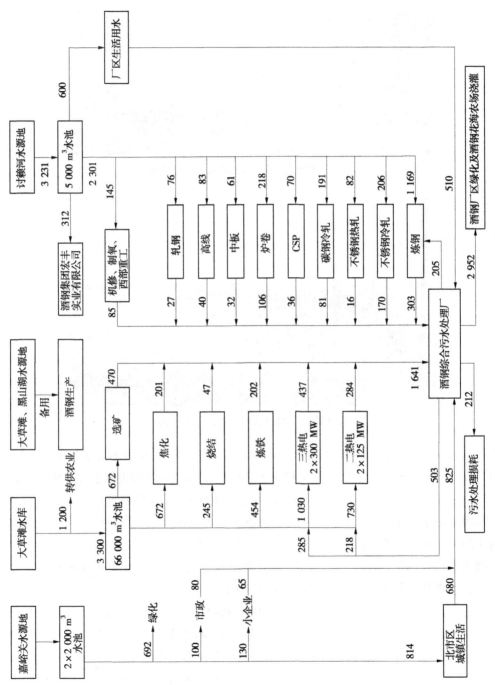

图 3-26 酒钢本部现状整体水平衡图 (单位:万 m³/a)

表 3-2　酒钢本部现状供用水情况一览表 （单位：万 m³/a）

供水对象	钢铁部分	热电部分	生活及其他部分	峪泉镇农业	嘉峪关北市区	小计
讨赖河地表水	2 043	1 257	0	1 200	0	4 500
嘉峪关水源地	0	0	0	0	1 736	1 736
讨赖河水源地	2 156	0	1 057	0	0	3 213
酒钢综合污水处理厂	205	503	0	0	0	708
合计	4 404	1 760	1 057	1 200	1 736	10 157

2. 现有钢铁产业链用水情况

酒泉本部现有钢铁产业链用水情况一览表见表 3-3，其整体水平衡图见图 3-26。

表 3-3　酒钢本部现有钢铁产业链用水情况一览表 （单位：万 m³/a）

项目	总用水量	新水量	净循环系统循环量	浊循环系统循环量	软水系统循环量	二次利用水量	损耗量	排水量
选矿工序	7 479	672	550	6 213	0	44	202	470
焦化工序	20 163	672	17 117	297	2 017	59	471	201
烧结工序	7 505	245	7 230	0	0	30	199	47
炼铁工序	36 747	454	27 544	3 024	6 132	47	251	202
炼钢工序	37 507	1 374（中水 205）	23 777	5 863	6 810	433	771	303
轧钢工序（线棒）	16 556	76	15 309	1 126	0	45	48	27
高线	4 361	83	1 739	2 472	0	67	43	40
中板	2 041	61	718	1 232	0	30	29	32
炉卷	7 845	218	233	7 008	386	0	116	106
CSP	10 133	70	2 502	7 540	0	21	33	36
碳钢冷轧	3 127	191	3 036	0	0	0	11	81
不锈钢热轧	1 944	82	1 912	3 932	0	10	16	16
不锈钢冷轧	7 013	206	6 021	786	0	50	36	170
合计	162 421	4 404	107 688	39 493	15 345	836	2 226	1 731

3. 用水水质

1）生活用水水质

现有项目职工生活用水水质要求符合《生活饮用水卫生标准》(GB 5749—2006)。

2）大草滩水库水质

2011 年 4 月 28~29 日两次监测数据表明，大草滩水库和酒钢现有生产用水调节水池(66 000 m³)监测点水质均满足《地表水环境质量标准》(GB 3838—2002)Ⅲ类水质要求，可以满足一般工业生产用水水质的要求。

3）讨赖河水源地水质

2011 年 4 月 26 日、9 月 29 日两次监测数据表明，讨赖河水源地监测点水质满足《地下水质量标准》(GB/T 14848—93)Ⅲ类水质要求，可以满足一般工业生产用水水质的要求。

4）酒钢综合污水处理厂出水水质

根据 2011 年 7 月至 2012 年 3 月酒钢综合污水处理厂水质监测统计结果，酒钢综合污水处理厂平均出水水质一览表见表3-4。

表3-4　酒钢综合污水处理厂平均出水水质一览表

pH	悬浮物 (mg/L)	COD_{Cr} (mg/L)	石油类 (mg/L)	总硬度 (以 $CaCO_3$ 计,mg/L)	氯化物 (mg/L)	总溶解物 (mg/L)	总铁 (mg/L)	电导率 (μS/cm)	SO_4^{2-} (mg/L)	浊度 (mg/L)
7.93	8.84	32.63	1.14	453.78	130.79	651.50	0.43	1 163.01	158.72	2.07

4. 用水系统

根据各用水点对水质要求的不同，采用梯级供水方式，现有钢铁产业链主要设三级供水系统。

第一级供水系统为全厂清水供水系统，供水对象主要为各净循环系统补给水处理系统、生活用水和消防水系统等。

第二级供水系统为各净循环系统排水回用作为相对应的浊循环系统工艺补充水。

第三级供水系统为酒钢综合污水处理厂处理后的中水回用系统。

3.2.4　排水情况介绍

3.2.4.1　生产废水排水系统

酒钢各分区设有生产废水排水系统，收集各分区生产车间排放的生产废水，经排水管网排入尾矿库及酒钢综合污水处理厂进行处理。其中，选矿厂的选矿排水排入尾矿库经澄清后回用，酒钢厂区工业废水直接进入酒钢综合污水处理厂进行处理。

3.2.4.2　生活污水排水系统

酒钢生活污水及北市区生活污水与工业废水合流排入酒钢综合污水处理厂进行处理。

酒钢综合污水处理厂出水一部分回用，一部分排至花海农场用于浇灌树木。

酒钢本部现状排水情况一览表见表3-5。其现状整体水平衡图见图3-26。

表3-5　酒钢本部现状排水情况一览表(含嘉峪关北市区)　（单位:万 m^3/a）

排水对象	钢铁部分	热电部分	生活及其他部分	嘉峪关北市区
排水水量	1 731	721	595	825
排水去向	酒钢综合污水处理厂			
排水量合计	3 872			

3.3　结构调整与循环经济概况

3.3.1　建设地点、占地面积和土地利用情况

3.3.1.1　建设地点

本项目原料部分主要是镜铁山矿,镜铁山矿位于青海、甘肃交界处的甘肃省肃南裕固族自治县祁丰乡境内,北距嘉峪关市 55 km,西北距玉门市 50 km,东北距酒泉市 60 km,与嘉峪关市有公路和铁路相通,交通较为便利。

本项目钢铁产业链位于甘肃省嘉峪关市市区。本次结构调整和循环经济项目主要对嘉峪关本部现有落后设备或产能进行淘汰,新建高标准符合节能减排循环经济的主体装备,其酒钢本部的改造主要体现在烧结、焦化、炼铁、炼钢和轧钢工序,同时对相应的选矿、原料场等工序进行扩建。

3.3.1.2　工程占地面积和土地利用情况

根据项目可研,本项目原料部分镜铁山矿桦树沟矿区将进行扩能改造,黑沟矿区仍按照现有规模开采。桦树沟矿区不改变现有开采范围,利用现有开拓系统,通过增加设备的方式扩大生产能力,办公及福利设施均利用镜铁山矿现有设施,不新增占地面积。

根据项目可研,本项目钢铁部分均在现有厂区内实施,原料场、选矿、烧结、球团、焦化、炼铁、炼钢、热轧、冷轧等项目在现有厂区内充分利用淘汰设施占地及预留用地进行建设,本项目新增占地321.16 万 m^2,新增运输道路面积35 万 m^2。

3.3.2　循环经济与结构调整概况

3.3.2.1　原料场

原料场工艺流程如图3-27 所示。

1. 嘉东料场

嘉东料场占地面积为 79 万 m^2,作为处理各种燃料和选矿所需原矿的料场,主要用于堆存喷吹煤、洗精煤、石灰石、白云石、原矿和动力煤。原燃料主要由火车运进,由现有的4 台翻车机及火车受料槽进行卸车后,再由胶带机输送至该料场。嘉东料场向生产用户供料时,原燃料经胶带机供给选矿、焦化、烧结、炼铁和自备电厂系统。

项目实施后,新增动力煤、铁矿石、废钢及铁合金原料的储运立足于嘉东料场能力的

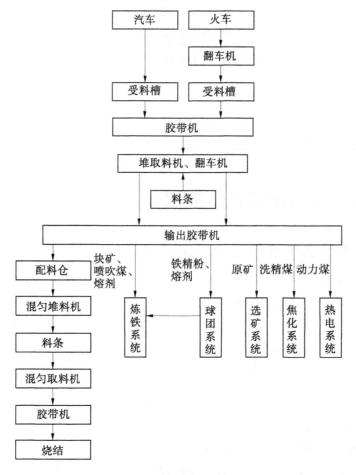

图 3-27　原料场工艺流程

调整,年受料量增加 789.4 万 t。拟新增翻车机、堆取料机等设备,将原有的动力煤输送系统进行改扩建,并建设相应的皮带及转运站,以满足喷吹煤、动力煤、废钢及铁合金的输送。

2. 嘉北料场

嘉北料场占地 46 万 m²。原料由火车和汽车运输至嘉北料场的受卸系统,原料卸入受料槽,槽下设有胶带机,将原料送至一次料场。一次料场主要用于储存:烧结所需的进口精矿、铁精矿、烧结返矿、球团返矿;炼铁所需自产球团、外购球团、块矿;球团所需外购铁精矿。一次料场设 4 个料条,主要配备 3 台堆取料机进行作业。

嘉北料场混匀设施主要由大块筛分、混匀配料槽和混匀料场组成。

烧结所需混匀矿由混匀料场经胶带机供给烧结;石灰石和白云石由一次料场经汽车运输供给烧结;球团所需铁精矿由一次料场经汽车运输供给球团;炼铁所需球团矿和块矿由一次料场经胶带机供给炼铁系统。

3. 嘉北新综合料场

嘉北新综合原料场布置在原嘉北料场北侧、渣场的东侧场地内,占地面积 63.5

万 m^2。原料通过原有料场的铁路线向东北方向延伸进入新综合原料场,通过翻车机翻卸后输送至料场进行堆存、混匀,通过皮带运输通廊将原燃料运往高炉、烧结和竖炉系统。

根据原燃料的特性、储存时间及生产要求,共设 8 个料条分别堆存,相应配置 3 台堆取料机进行堆取综合作业。多品种含铁原料采用配料混匀方式。混匀设施由混匀配料系统和混匀料场系统组成。

3.3.2.2　选矿

原矿首先进行原料筛分,筛出原矿中的块矿(≥15 mm)和粉矿(<15 mm)。块矿(≥15 mm)在炉前矿仓进行块矿分级(二次筛分)。分级后的矿石分别进入原矿竖炉进行磁化焙烧,烧出的产品进入干选室进行干选,选出的产品为焙烧矿。焙烧矿再进入弱磁 +反浮选流程进行选别,选出的精矿进入精矿浓缩,尾矿进入尾矿浓缩。干选室选出的返矿进入返矿竖炉再次进行磁化焙烧后,用磁力滚筒进行选别,选出的矿石进入干选室,剩下废石进入废石仓,由废石系统送到现有的废石排放系统。

原料筛分筛出的粉矿(<15 mm)进入粉矿强磁选流程进行选别,选出的精矿进入精矿浓缩,尾矿进入尾矿浓缩。

强磁和弱磁精矿在精矿浓缩系统进行混合浓缩,浓缩后送到精矿过滤间进行过滤,滤饼进入精矿库。

强磁和弱磁尾矿在尾矿浓缩系统进行混合浓缩,浓缩后送入尾矿坝。

具体如下。

1. 原料供应

从矿山由火车运来的矿石卸入地下卸矿槽后送到贮矿槽。

2. 原料筛分

从贮矿槽运来的矿石由带式输送机、振动给料机送到振动筛上进行筛分。

筛上 ≥15 mm 的块矿由块矿带式输送机送到炉前矿仓。

筛下 <15 mm 的粉矿由粉矿式输送机送到粉矿强磁选流程进行选别。

3. 炉前矿仓

在炉前矿仓顶部的圆振动筛上进行分级(二次筛分),将块矿分为 100 ~ 55 mm、55 ~15 mm 两种粒级,分级后的两种矿石通过块矿带式输送机分别送入大块和小块仓储存。

仓中的矿石通过仓底振动给料机给到原矿带式输送机上,送到竖炉系统。

4. 磁化焙烧

竖炉分原矿炉和返矿炉,原矿炉分大块和小块 2 种炉型,主要焙烧原矿;返矿炉主要焙烧从干选室返回的返矿。

从炉前矿仓送来的原矿经竖炉厂房顶部的炉顶原矿带式输送机送到炉顶矿仓内,原矿经竖炉顶部给料漏斗进入竖炉。矿石在炉内被加热到 600 ~ 700 ℃后进入还原带,与高焦混合煤气发生还原反应,将弱磁性的铁矿物还原为强磁性的铁矿物。由竖炉底部的排矿辊排到水封池中的搬出机上,搬出机将焙烧矿从水封池中运出、脱水后由带式输送机送往干选室。从干选室送来的返矿送到炉顶矿仓内,经竖炉顶部给料漏斗进入竖炉再次焙烧、还原等,重复以上工艺,然后再由磁力滚筒进行选别,选出的矿石进入干选室,废石进入废石仓。原矿筛分及竖炉磁化焙烧工艺流程如图3-28所示。

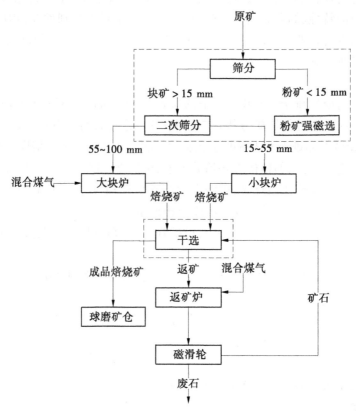

图3-28 原矿筛分及竖炉磁化焙烧工艺流程

5. 干选

从竖炉运来的焙烧矿经带式输送机、振动给料机均匀地给到干选机上,通过干选机头部的磁力滚筒对焙烧矿进行选别,选出的合格焙烧矿由成品带式输送机送到磁选厂房的球磨矿仓;不合格的矿石作为返矿通过返矿带式输送机返回竖炉重烧。

6. 磨选

根据矿石来源,磨选工艺流程分为强磁选工艺流程和弱磁选工艺流程两种。强磁选工艺流程处理粉矿,弱磁选工艺流程处理焙烧矿石。

1) 强磁选工艺生产过程

筛下产品0~15 mm经F1、F2带式输送机将矿石送入磨矿仓。磨矿仓中的矿石由电动给料器给到集料带式输送机上,再通过集料带式输送机给入一段球磨机,球磨机排矿进入泵池,由泵送入一段旋流器分级,旋流器沉砂返回球磨机,球磨机与一段旋流器构成闭路磨矿。旋流器溢流经矿浆分配器给到一次五路重叠式细筛分级后,筛上进入泵池,由泵送给二段旋流器分级,沉砂进入二段球磨机;二段旋流器溢流经矿浆分配器给到二次五路重叠式细筛分级后,细筛筛上和二段球磨机排矿进到二次泵池,二段球磨机与二段旋流器构成闭路磨矿。二次细筛筛下和一次细筛筛下进入泵池,泵送给强磁选机获得铁精矿,粗选尾矿经粗细旋流器分级后,粗粒级经立环强磁机一扫、二扫获得铁精矿和尾矿;细粒级经 1 台 HRC - 25、1 台 Φ50 m 浓缩池浓缩后泵送给立环强磁机一粗一精一扫选别,粗扫精矿经立环强磁机精选,获得铁精矿,粗扫尾矿经两次平环强磁机扫选抛出最终尾矿,粗选尾矿给入扫选,精选尾矿返回粗选作业。

强磁选工艺流程如图 3-29 所示。

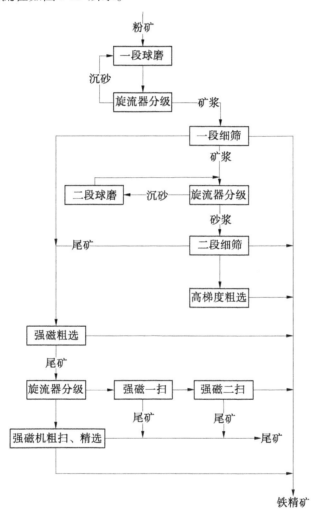

图 3-29　强磁选工艺流程

2)弱磁选工艺生产过程

块矿焙烧后经带式输送机将矿石送入磨矿仓。磨矿仓中的矿石由电动给料器给到集料带式输送机上,再通过集料带式输送机给入一段球磨机,球磨机排矿进入泵池,由泵送入一段旋流器分级,旋流器沉砂返回球磨机,球磨机与一段旋流器构成闭路磨矿。旋流器溢流经泵送入矿浆分配器给到一次脱水槽,脱水槽沉砂给入一次磁选机,磁选机精矿经由矿浆分配器给到二段球磨机给矿泵池,泵送给二段旋流器分级,沉砂进入二段球磨机,二段球磨机与二段旋流器构成闭路磨矿。二段旋流器溢流经泵送入矿浆分配器给到二次脱水槽,脱水槽沉砂给入二次磁选机,磁选机精矿给到三次磁选机,磁选机精矿给到三段球磨机给矿泵池,泵送给三段旋流器分级,沉砂进入三段球磨机,三段球磨机与三段旋流器构成闭路磨矿。三段旋流器溢流经泵送入 HRC – 25 浓缩池浓缩后由泵送入浮选车间。各段脱水槽和磁选机的尾矿为最终尾矿。

　　弱磁精矿经 1 台 HRC – 25 浓缩池浓缩后,再经一粗一精四扫后抛出最终尾矿,获得铁精矿。

　　综合铁精矿经 1 台 HRC – 50 浓缩池浓缩后,由泵输送到过滤间进行过滤,精矿滤饼由带式输送机送到精矿库。

　　综合尾矿经 2 台 Φ50 m 浓缩池浓缩后由泵送入尾矿库。

　　弱磁选工艺流程如图 3-30 所示。

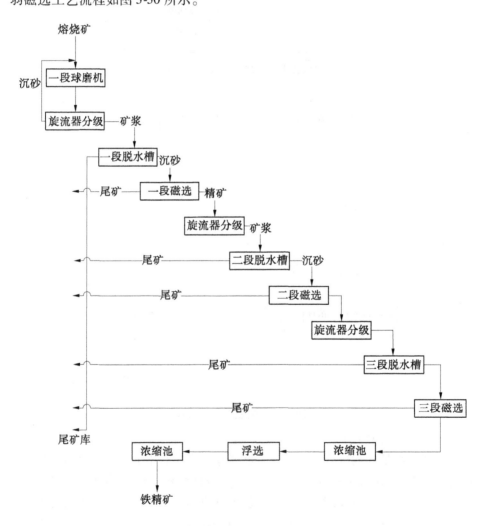

图 3-30　弱磁选工艺流程

7. 精矿过滤间

经过精矿浓缩机浓缩后的精矿矿浆（浓度为 60%）用管道输送入过滤机进行脱水、过滤,精矿滤饼经过滤机下部的精矿带式输送机送到精矿库。

3.3.2.3 烧结

拟新建两座 265 m²（5#、6#）烧结机并配套建设烟气脱硫,预留烟气脱硝,同步配套建设 2 台余热锅炉及 2 台 7.5 MW 发电机组,并对现有烧结机余热进行回收,1#、2#烧结机拟配套建 1 台余热锅炉,3#烧结机拟配套建 1 台余热锅炉,2 台余热锅炉蒸汽与炼钢、轧钢等工序产生的余热蒸汽并汽,配套建设 1 台 15 MW 发电机组;4#烧结机拟配套建设 1 台余热锅炉,配套建设 1 台 7.5 MW 发电机组。

酒钢拟将 1#烧结机改造专用于处置铬渣、镍渣,生产含铬、镍烧结矿,供 2 座 450 m³高炉生产含铬、镍铁水,每年可消纳铬渣 8.4 万 t、镍渣 8.9 万 t。

烧结工艺流程主要包括混合、点火、烧结、冷却及烧结矿整粒等工序。

含铁料、熔剂、燃料、返矿等按设定的配比在原料库的烧结配料室内自动配料,然后由胶带机输送至烧结混合室。混合料经一次混合和加湿后由转运胶带机送入二次混合室,再经二次混合调整混合料水分和强化制粒,在二次混合过程中加入蒸汽,对混合料进行预热。

烧结采用铺底料工艺,铺底料为粒度 10~20 mm 的烧结返矿,铺底料厚 30~40 mm,由摆动漏斗将其均匀地布洒在烧结机台车上。

二次混合料经梭式布料器布入烧结机头上部的混合料矿槽。混合料由圆辊给料机、辊式布料器组成的布料装置均匀分布到铺好铺底料的烧结机台车上,经焦炉煤气点火、抽风焙烧、保温过程完成烧结,烧成的烧结饼经破碎、冷却及筛分整粒,分出铺底料、冷返矿和成品烧结矿,铺底料和冷返矿分别用胶带机送入烧结室、冷返矿配料槽,成品矿用胶带机送至高炉,部分富余的成品矿运至成品矿仓。在烧结环冷机高温段设有余热利用装置,回收烧结矿余热。

烧结工艺流程见图 3-31。

3.3.2.4 球团

拟新建 1 条 200 万 t/a 链箅机回转窑生产线,并配套建设烟气脱硫设施。

铁精矿上料装至配料室精矿仓,膨润土送至配料室膨润土仓,链箅机的干返料直接返入混料皮带,各种物料按设定的比例配好后,经配料胶带机直接运往混合室,经充分混匀后通过胶带机送往造球室。

造球盘生产的生球通过集料胶带机运至链箅机室生球布料系统进行布料。随后,生球在链箅机上被干燥和预热,预热后的球团经铲料板、溜槽进入回转窑。

预热球进入回转窑内,随窑体转动而不停翻滚,与高温热气流充分接触而达到均匀焙烧的目的。焙烧好的球团矿经回转窑窑头罩内的溜槽和固定筛卸入环冷机受料斗内。球团矿在环冷机上冷却到 120 ℃以下,通过卸料斗卸料、成品胶带机运至成品仓。链箅机回转窑生产工艺流程见图 3-32。

3.3.2.5 焦化

拟新建 2×55 孔、5.5 m 捣固焦炉（7#、8#）、140 t/h 干熄焦系统及湿熄焦备用系统、

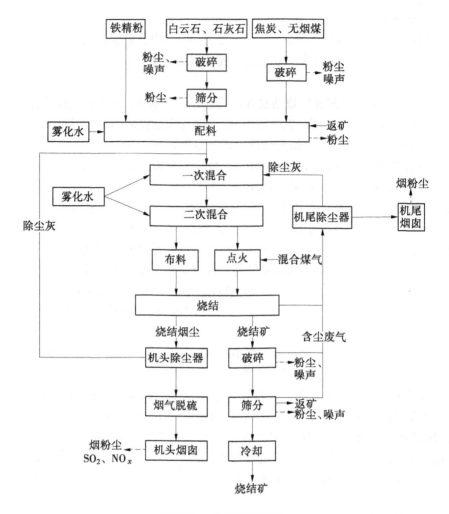

图 3-31 烧结工艺流程

1×20 MW发电机组,并配套化产及酚氰废水处理站等设施。同时,拟对 $1^{\#}$、$2^{\#}$焦炉建设 110 t/h 干熄焦并配套 1×15 MW 发电机组。

焦化生产工序主要由备煤作业区、炼焦作业区、熄焦系统、煤气净化系统以及配套辅助生产设施等组成。

1. 备煤作业区

备煤作业区采用先配煤、后粉碎的工艺流程,主要由配煤设施、粉碎设施、煤塔顶层以及相应的带式输送机通廊和转运站等组成。

由原料场运来的各单种煤经翻车机将炼焦煤卸入受煤坑,再经胶带运输机送往堆取料机,通过堆取料机将炼焦煤堆放在煤场储存,而后经运煤带式输送机送至配煤室,按煤种和煤质的不同分组储存。然后按配煤试验确定的配煤比,分组配合后送至粉碎机室。配合煤经分组粉碎后,经皮带送至焦炉煤塔。

2. 炼焦作业区

拟建捣固焦炉,由备煤车间来的洗精煤经输煤栈桥运入煤塔,装煤车行至煤塔下方,

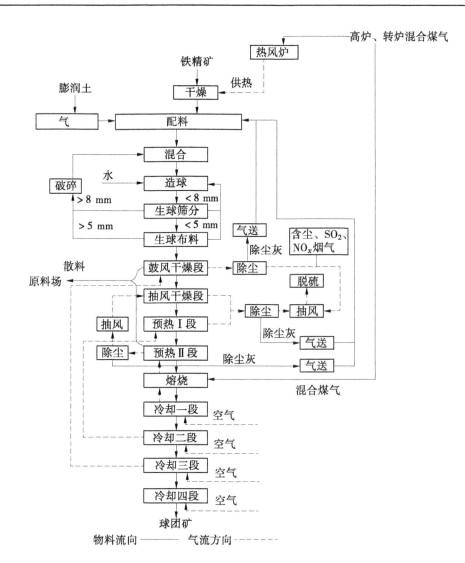

图 3-32　链篦机回转窑生产工艺流程

由摇动给料机将煤连续薄层给料,用 21 锤微移动捣固机逐层捣实,然后将捣好的煤饼从机侧入炭化室,煤料在炭化室内经过一个结焦周期的高温干馏,炼制成焦炭和荒煤气。

炭化室内的焦炭成熟后,用推焦机推出,经拦焦机导入焦罐车内(或熄焦车)。

煤在炭化室干馏过程中产生的荒煤气汇集到炭化室顶部空间,经过上升管和桥管进入集气管。约 800 ℃的荒煤气在桥管内经氨水喷洒冷却至 85 ℃左右,荒煤气中的焦油等同时被冷凝下来。煤气和冷凝下来的焦油同氨水一起经吸煤气管道送入煤气净化系统。

3. 熄焦系统

1) 干熄焦

装满红焦的焦罐由提升机提升并送到干熄炉顶,通过炉顶装入装置将焦炭装入干熄炉。在干熄炉中,焦炭与惰性气体进行热交换,红焦冷却至 200 ℃以下,经排焦装置卸至胶带机上,送到筛焦系统。

冷却焦炭的惰性气体,由循环风机通过干熄炉底部的供气装置鼓入干熄槽,与红焦炭进行换热,由干熄槽出来的热惰性气体温度约为900 ℃,该温度随着入炉焦炭温度的不同而变化,如果入炉焦炭温度稳定在1 050 ℃,该温度约为980 ℃。热的惰性气体经一次除尘器除尘后,进入余热锅炉换热,温度降至约170 ℃。惰性气体由锅炉出来,再经二次除尘后,由循环风机加压经给水预热器冷却至约≤130 ℃进入干熄槽循环使用。

除尘器分离出的焦粉,由专门的输送设备将其收集在贮槽内以备外运。干熄焦的装入、排焦、预存室放散等处的含尘气体均进入干熄焦除尘系统进行除尘后排放。

2）湿熄焦

湿熄焦系统包括熄焦塔、泵房、粉焦沉淀池。熄焦车接红焦后进入熄焦塔,在塔内喷水,将红焦冷却降至300 ℃以下。

焦化工艺流程见图3-33。

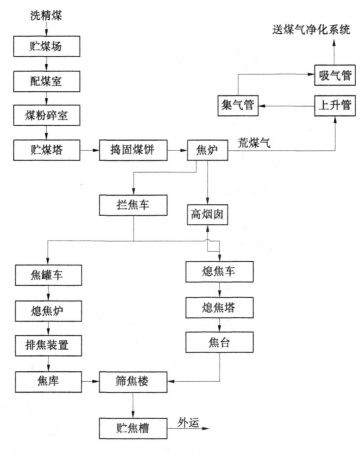

图3-33　焦化工艺流程

4. 煤气净化系统

荒煤气首先进入气液分离器,煤气与焦油、氨水、焦油渣在气液分离器中分离,煤气进入初冷器冷却后进入电捕焦油器,通过电捕焦油器进一步除去煤气中的焦油雾后进入脱硫工序。冷凝液经过澄清后,分离出氨水;焦油脱水后,送精制作业区进行焦油深加工。

　　焦炉煤气首先进入预冷塔,煤气由预冷塔出来后,进入一级脱硫系统脱硫,从一级脱硫系统净化后的焦炉煤气依次进入二、三级脱硫系统。脱硫后的煤气进入煤气预热器加热。预热后的煤气进入饱和器,经酸吸收煤气中的氨后,出饱和器进入粗苯终冷系统。酸吸收煤气中的氨后,在饱和器内不断生成硫铵结晶,并沉降于饱和器底部。

　　从硫铵来的煤气进入终冷洗萘塔,含萘的冷却水进入洗萘塔,在洗萘塔内用热焦油将水中的萘萃取至焦油中,热水送至终冷凉水架冷却后循环使用。除萘冷却后的煤气进入洗苯塔,用贫洗油吸收煤气中的苯后,作为净煤气输出。吸苯后的富油送脱苯塔(两苯塔)生产粗苯(轻苯)后成为贫油用于循环洗苯。

　　焦炉煤气净化工艺流程见图 3-34。

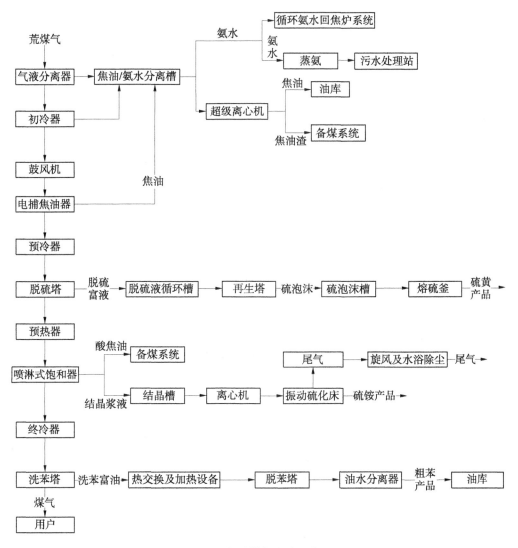

图 3-34　焦炉煤气净化工艺流程

1)冷凝鼓风工段

冷凝鼓风工段包括焦炉荒煤气的两段间接初步冷却、煤气电捕除焦油、煤气输送及焦油、氨水分离等工艺过程。

从炼焦系统来的焦油、氨水与煤气的混合物(约84℃)入气液分离器,煤气与焦油氨水等在此分离。分离出的粗煤气进入本系统的横管式初冷器,初冷器分上、下两段。在上段,用循环水与煤气换热,煤气由82~83℃冷却到45℃。然后,煤气入初冷器下段与制冷水换热,煤气被冷却到22℃,制冷水由16℃升高到23℃。经冷却后的煤气由离心鼓风机进行加压后,通过电捕焦油器,最大限度地清除煤气中的焦油雾滴及萘;经电捕后的煤气送往后续工段。

初冷器的煤气冷凝液分别由初冷器上段和下段流出,分别经初冷器水封槽后进入上下段冷凝液循环槽。下段冷凝液循环槽多余的冷凝液溢流至上段冷凝液循环槽,再分别由上段冷凝液循环泵和下段冷凝液循环泵加压后,送至初冷器上下段喷淋。如此循环使用,多余部分由上段冷凝液循环泵抽出,送入气液分离器后的焦油氨水管。

由气液分离器分离下来的焦油和氨水首先进入到焦油渣预分离器中,在此进行焦油氨水和焦油渣的分离。

在焦油渣预分离器的出口处设有篦筛,大于8 mm的固体物将留在预分离器内,沉降到预分离器的锥形底上,并通过焦油压榨泵抽出。在焦油压榨泵中,固体物质被粉碎,并被送回到焦油渣预分离器的上部。

从焦油渣预分离器出来的焦油氨水进入焦油氨水分离槽,在此进行氨水和焦油的分离。在焦油氨水分离槽的下部设有锥形底板,利用温度和比重的不同,焦油沉向底部,通过焦油中间泵抽出,并送至超级离心机进一步脱渣,脱渣后的焦油自流到焦油槽,通过焦油泵送往油库工段。焦油氨水分离槽上部的氨水流入下部的循环氨水中间槽,由循环氨水泵送至焦炉集气管循环喷洒冷却煤气。用高压氨水泵抽送一部分氨水冲洗集气管。当初冷器和电捕焦油器需要清扫时,从循环氨水泵后抽出一部分氨水定期清扫它们。

剩余氨水从焦油氨水分离槽的上部出来,先自流到剩余氨水中间槽沉淀分离重质油后,再经陶瓷过滤器除焦油后,自流入剩余氨水槽,用剩余氨水泵送往脱硫工段蒸氨。

在焦油氨水分离槽的分界面处取出焦油氨水混合物,其中含有30%~50%的焦油,自流到下段冷凝液槽。

超级离心机分离出的焦油渣掺入炼焦煤回用。

各设备的蒸汽冷凝液均接入凝结水槽,用凝结水泵送至锅炉房,或作为循环水的补充水。

鼓风机系统煤气冷凝液、电捕焦油器捕集下来的焦油排入电捕水封槽。冲洗沉淀后的循环氨水排入鼓风机水封槽,并由鼓风机水封槽液下泵送至焦油渣预分离器。

系统内各设备和管道的排净及一切需要排净的废液入废液收集槽后,再用废液收集槽液下泵送回焦油渣预分离器重新澄清分离。冷凝鼓风工段工艺流程见图3-35。

2)脱硫工段

脱硫工段包括煤气脱硫脱氰、脱硫液再生、硫回收和剩余氨水蒸氨等工艺过程。

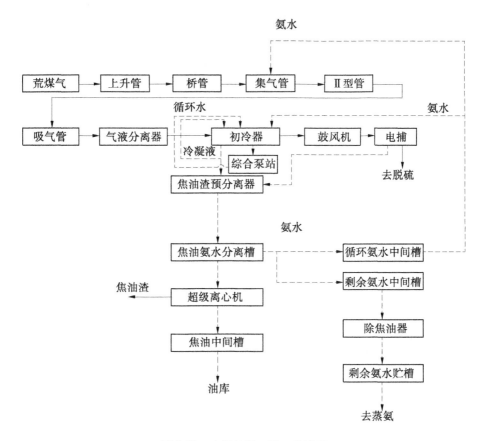

图 3-35　冷凝鼓风工段工艺流程

来自冷鼓系统的粗煤气进入预冷器,被制冷水冷却至约 25 ℃后,粗煤气依次串联进入填料脱硫塔下部与塔顶喷淋下来的脱硫液逆流接触洗涤(脱硫液与煤气完全逆流)。之后煤气中的 H_2S 含量≤200 mg/Nm^3,煤气经捕雾段除去雾滴后全部送至硫铵系统。

从 1$^{\#}$脱硫塔中吸收了 H_2S 和 HCN 的脱硫液经 1$^{\#}$脱硫塔液封槽至富液槽。补充剩余氨水蒸氨后的浓氨水和催化剂贮槽中均匀加入的催化剂溶液后,用溶液循环泵抽送至 1$^{\#}$再生塔;溶液与空压站送来的压缩空气经并流再生后,从再生塔上部返回 1$^{\#}$脱硫塔顶喷洒脱硫,如此循环使用;从 2$^{\#}$脱硫塔中吸收了 H_2S 和 HCN 的脱硫液经脱硫塔液封槽流至半贫液槽,补充浓氨水和催化剂溶液后,用富液泵抽送至再生塔,与空压站送来的压缩空气并流再生。再生后的贫液从塔上部返回 2$^{\#}$脱硫塔顶喷洒脱硫,如此循环使用。当溶液温度低时,两股去再生的溶液中的部分溶液可进溶液加热器进行加热,汇合后再进再生塔。溶液加热器为两个再生系统共同备用。产生的脱硫废液掺入炼焦煤处理。

再生塔内产生的硫泡沫则由再生塔顶部扩大部分自流入硫泡沫槽,再由硫泡沫泵加压后送入连续熔硫釜,生产硫黄外售。熔硫釜排出的清液进入缓冲槽,后经缓冲槽液下泵加压送回富液槽或半贫液槽。

由冷鼓来的剩余氨水与从蒸氨塔塔底来的蒸氨废水换热,剩余氨水由 70 ℃加热至 98 ℃进入蒸氨塔。在蒸氨塔中经再沸器汽提,蒸出的氨汽进入氨分离器,用 33 ℃的循环水冷却,冷凝下来的液体直接返回蒸氨塔顶作回流,未冷凝的含 NH_3 10% 的氨汽进入冷凝冷却器,用 16 ℃ 的制冷水冷却,冷凝冷却成约 30 ℃ 浓氨水送至半贫液槽和富液槽作为脱硫补充液。塔底排出的蒸氨废水在氨水换热器中与剩余氨水换热后,蒸氨废水由 103 ℃ 降至 60 ℃ 进入废水槽,然后由蒸氨废水泵送入废水冷却器,被 33 ℃ 的循环水换热至 40 ℃ 后至生化处理装置。

蒸氨塔底排渣(液)进入脱硫工段的地下罐后,送冷鼓工段焦油渣预分离器内。

由油库来的碱液送至碱液贮槽,然后由碱液输送泵加压后送入剩余氨水蒸氨管线,以分解剩余氨水中的固定氨。

脱硫工段工艺流程见图 3-36。

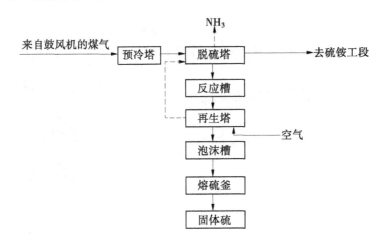

图 3-36 脱硫工段工艺流程

3）硫铵工段

硫铵工段包括煤气脱氨,硫铵母液结晶、分离、干燥及产品包装等工艺过程。来自脱硫系统的约 40 ℃ 的煤气入煤气预热器加热到约 65 ℃,进入硫铵饱和器上部喷淋室。在此,煤气沿饱和器内壁与除酸器外壁的环形空间流动,并经循环母液逆向喷洒,使其中的氨被母液中的硫酸所吸收,生成硫酸铵结晶。脱氨后的煤气沿切线方向进入饱和器内的除酸器,分离其中夹带的酸雾后,送往洗脱苯系统。

在饱和器下段结晶室上的母液,用母液循环泵连续抽出送至上段喷淋室进行喷洒,吸收煤气中的氨,并循环搅动母液,以改善硫铵的结晶过程。

饱和器母液中不断有硫铵结晶生成,硫铵结晶由上段喷淋室的降液管流至下段结晶室底部,用结晶泵将其连同一部分母液送至结晶槽,硫铵结晶排放到离心机内进行离心分离,滤除母液。离心分离出的母液与结晶槽溢流出来的母液一同自流回饱和器。

从离心机卸出的硫铵结晶,由螺旋输送机送至振动流化床,用热空气干燥后,再由冷风机送入空气将热的硫铵颗粒降温冷却,以防结块。然后,进入硫铵贮斗,称量包装后送入成品库。

振动流化床用的热空气由送风机吸进,在热风器加热到 130 ~ 140 ℃ 后送入。振动流化床排出的尾气经旋风除尘器捕集夹带的细粒硫铵结晶后,由排风机送出,经旋风除尘器后排入大气。

来自油库的硫酸先至硫酸贮槽中储存,再经由硫酸泵送至硫酸高位槽,经控制流量后,自流入满流槽,调节饱和器内母液的酸度。

硫铵工段工艺流程见图 3-37。

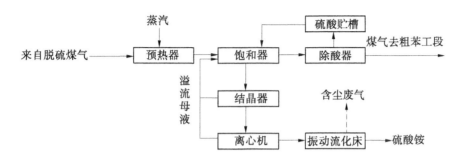

图 3-37　硫铵工段工艺流程

4) 粗苯工段

粗苯工段包括焦炉煤气洗脱苯、含苯富油的蒸馏分离等工艺过程。

来自硫铵系统的粗煤气,经终冷塔与上段的循环水和下段的制冷水换热后,由 55 ℃冷却至 25 ℃左右。然后,粗煤气由洗苯塔底部入塔,自下而上与塔顶喷淋的循环洗油逆流接触,煤气中的苯被循环洗油吸收。煤气再经过塔的捕雾段除去雾滴后离开洗苯塔去外管送往各用户。

洗苯塔底富油由富油泵加压后送至粗苯冷凝冷却器,与脱苯塔塔顶出来的粗苯汽换热,将富油预热至 60 ℃,经油换热器与脱苯塔塔底出来的贫油换热,由 60 ℃升到 130 ~ 140 ℃,最后进入粗苯管式加热炉被加热至约 180 ℃,进入脱苯塔。从脱苯塔塔顶蒸出的粗苯油水混合气进入粗苯冷凝冷却器,被从洗苯塔底来的富油和 16 ℃制冷水冷却至 30 ℃左右,然后进入粗苯油水分离器进行分离。分离出的粗苯入粗苯回流槽,部分粗苯经粗苯回流泵送至脱苯塔塔顶作回流,其余部分流入粗苯贮槽,由粗苯输送泵送往粗苯贮槽,再进一步进行粗苯深加工或装车外售。分离出的油水混合物入控制分离器,在此分离出的油自流至地下放空槽,并由地下放空槽液下泵送入贫油槽;分离出的粗苯分离水送至终冷器水封贮槽。

脱苯后的热贫油从脱苯塔底流出,自流入换热器与富油换热,使其温度降至 90 ℃左右,入贫油槽,并由油泵加压送至贫油冷却器,分别被 33 ℃循环水和 16 ℃制冷水冷却至约 30 ℃,送洗苯塔喷淋洗涤煤气。

焦油深加工产生的洗油卸入新洗油地下槽,然后由新洗油地下槽液下泵送入新洗油槽,作循环洗油的补充。

外供 0.5 MPa 蒸汽被管式加热炉加热至 400 ℃左右,一部分作为洗油再生器的热源,另一部分直接进脱苯塔底作为热源。管式加热炉所需燃料由洗苯后的煤气经煤气过滤器过滤后供给。

在洗苯脱苯的操作过程中,循环洗油的质量逐渐恶化。为保证洗油质量,洗油再生器将部分贫油再生。用过热蒸汽加热,蒸出的油汽进入脱苯塔,残渣排入残油槽定期送往油库焦油槽。

为了降低洗油中的含萘量,脱苯塔上部进行侧线采萘,萘油流入萘扬液槽用蒸汽压出送冷鼓焦油槽。

终冷塔设计了冷凝液喷淋,正常生产时,通过冷凝液泵用冷凝液循环喷洒除萘。所得的冷凝液流入冷凝水封槽,然后进入冷凝液贮槽,多余冷凝液由冷凝液泵送至冷凝鼓风作业区。

粗苯工段工艺流程见图3-38。

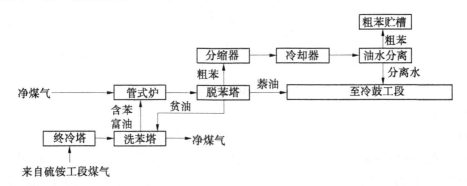

图 3-38　粗苯工段工艺流程

5)油库工段

油库工段主要任务是原材料卸车、储存和输送,以及产品储存、装车。产品主要是焦油、粗苯,原料有焦油洗油、硫酸和烧碱等。

由冷鼓、电捕系统来的焦油进入焦油槽储存。当焦油需要外售时,由焦油泵送往汽车装车台装汽车槽车外售。由焦油槽静置脱除的氨水溢流至地下放空槽,然后由地下放空槽液下泵送往冷凝鼓风系统进一步分离。

由粗苯系统来的粗苯进入粗苯贮槽储存。当粗苯需要外售时,由粗苯泵送往装车台装车外售。

外购的硫酸由汽车槽车卸入卸酸槽,通过卸酸槽液下泵送入硫酸贮槽储存,并定期用硫酸泵送至硫铵系统。

外购的浓碱由汽车槽车卸入卸碱槽,通过卸碱槽液下泵送入浓碱贮槽储存,并定期用碱液泵送至脱硫系统。

焦油深加工生产的洗油用泵打入洗油槽储存,并定期用焦油洗油泵送至洗脱苯系统。

此外,焦油贮槽、粗苯贮槽、洗油贮槽上均设计有泡沫液接管,用于贮槽化学泡沫消防。

3.3.2.6　炼铁

本项目拟新建两座 2 200 m³ 高炉(8#、9#),高炉渣采用水冲渣处理方式,高炉煤气采用干法布袋除尘器净化,并配套建设 15 MW TRT;将现有 1#、2# 高炉煤气由湿法两级文氏管净化系统改造为全干法布袋除尘,并提高 TRT 发电量;计划淘汰 2 座 450 m³ 高炉,另外

2 座 450 m³ 高炉用于处理社会铬渣、镍渣。

炼铁由高炉炉体、上料系统、出铁场、热风炉粗煤气系统、喷煤制粉系统、鼓风机房、煤气净化系统、给排水系统和矿槽除尘系统等组成。

1. 原料储存

高炉冶炼所需的烧结矿、球团矿、块矿和焦炭由胶带机或汽车从料场送至高炉矿（焦）槽内。各种原料经槽下称量漏斗称量后，由振动给料机将各种矿石分层平铺在矿石胶带机上，通过矿石胶带机转运到矿石中间称量漏斗，1# ~ 6# 高炉按照上料程序排料到上料小车，经斜桥由卷扬机拉运至高炉炉顶装料。7# 高炉按照上料程序排料到炉顶，上料到主胶带机，然后运至高炉炉顶装料。按照上料程序排料到上料主胶带机上，运至高炉炉顶装料；焦槽下，焦炭集中称量，合格的焦炭经焦炭胶带机卸入焦炭称量漏斗，再通过上料主胶带机运至高炉炉顶。各种原料经槽下称量漏斗称量后，由振动给料机将各种矿石分层平铺在矿石胶带机上，通过矿石胶带机转运到矿石中间称量漏斗，拟建高炉按照上料程序排料到炉顶上料主胶带机运至高炉炉顶装料。

贮焦槽筛下碎焦经碎焦胶带机运往碎焦仓顶小块焦振动筛，筛上合格小块焦即焦丁（粒度为 10 ~ 25 mm）进入焦丁仓。焦丁按装料程序要求通过焦丁胶带机、称量漏斗与矿石槽下供料系统混装后，转运至矿石中间称量漏斗，再通过上料主胶带机运至高炉炉顶。筛下碎焦粉装入碎焦仓，由胶带机或汽车运回烧结车间或综合原料车间。

2. 炉顶布料

高炉炉顶装料设施采用串罐式无料钟炉顶装料设备，该设备主要由固定受料罐、称量料罐、阀箱、布料溜槽、水冷气密箱等组成。无料钟炉顶通过布料溜槽的旋转和倾动、料流调节阀的控制，实现炉喉料面多环布料、单环布料、定量布料和扇形布料，其中以多环布料为主。

3. 高炉送风

为获得高风温，采用辅助热风炉法预热助燃空气，即辅助热风炉在燃烧期用高炉煤气加热，再在预热期加热助燃空气；加热高炉鼓风的主热风炉，在燃烧期用辅助热风炉供给的预热后的助燃空气燃烧高炉煤气，以达到供应高风温高炉鼓风的目的。

高炉煤气和助燃空气采用涡流喷射式进入预热燃烧室，在预热燃烧室内旋流，保证高炉煤气在进入格子砖前均匀、完全燃烧。燃烧后，高温烟气沿燃烧室向下进入蓄热室，与其中的格子砖进行热交换，然后从底部小烟道进入大烟道，经过烟囱外排；当热风炉被加热至要求的拱顶温度（约 1 400 ℃）后即进行换风操作，依次关闭煤气、助燃空气和烟道阀，打开冷风阀和热风阀。与此同时，另一座热风炉反向操作；来自高炉鼓风机的冷风从热风炉底、烟道阀前进入蓄热室与格子砖进行热交换，风温由 100 ~ 150 ℃ 上升至 1 200 ~ 1 250 ℃，热风上升至炉顶后，向下从热风阀处流出热风炉，经热风总管进入高炉前的热风围管，通过鹅颈管从风口吹入高炉；当热风炉拱顶温度下降至一定温度后（约 1 100 ℃），依次关闭冷风阀、热风阀，开启烟道阀及煤气阀，进入燃烧期，如此循环运行（送风）。

辅助热风炉和主热风炉均以高炉煤气为燃料，高炉煤气燃烧加热格子砖后的烟气进入地下烟道，首先通过热管换热器，利用烟气余热预热空气及煤气，然后通过烟囱直接排放。部分烟气由管道输送至煤粉制备站作为煤粉干燥热源利用。

4. 煤粉喷吹

高炉喷吹用煤由汽车运至炼铁车间干煤棚,由抓斗桥式起重机卸至煤堆堆存。需向制粉喷吹站供煤时,再由抓斗桥式起重机将煤抓卸到受煤斗,然后经振动给料机和胶带机送至制粉喷吹站顶部的原煤仓储存。

制粉系统包括热烟气系统、磨煤系统、收粉系统、落粉系统。

制粉所用原煤从原煤仓通过仓下电子皮带秤给煤机均匀定量送入中速磨煤机,磨煤干燥用的热介质,主要来自高炉热风炉的废烟气,由热烟气引风机将其抽引送入烟气升温炉升温,升温炉用高炉煤气作为燃料,由助燃风机鼓入燃烧所需的空气。燃烧烟气与热风炉废烟气相混合并使其升温,然后进入中速磨煤机。煤在磨煤机内被磨细和干燥后,经过磨煤机内的分离器,进行气固分离,细度合格的煤粉被含粉气流带走经管道进入袋式收粉器,不合格的煤粉又回到磨机中继续被研磨。进入袋式收粉器的煤粉经分离后进入密闭振动筛筛出杂物,然后进入煤粉仓,自仓下进入喷煤罐,由氮气通过喷吹总管输送至炉前煤粉分配器,自喷煤支管喷入高炉内。

5. 高炉冶炼

炼铁所需原料由无料钟炉顶装料设备装入高炉内,热风从高炉炉腹风口鼓入,随着风口前焦炭燃烧,耗尽风口处氧气,高温下 CO_2 与 C 生成 CO(煤气),煤气向炉顶快速上升。与此同时,炼铁原料从炉顶下降过程中与上升煤气热交换后温度不断升高,原料中的 Fe_2O_3 被 CO 还原成铁,在接近风口处开始熔化,并吸收焦炭中的碳元素,最终成为铁水,脉石等则形成熔融炉渣,二者积存于炉缸中,其中,铁水沉在底部。铁水和炉渣定期由铁口排出炉外,流经主沟、撇渣器;铁水经铁沟、摆动流嘴后流入铁水罐,由机车运至炼钢车间。熔渣进入水冲渣设施经水淬、粒化、脱水后由皮带输出。

炼铁生产工艺流程见图 3-39。

6. 高炉煤气净化系统

酒钢拟建的高炉煤气净化系统采用干法净化工艺,其工艺流程如图 3-40 所示。

高炉煤气经煤气导出管从炉内引出,上升后进入上升管,再由下降管进入重力除尘器,煤气中 80% ~ 90% 的炉尘沉降,随后进入布袋除尘器进一步净化处理,净化后的高炉煤气首先送至干式煤气余压膨胀透平装置(TRT)中,利用煤气余压进行发电,发电后煤气部分用于热风炉,部分并入高炉煤气管网,送给用户使用。布袋除尘器采用氮气脉冲反吹,除尘灰采用浓相气力输送至灰仓内集中加湿搅拌后由汽车运至烧结车间利用。

7. 高炉渣处理系统

酒钢拟建的高炉渣处理系统采用转鼓法熔渣处理装置加备用干渣坑的渣处理工艺。两个出铁场各设置一套独立的水渣设施。渣处理系统由熔渣处理装置、循环水系统、粒化渣运输和堆放系统及控制系统组成。高炉熔渣经下渣沟流到粒化器内,被高速旋转的粒化轮击碎,同时从四周向碎渣喷水,急冷后的渣粒被水携带经分配器进入脱水转鼓,脱水后的水渣由皮带运输机运走。

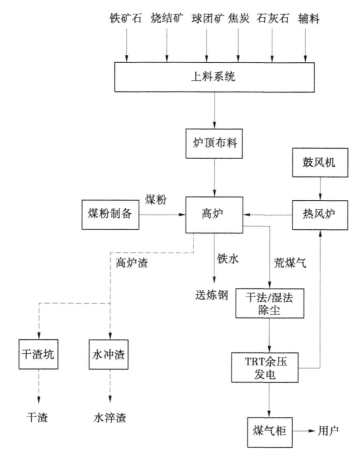

图 3-39　炼铁生产工艺流程

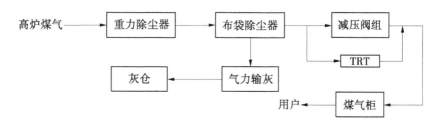

图 3-40　干法净化工艺流程

3.3.2.7　炼钢

酒钢拟建新炼钢(含不锈钢及碳钢)生产设施。其中,不锈钢:2 座 150 t 电炉以及配套的 1 座 160 t 脱磷转炉、2 座 160 t LF 炉、2 座 160 t AOD 炉、1 座 110 t VOD 炉、2 台单流板坯连铸机;碳钢:1 套 160 t KR 法铁水预处理系统、1 座 160 t 转炉、1 座 160 t LF 炉、1 座 160 t RH 炉、1 台 2 机 2 流板坯连铸机。

1. 新炼钢 – 碳钢

酒钢拟建设新炼钢、含碳钢及不锈钢生产设施,碳钢与不锈钢在同一厂房内建设。

新炼钢－碳钢主要冶炼装备为:1 套 160 t KR 法铁水预处理系统、1 座 160 t 转炉、1 座 160 t LF 炉、1 座 160 t RH 炉、1 台 2 机 2 流板坯连铸机。

转炉炼钢工艺:900 t 混铁炉—160 t KR 铁水脱硫装置—160 t 转炉—160 t LF 炉/160 t RH 真空处理装置—板坯连铸机。新炼钢－碳钢转炉采用干法净化煤气。

转炉炼钢所需散状料及铁合金等用汽车运输,卸入地下料仓和铁合金库储存。散状料通过皮带机输送到高位料仓,需要时经散状料加入系统和转炉。铁合金通过皮带机从铁合金库运送到高位料仓,需要时由铁合金加料系统经旋转溜槽送入钢包内。

转炉冶炼采用顶底复合吹炼技术,炼钢全过程实现自动化控制和联锁,出钢后,根据浇铸产品的需要,用天车吊运至 LF 钢包精炼炉或 RH 真空精炼炉对钢水进行二次精炼,精炼后的钢水用吊车吊至连铸钢包回转台,进行浇铸作业。

浇铸的合格钢坯通过辊道直接热送至轧钢车间进行热连轧制,或用天车下线堆存,再用汽车外运火焰清理工艺处理,返回轧钢车间轧制。

炼钢过程中产生的钢渣经水淬回收铁后,尾渣做建材原料。转炉烟气经干法净化的转炉煤气回用于各加热工序,不合格烟气进入放散管点火放散。

碳钢炼钢生产工艺流程见图 3-41。

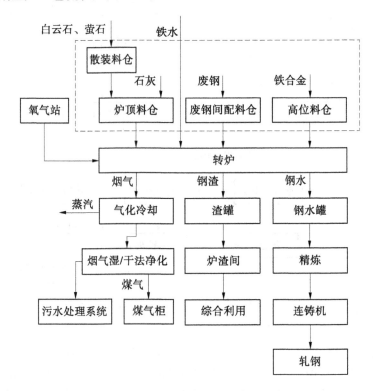

图 3-41　碳钢炼钢生产工艺流程

2. 新炼钢－不锈钢

拟建新炼钢－不锈钢,主要装备:2 座 150 t 电炉以及配套的 1 座 160 t 脱磷转炉、2 座 160 t LF 炉、2 座 160 t AOD 炉、1 座 110 t VOD 炉、2 台单流板坯连铸机。

对于 300 系列不锈钢,使用不锈废钢、低镍生铁、高磷镍铁及铁合金等全冷料装入 150 t 电炉生产,并于 AOD 精炼工序兑入炼铁系统 450 m³ 高炉消纳废镍渣所生产的镍铁水采用三步法冶炼,其工艺流程为:将固态低镍生铁、镍铁、高碳铬铁、不锈钢废钢装入电炉进行熔化,与脱磷转炉进行脱硅脱磷处理的高炉冶炼低铬镍铁水一起兑入 AOD 炉内进行精炼,AOD 炉出钢后送 LF 炉或 VOD 炉精炼,最后到连铸机进行浇铸。300 系列不锈钢冶炼工艺流程见图 3-42。

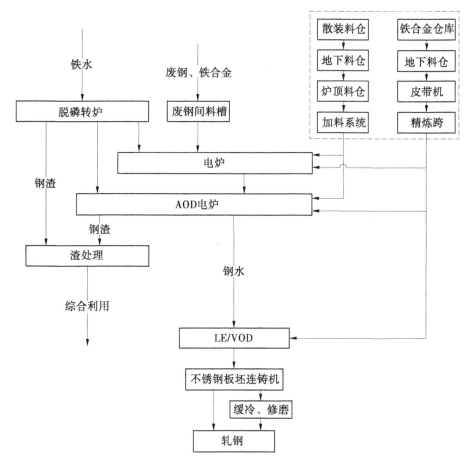

图 3-42　300 系列不锈钢冶炼工艺流程

对于 400 系列不锈钢,拟采用部分脱磷铁水加铁合金进行生产。脱磷铁水不仅可以降低钢中的有害元素及杂质,提高不锈钢钢水的质量,同时可以利用铁水物理热和化学热,降低生产成本。

400 系列不锈钢冶炼采用二步法,其工艺流程为:高炉普通铁水在脱磷转炉内进行脱硅、脱磷处理,处理后将脱磷铁水兑入 AOD 氩氧精炼炉,AOD 炉出钢后送 LF 炉处理,最后到连铸机浇铸。

二步法工艺为:高炉普通铁水在脱磷转炉内进行脱硅、脱磷处理,处理后将脱磷铁水兑入 AOD 氩氧精炼炉,精炼后送 VOD 真空精炼炉进行深脱碳、脱氮处理,最后到连铸机浇铸。400 系列不锈钢冶炼工艺流程见图 3-43。

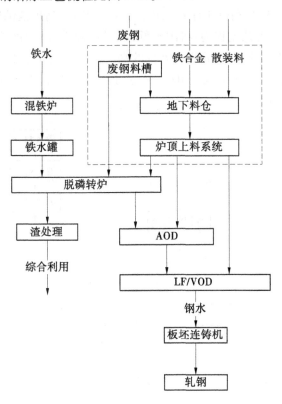

图 3-43　400 系列不锈钢冶炼工艺流程

3.3.2.8　2 250 mm 热轧

拟新建 1 条 2 250 mm 热连轧生产线,降低棒线材、普通热轧板卷、普通中板等产品产量,提高高强度钢、管线钢、耐候钢、双相不锈钢、超低碳氮铁素体不锈钢等高档次、高技术含量优质钢材的产量,实现酒钢整体结构优化升级和跨越式发展。

2 250 mm 热连轧机组用于不锈钢和碳钢加工。其中,不锈钢年产量为 164.3 万 t,碳钢年产量为 243.9 万 t。炉卷轧机年产量调整为 67.3 万 t,专门用于生产不锈钢,侧重生产适宜的品种,如边裂敏感的不锈钢、双相不锈钢、超纯铁素体不锈钢等。以生产薄规格产品为主,为后续冷轧加工降低负荷,降低生产成本,提高生产效率。

2 250 mm 热轧板生产工艺流程见图 3-44。

3.3.2.9　不锈钢炉卷热轧

合格板坯组批后装入加热炉,经步进梁式加热炉加热至要求温度后,由出钢机将板坯从炉内抽出,经辊道送至粗除鳞机除鳞后,运至粗轧机轧至要求规格,再将中间坯送至滚筒剪切除头尾,经二次除鳞后送至炉卷轧机反复轧至目标厚度,通过层流冷却辊道将板带速冷却后送至地下卷取机,钢带卷取后通过步进梁式运输机将带卷运至提升站,提升至地面,再使用步进梁式运输机将带卷运至取样检查处进行取样和检查,对合格产品进行打捆、称重和标印后,送至热轧成品库。部分产品直接装火车外销,部分产品供冷轧生产。

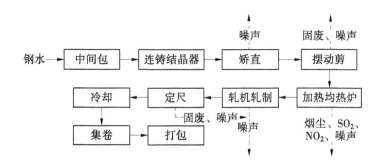

图 3-44　2 250 mm 热轧板生产工艺流程

不锈钢炉卷热轧生产工艺流程见图 3-45。

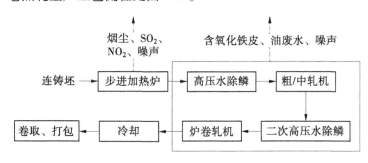

图 3-45　不锈钢炉卷热轧生产工艺流程

3.3.2.10　不锈钢冷轧

不锈钢冷轧工序拟新增两条不锈钢热轧退火酸洗线、35 座罩式炉、1 套 5 机架 6 辊连轧机、1 台单机架 1 600 mm 20 辊轧机、1 台单机架 2 100 mm 宽幅 Z－Hi 轧机、2 条冷轧退火酸洗机组、1 条光亮退火机组。

不锈钢冷轧主要生产工艺流程如下。

1. 热轧带钢退火酸洗机组

热轧带钢退火酸洗机组主要承担热轧卷 AISI300 系列、部分 400 系列的连续退火酸洗以及部分 AISI400 系列的酸洗功能。

根据计划,将所需热轧钢卷用吊车吊运至热轧带钢退火酸洗机组入口固定鞍座上,通过钢卷小车运至开卷机开卷,带钢头部经直头机、切头剪及输送设备等至焊机与前一卷带钢尾部焊接,形成连续生产。

焊接好的带钢通过纠偏转向辊及张力辊连续将带钢送入入口水平活套。带钢从活套出来进入不锈钢卧式退火炉。不锈钢钢带在卧式退火炉内加热到 1 120 ℃ 退火温度进行退火,退火后再冷却至 70 ℃,完成不锈钢退火工艺。

退火后的带钢进入张力破鳞系统机械疏松剥离带钢表面氧化铁皮后,再进入喷丸机向带钢表面强力喷丸粒,去除带钢表面氧化铁皮。

机械除鳞后的带钢进入化学除鳞段即酸洗段。热轧带钢在酸洗段经混酸(HNO_3 + HF)酸洗、漂洗、烘干等工序彻底去除氧化铁皮,完成酸洗工艺。

随后,带钢进入出口水平活套,出口活套出来的带钢经张力辊至水平检查台检查带钢上下表面质量,再送入切分剪取样、切焊缝或切废、分卷,随后带钢进入卷取机卷取,根据需要可在卷取时在带钢之间垫纸。

卷好后的钢卷由钢卷小车送出并称重、打捆,需轧制的钢卷可送入轧前库存放。作为产品的钢卷吊运至横切机组、重卷机组入口鞍座上进行精整处理后,再送往成品库包装入库。

2. 单机架冷轧

经退火酸洗后的钢卷由吊车从轧前库运至各单机架冷轧机组开卷机鞍座,由钢卷小车送至开卷机开卷,再经直头机矫直、穿带至出口卷取机卷取 2~3 圈,张力建立后,轧机开始压下轧制,第一道次轧制结束后,未经过轧机的带钢尾部反向进入入口卷取机卷取绕 2~3 圈,张力建立后,带钢开始返向进行第二道次轧制,如此可逆轧制 5~11 道次轧到成品厚度,在卷取机上卷取成卷,由钢卷小车运出并打捆、称重,再由电动平车运输到轧后中间库存放,准备送往冷轧带钢退火酸洗机组。

3. 5 机架冷连轧机组

经过热轧带钢退火酸洗的带钢,由电动平车运输过跨,再由车间吊车吊运至连轧机机组入口鞍座,上卷小车送至开卷机,开卷直头后进入切头剪切头,之后带钢头部进入焊机与前一卷带钢尾部进行焊接,焊接后带钢进入水平活套,水平活套用于带钢切头尾、焊接时,可保证冷轧机连续运行。带钢出水平活套后进入 5 机架冷连轧机进行轧制,进入冷连轧机轧制的带钢,按轧制规程被轧制到所要求的成品厚度。然后通过轧机出口段送至卷取机卷取成卷,根据需要可在卷取时在带钢之间垫纸。

卷好后的钢卷由钢卷小车送出并称重、打捆。然后由机组出口步进梁送入轧后中间库存放,准备送往冷轧带钢退火酸洗机组。

4. 冷轧带钢退火酸洗机组

冷轧后,钢卷由吊车运输到开卷机前步进梁上,通过入口钢卷小车运送到开卷机开卷,带头经过入口穿带导板台、夹送辊、直头机进入入口剪处理带头,带头在焊机处与上一钢卷带尾焊接形成连续生产。有引带焊接的带钢在入口剪处去除引带,并通过真空吸盘及提升装置存放到储料台架上。

焊接好后的带钢经过张力辊进入清洗段清洗冷轧带钢表面残留轧制油,清洗段后接烘干器,烘干后的带钢经转向辊和张力辊进入入口活套,带钢从活套出来后,通过纠偏辊和张力辊进入退火炉,退火炉包括预热段、加热段、空气冷却段、水冷段、带钢烘干器。带钢出退火炉后,经跳动辊、张力辊进入酸洗段,酸洗段选用中性盐(Na_2SO_4)电解酸洗 + HNO_3 电解酸洗 + ($HF + HNO_3$)混酸酸洗。酸洗后,带钢经漂洗烘干后,进入出口段。

酸洗后,带钢经纠偏转向辊、张力辊进入出口活套。出口活套出来的带钢可根据工艺需要选择进行二辊式在线干式平整,随后带钢进入检查台检查带钢上下表面质量,再送入出口切分剪取样、切焊缝或切废,最后带钢进入卷取机卷取。根据需要,可在卷取时在带钢之间垫纸。

卷好后的钢卷由钢卷小车送出并称重、打捆,然后由吊车运至平整机组前中间库或通过电动平车运送到精整机组跨处理。

5. 光亮退火机组

带钢冲洗后,经入口活套塔从底部经过张力调节辊和入口密封进入退火炉内,保持露

点在 -55 ℃的工艺氛围内(100%氢气)而不受干扰影响。为保持带钢的清洁,约 2/3 的气流以与带钢运动方向相反的方向向入口密封箱方向流动,其余则通过回流管道流到出口密封箱。在分卷剪自动进行焊接前和焊接后的分卷操作,进行取样。剪下的废料自动落入放置在平动操作台车上的废料箱内。

6. 平整机组

经冷轧退火酸洗或光亮退火后的钢卷由吊车吊运至平整机组入口鞍座,由钢卷小车送至开卷机开卷,再经刷辊去除带钢表面脏物,穿带至出口卷取机卷取 2～3 圈。张力建立后,二辊平整机开始进行平整。平整时,平整机前刷辊开始工作,去除带钢表面脏物,根据带钢钢种及要求的不同,可进行多道次可逆平整,平整完毕后,从卷取机处卸卷,由钢卷小车运出,经打捆、称重后,由过跨电动平车运送到精整跨进一步精整处理。

7. 拉伸矫直机组

吊车将钢卷吊到拉伸矫直机组入口鞍座上,经入口钢卷小车运输到开卷机开卷,在开卷的同时,卷纸机卷取垫纸,带钢头部经过直头机后到切头剪,可根据需要是否切头,带钢经过切头剪后在焊机处与前一卷带钢的尾部焊接起来形成连续生产。焊接好后的钢带经过张力辊进入拉伸矫直机进行湿拉矫,拉伸矫直后的带钢经热水清洗,烘干后进入活套,带钢离开活套进入圆盘剪切边后,由分切剪根据生产计划分卷。分卷后的带钢在卷取机上卷取,卷取机卷取的同时,垫纸机垫纸。最后由卸卷小车将钢卷运输到出口鞍座上,打捆、称量,再由过跨电动平车运送到成品库包装、存放,准备发货。

不锈钢酸洗、冷轧生产工艺流程见图 3-46。

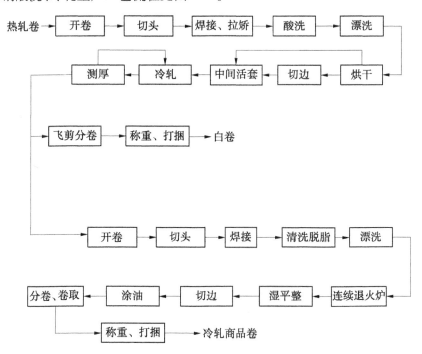

图 3-46 不锈钢酸洗、冷轧生产工艺流程

3.3.2.11 全价元素可控缓释肥项目

1. 工程概况

酒钢全价元素可控缓释肥项目位于现有尾矿库南侧,占地面积 2 万 m²,总投资 41 580 万元。

建设全价元素可控缓释肥生产线,年利用 55 万 t 尾矿,实施后达到 100 万 t/a 缓释肥及 2 万 t/a 可降解缓释剂。

主要建设内容包括:

(1)建设活化煅烧回转窑(50 万 t/a)一座。

(2)建设 100 万 t/a 作物专用可控缓释肥生产线。其中,胶结型缓释复混肥 80 万 t/a,包膜型尿素 20 万 t/a。

(3)建设年产 2 万 t 可降解缓释剂生产线。其中,胶结型缓释剂 1.6 万 t/a,包膜型缓释剂 0.4 万 t/a。

该项目主要工艺流程见图 3-47。

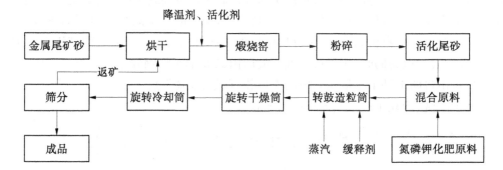

图 3-47 全价元素可控缓释肥工艺流程

2. 主要生产工艺

将活化尾砂粉与氮磷钾化肥原料质量按 5:5 比例各自称取原料,在混料器中混合均匀;用传送带将物料送入转鼓造粒机,打开蒸汽阀通入蒸汽。同时,打开缓释胶结剂管道阀门,高压雾喷缓释胶结剂,用量为物料质量的 2%;呈米粒状的造粒物料通过传送带进入干燥筒进一步造粒,并干燥,干燥筒出口温度为 50~60 ℃。冷却、筛分后包装,大于 5 mm 和小于 2 mm 的颗粒作为返料,粉碎后循环使用。

1)包膜型缓释尿素生产工艺

将大颗粒尿素分选为 2.5~4 mm、4~5.6 mm 两组,分别包膜;用传送带将大颗粒尿素送入包膜筒预热区,预热温度为 55~60 ℃;打开已预热的包膜型缓释剂(50~60 ℃)管道阀门,雾喷至包膜区旋转上扬的尿素颗粒上,使用量为尿素质量的 2%~3%;已包膜尿素进入平滑区,在包膜筒旋转条件下,尿素颗粒相互碰蹭,使包在颗粒表面的膜厚度相对均匀;包膜尿素进入扑粉区,滑石粉细度为 300 目以上,使用量为尿素质量的 1%~2%;扑粉后的包膜尿素进入热风烘干区,温度为 80~90 ℃,加大风量使水分迅速蒸发;进入冷风冷却区迅速冷却;通过传送带进入圆筒筛,成品包装,多余的滑石粉循环使用。

2）可降解缓释剂

按照每种作物不同生育阶段需求氮、磷、钾养分量,将缓释复混肥与包膜尿素按比例混合。

3.3.2.12　碳钢钢渣综合利用项目

1. 工程概况

酒钢 90 万 t/a 碳钢钢渣综合利用项目位于现有渣场的东北侧,占地面积 4 万 m²,总投资 45 118 万元。

主要设备包括 B 型滚筒渣处理装置(BSSF 渣处理装置)、D 型滚筒渣处理装置(BSSF 罐底渣处理装置)、组合式输送机、斗式提升机、扒渣机、渣罐倾动装置、磁选机、喷雾除尘装置等。

经过滚筒渣处理装置处理后的钢渣磁选后,金属回收率达到 70%;经闷罐法处理后的铸余渣,金属回收率达到 80%,尾渣粒度小于 5 mm;经湿法浸泡法处理后的铁水脱硫渣,金属回收率达到 80%,尾渣粒度小于 5 mm。碳钢钢渣综合利用项目主要产品产量见表 3-6。

表 3-6　碳钢钢渣综合利用项目主要产品产量　　　　　（单位:万 t）

序号	名称	产量
1	处理后钢渣	40.321
2	渣钢	4.639
3	粒铁粉	0.315
4	粒铁块	0.525

2. 主要生产工艺

BSSF 渣处理装置采用垂直进料工艺,为双腔式结构,通过芯轴由一套传动装置提供动力,主要由工艺筒体、传动装置、漏斗装置、工艺喷淋装置、固定罩壳装置、工艺平台、工艺介质等组成。

BSSF 罐底渣处理装置采用一次进料逐步排料工艺,为多功能腔体串接倾斜结构,倾斜角度为 15°。主要由滚筒本体、托轮装置、止推装置、传动装置、排渣装置、冷却系统、工艺平台、工艺介质等组成。

碳钢钢渣一次处理工艺采用钢渣滚筒法粒化处理工艺、湿法浸泡工艺、格栅冷却工艺等技术,然后进行渣铁分离(粒铁回收)、磁选、筛分等处理,分离出含铁量较高的粒铁粉,全部送烧结系统做配料。其余钢渣尾渣送至酒钢吉瑞钢渣微粉生产线。碳钢钢渣综合利用项目工艺流程如图 3-48 所示。

3.3.2.13　不锈钢钢渣综合利用项目

1. 工程概况

酒钢不锈钢钢渣综合利用项目位于现有渣场的东北侧,占地面积 6 万 m²,总投资 11 545.6 万元。

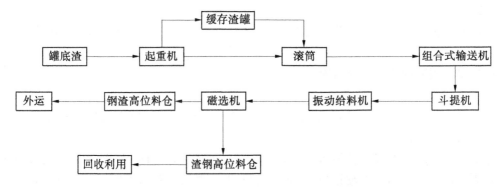

图 3-48 碳钢钢渣综合利用项目工艺流程

不锈钢钢渣综合利用项目年处理不锈钢钢渣 32 万 t,回收金属 4 万 t,实现酒钢不锈钢钢渣的 100% 处理和综合利用,尾渣进行综合利用或无害化处理。

2. 主要生产工艺

不锈钢转炉渣及电炉/精炼渣经"空冷 + 喷淋"处理后,由卡车运输到处理场,炉渣原料先在原料车间分类堆放、降低水分,而后分别投入主生产线进行加工处理。经处理后的各类金属和渣钢全部返回炼钢厂使用,各类尾渣和滤饼进行综合利用或无害化处理。

不锈钢渣处理的生产工艺主要有不锈钢转炉渣及电炉/精炼渣的破碎、筛分、再破碎、重选、磁选、浓缩、渣浆脱水等。

本不锈钢钢渣处理工艺采用干湿法相结合的处理工艺。不锈钢钢渣综合利用工艺流程如图 3-49 所示。

电炉渣、精炼渣及转炉粗渣用铲车等起重设备翻入原料仓,经格筛进行预筛分,筛上 > 250 mm 的大块渣用履带式液压挖掘机的振动风镐进行破碎后,进入原料仓;筛下 < 250 mm 的渣经皮带机送入颚式破碎机进行初破后,进入振动筛进行筛分。 > 40 mm 筛上料经给料机送入干式棒磨机粗破后,进入振动筛,筛上 > 25 mm 的块状物即为该处理线从不锈钢渣中分选出的 A 类金属(置于 A 类金属料箱);< 25 mm 筛下料与干式棒磨机前级振动筛的 < 40 mm 筛下料共同进入湿式棒磨机进行细磨,经湿法细磨后的炉渣,再次进行振动筛分选,> 7 mm 的筛上料即为该处理线从不锈钢渣中分选出的 B 类金属(置于 B 类金属料箱);< 7 mm 的筛下料进行螺旋分级、跳汰机重选后,选出的高品位金属渣钢即为该处理线从不锈钢渣中分选出的 C 类金属(置于 C 类金属料箱);经螺旋分级、水力旋流、重选后的炉渣,由湿式磁选机进一步磁选,选出低品位即为该处理线从不锈钢渣中分选出的 D 尾矿(置于尾矿箱);其余渣浆,全部送入二级螺旋分级机进行渣浆分离后,即为该处理线从不锈钢渣中分选出的 E 尾渣(置于尾渣箱)。回收的各类尾渣、金属送炼钢厂作为不锈钢炼钢原料使用,尾渣可作为建材原料外销。

本项目建成后,回收 A、B、C 类金属产品金属含量 > 85%,尾渣金属含量 < 0.05%。其中,误差为 + 10 mm 的成品送往炼钢车间废钢堆场储存待用,误差为 − 10 mm 的成品送往酒钢宏盛 25 000 kVA 电炉车间造球系统待用,尾渣用于铺路。这即实现了对酒钢不锈钢钢渣的 100% 处理。整体工艺实现了对产生的不锈钢钢渣进行综合利用及尾渣综合利用或无害化处理的目标。

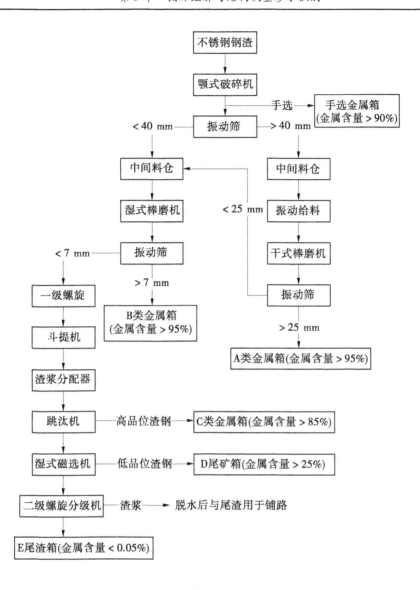

图 3-49　不锈钢钢渣综合利用工艺流程

3.3.2.14　氧化铁皮及氧化铁粉综合利用项目

1. 工程概况

氧化铁皮及氧化铁粉综合利用项目位于渣场的东北侧,占地面积 6 万 m²,总投资 13 319 万元。

氧化铁皮综合利用项目主要设备包括鄂式破碎机、锤式破碎机、球磨机、高速风能粉碎机、二次精还原电炉、提升机、磁选机、旋流分离器、高压雾化器等;主要原料为碳钢轧钢氧化铁皮,年产还原铁粉 1.2 万 t。

氧化铁粉综合利用项目主要由一条年产 8 000 t/a 氧化铁红提纯生产线构成。利用碳钢冷轧酸洗干燥污泥 8 000 t,生产高品质氧化铁红。采用水洗提纯研磨法制取超高纯氧化铁红技术,产品方案为年产 8 000 t 高品质氧化铁红,降低氧化铁红杂质含量、减小粒径、增大比表面积等各项指标,优化氧化铁红质量。主要设备包括水洗装置、分级装置、压滤系统、研磨设备等。

粉末冶金项目利用轧钢铁鳞资源,形成年产2万t以上的粉末冶金制品和粉末冶金铁粉。主要设备包括成形设备、精整设备、烧结设备、蒸汽处理设备等。

2.主要生产工艺

1)氧化铁皮综合利用项目

氧化铁皮综合利用项目工艺流程如图3-50所示。

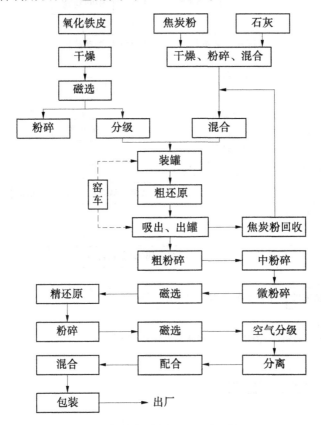

图3-50　氧化铁皮综合利用项目工艺流程

2)氧化铁粉综合利用项目

氧化铁粉综合利用项目工艺流程如图3-51所示。

3)粉末冶金项目

(1)生产粉末。

生产过程包括粉末的制取、粉料的混合等步骤。为改善粉末的成型性和可塑性,通常加入汽油、橡胶或石蜡等增塑剂。

(2)压制成型。

粉末在压力下压成所需形状。

(3)烧结。

在高温炉或真空炉中进行。烧结过程中粉末颗粒间通过扩散、再结晶、熔焊、化合、溶解等一系列的物理化学过程,成为具有一定孔隙度的冶金产品。

(4)后处理。

一般情况下,烧结好的制件可直接使用。但对于某些尺寸要求精度高并且有高的硬度、耐磨性的制件还要进行烧结后处理。后处理包括精压、滚压、挤压、淬火、表面淬火、浸油及熔渗等。

粉末冶金综合利用项目工艺流程见图 3-52。

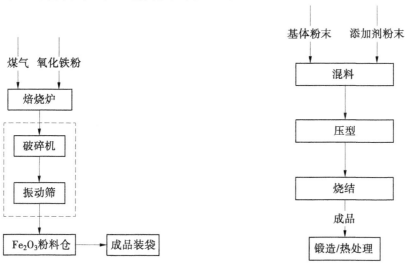

图 3-51　氧化铁粉综合利用项目工艺流程　　图 3-52　粉末冶金综合利用项目工艺流程

3.3.2.15　固体废弃物综合利用生产建材项目

固体废弃物综合利用生产建材项目由矿渣微粉项目、工业废渣生产新型墙材项目、脱硫石膏综合利用项目组成,位于嘉兴站的东南侧,占地面积 4 万 m²,总投资 53 882 万元。

1. 矿渣微粉项目

矿渣微粉项目建设规模及产品方案:年产矿渣微粉 60 万 t,产品比表面积≥420 m²/kg,水分≤0.5%,产品质量满足国家标准《用于水泥和混凝土中的粒化高炉矿渣粉》(GB/T 18046—2008)。主要设施包括:原料卸车库和储料间,地下受料仓,破碎、筛分、立磨系统,皮带通廊,成品仓,废渣堆场,除尘系统,水系统,变配电室,办公及生活设施。

矿渣微粉项目工艺流程见图 3-53。

2. 工业废渣生产新型墙材项目

工业废渣生产新型墙材项目采用酒钢工业固体废渣为主要原料,主要设备有搅拌机、消化机、蒸压砖机、轮碾机、蒸压釜等主要设备及箱式给料机、螺旋输送机、爬斗、骨料秤、胶带输送机、养护小车、摆渡车等辅助设备。生产粉煤灰蒸压砖、复合保温砌块生产线,使其蒸压砖生产能力达到 15 000 万块、复合保温砌块生产能力新增 20 万 m³。

主要生产工艺如下。

1)粉煤灰分级风选

新建 2 个 1 000 m³ 钢结构灰库,400 m 输灰管道,管道支架及基础;粗灰处置系统。

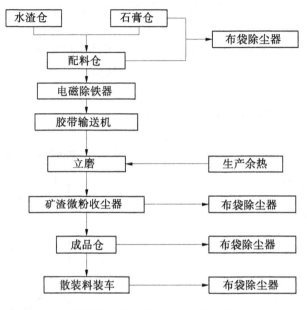

图 3-53　矿渣微粉项目工艺流程

铺设 600 m 输灰管道、管道支架及基础,空压机房、用气管道支架及基础等。设备包括分选设备、包装机等。

2)加气混凝土生产线

细灰库中的粉煤灰卸至打浆机制成料浆,与破碎、磨细的石膏、石灰石混合物及水泥按比例在搅拌机内进行混合,在此过程中加入发泡剂铝粉,搅拌均匀的料浆浇注入模具车内,进入静养室使料浆发泡均匀并使坯体硬化。然后由专用吊具吊至切割机切割至要求的尺寸,通过普通吊具卸至装车位,进入进釜车线,由慢动卷扬机拉入蒸压釜内,在 0.8 MPa 的蒸汽压力下蒸压养护,合格后出釜,由卸料吊车卸下后运至成品堆场。

3)粉煤灰蒸压砖生产线

将粉煤灰、破碎后的骨料和石膏、石灰石混合物按比例混合后搅拌均匀,由皮带机送入消化仓使混合物反应完全,然后通过皮带机送入轮碾工段,轮碾后进入压砖车间,由压砖机压制成型后码至砖车,通过摆渡车进入进釜车线,在蒸压釜内蒸压合格出釜后,用钢轨运至成品堆场。

工业废渣生产新型墙生产工艺流程如图 3-54 所示。

3.脱硫石膏综合利用项目

脱硫石膏综合利用项目占地面积为 4 万 m²,利用脱硫石膏生产水泥缓凝剂和建筑石膏粉,年产水泥缓凝剂 12 万 t、建筑石膏粉 25 万 t。

主要有石膏原料输送系统、煅烧系统、混合成型(成球)系统、成品储存、成品库房、原料堆棚等辅助设施。

主要生产工艺为:含自由水 10% 左右的脱硫石膏由装料料仓通过输送机送到焙烧炉的给料斜槽上。给料落在流化的炽热的焙烧材料台面上,当温度升到额定台面温度 140 ℃时,游离水分迅速被排除。给料在焙烧炉内停留 30～40 min,脱硫石膏由二水合物基本

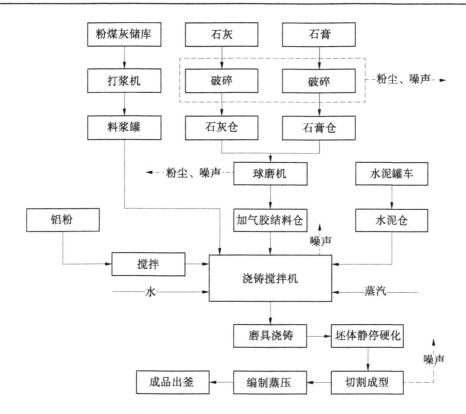

图 3-54　工业废渣生产新型墙生产工艺流程

上转变为半水合物。焙烧炉设计上允许原料的完全流化,因而保证了给料尺寸的大范围内都能够在严密控制的状态下进行加工。

脱硫石膏综合利用项目工艺流程见图 3-55。

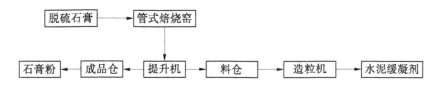

图 3-55　脱硫石膏综合利用项目工艺流程

3.3.3　建设规模及实施意见

本项目实施后,酒钢本部将年产铁矿石 1 000 万 t、生铁 835 万 t、钢坯 1 016.5 万 t、商品钢材 955.6 万 t。

3.3.3.1　原料部分建设规模

本次原料部分主要对镜铁山矿区进行扩能改造,桦树沟矿区生产规模由 360 万 t/a 扩大至 700 万 t/a、黑沟矿区生产规模维持 300 万 t/a 不变。

3.3.3.2　钢铁部分建设规模

钢铁部分选矿工序由现有 600 万 t/a 选矿规模增加到 1 000 万 t/a 规模;烧结规模由

现有797.2万 t/a 增加到1 050万 t/a;球团规模由现有100万 t/a 增加到300万 t/a;焦炭规模由现有307万 t/a 增加到397万 t/a;炼铁规模由645万 t/a 增加到835万 t/a;炼钢规模由735万 t/a 增加到1 035万 t/a;不锈钢坯生产能力在现有100万 t/a 的基础上,增加156.5万 t/a,达到256.5万 t/a;热轧工序从现有的735.7万 t/a 热轧能力增加到995.8万 t/a;冷轧工序从现有的220.9万 t/a 商品钢材生产能力增加到年产商品钢材364万 t/a。

3.3.3.3　项目实施意见

根据可研,本项目拟分为设计、采购、土建施工、安装、试车投产等5个主要阶段进行,计划各系列基础设施等公用部分同时建设,相对独立部分分阶段交叉实施,总建设周期为36个月。

3.3.4　取用水方案

3.3.4.1　取水方案

本项目钢铁部分取水水源同现有钢铁产业链一致,但本项目完成后将对现有酒钢综合污水处理厂的中水进行回用,以减少常规水源的用量。

3.3.4.2　节水措施

根据可研,本项目建设采用新技术、新设备、新材料,充分挖掘潜能,减少用水量,提高用水效率,对各工序产生的废水建立独立的废水处理系统,对现有综合污水处理厂进行改造并建设深度处理设施,将厂区污水全部回收进行处理。本项目主要建设的节水项目包括但不限于以下:

(1)日处理规模16万 m³ 综合污水处理厂工艺结构优化并单独建设深度处理设施,深度处理设施由预处理、脱盐装置、水泵间、控制室及附属设施等组成。建设深度处理设施对部分中水(30%)进行深度处理(净化水→预处理→反渗透→水池),深度处理后,回用水与现有综合污水处理厂中水掺混后可达到工业用水水质。

(2)建设并配套全厂的中水回用管网,建设回用水调节水池。

(3)对大草滩水库及厂区输水管线进行维护改造,新建4万 m³ 调节水池,通过暗渠将水库水引入调节池,并建设相应的供水管网。

(4)为加强节约用水的监控力度,强化水系统统计管理,拟在全厂健全仪表计量点,各级计量数据全部使用计算机统一管理,建设计量系统网络。配置在线水质、水量、水压、水温监测系统,及时反馈用水信息至各循环水控制室,以便合理调配水量、水压、水温等用水参数,从而达到节约用水的目的。

(5)新建2座焦炉配套建设酚氰污水处理站,处理规模100 m³/h。经处理的酚氰废水回用。

(6)炼铁系统节水项目:新建2座高炉煤气净化及1 260 m³、1 800 m³ 2座高炉煤气净化采取全干法布袋除尘;新建2座高炉配套建设水渣处理循环水系统,水渣处理采用转鼓法熔渣处理系统进行处理。

(7)炼钢系统水处理建设项目:转炉一次烟气除尘采用干法除尘工艺、RH 炉浊循环水处理系统、VOD 浊循环水处理系统及连铸浊循环水处理系统。

（8）新建 2 250 mm 热连轧及不锈钢冷轧水处理建设项目：层流冷却循环水处理系统、热轧直接冷却循环水处理系统及冷轧废水处理系统。

（9）软水站项目。新建烧结、球团、高炉用户在高炉区统一新建 1 座软水站，软水制备水源采用综合污水处理厂回用水，回用水中一部分经过预处理＋超滤＋一级反渗透工艺进行处理；其余部分经过钠离子交换器进行处理，两种出水进入软水储水池混合后作为软水站成品水供用户使用。软水站排出的浓含盐废水，引至高炉区域作为水渣系统补充水。

项目实施后，将采取分质供水，实现三级供水网络，实施"分级用水"。酒钢内部供水系统应根据各系统对水质的不同需要，将厂区各用水单位分为三类，建立生活水、生产新水、综合污水处理厂回用水的三级供水方式；实施废水资源化利用，提高水资源利用率，生产废水和生活污水处理后回用，接近废水"零排放"。

3.3.4.3　用水方案

1. 用水水量

本项目建成后，用水量为 4 441 万 m³/a，其中，原料部分用水量为 26 万 m³/a（矿井涌水 3 万 m³/a，地表水 23 万 m³/a），钢铁部分用水量为 4 415 万 m³/a（地表水 1 672 万 m³/a，地下水 1 492 万 m³/a，酒钢综合污水处理厂中水 1 251 万 m³/a）。项目实施后，地表水、地下水等常规水源用水量均有较大幅度的下降。

项目实施后钢铁部分水资源循环利用示意图见图 3-56。

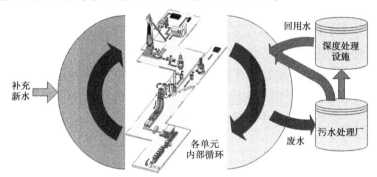

图 3-56　项目实施后钢铁部分水资源循环利用示意图

2. 用水水质

本项目各环节用水水质与现状各环节用水水质差别不大。

3. 用水系统

本项目原料部分用水比较简单，主要为生活用水、锅炉用水和矿山降尘用水等。

根据各用水点对水质要求的不同，项目钢铁部分采用梯（递）级供水方式，全厂主要设三级供水系统。

第一级供水系统为全厂清水供水系统，供水对象主要为各净循环系统补给水处理系统、生活用水和消防水系统等。

第二级供水系统为各净循环水系统排水回用作为相对应的浊循环系统工艺补充水用水。

第三级供水系统为酒钢综合污水处理厂处理后的中水回用系统。

3.3.5　退水方案

根据可研,本项目原料部分退水大致可分为矿井涌水和生活污水两类,正常工况下,两部分退水经处理后将回用于矿山降尘用水;在矿井涌水突然增大情况下,无法回用的矿井涌水经处理后达标排放。

本项目钢铁部分的生产废水包括选矿废水、高炉冲渣水、煤气洗涤水、连铸喷淋、棒线高线冲氧化铁皮废水等。各类废水处理达标后积极回收利用,多余部分由生产排水管网排入酒钢综合污水处理厂处理;酒钢综合污水处理厂中水中有30%经深度处理系统处理后与另外70%的中水来水混合,供给本项目钢铁部分一般工业用水;深度处理系统处理后的浓盐水外送至酒钢花海农场作为景观用水。

各生产系统废水排至综合污水处理厂前,退水水质应满足《钢铁工业水污染物排放标准》(GB 13456—2012)及《污水综合排放标准》(GB 8978—1996)三级标准。

3.3.6　固体废弃物处置方案

镜铁山矿固体废弃物主要由矿山开采所产生的废石、锅炉产生的粉煤灰及生活垃圾组成。目前,开采产生的废石排入排土场(废石场)内处置,锅炉产生的粉煤灰用于矿山路面布设,生活垃圾由汽车运往嘉峪关市处理。

本项目实施后,钢铁部分不含尾矿的固体废弃物产生量为629.86万t/a,含尾矿的固体废弃物产生量为1 113.90万t/a。可研拟通过建设5个固体废弃物综合利用子项目来处理固体废弃物,分别包括尾矿综合利用项目、碳钢钢渣综合利用项目、不锈钢尘泥和钢渣综合利用项目、氧化铁皮及氧化铁粉综合利用项目、固体废弃物综合利用生产建材项目。固体废弃物综合利用子项目实施后,项目固体废弃物综合利用率可达到62.06%(含尾矿固体废弃物)和99.79%(不含尾矿固体废弃物)。

第 4 章　用水合理性分析

4.1　原料部分用水合理性分析

4.1.1　原料部分现状用水水平分析

4.1.1.1　原料部分现状用、排水情况

酒钢镜铁山铁矿属生产矿山,已建成投产多年,分为两个矿区,即桦树沟矿区和黑沟矿区,讨赖河由南向北通过两矿区之间,相距约 2.3 km。本次设计为扩能设计,桦树沟矿区生产规模由 360 万 t/a 扩大至 700 万 t/a,黑沟矿区生产规模仍维持现状不变。桦树沟矿区不改变现有开采范围,利用现有开拓系统,通过增加设备的方式扩大生产能力,办公及福利设施均利用镜铁山矿现有设施,无需新建。

经现场调研,桦树沟矿区为地下开采,黑沟矿区为地表开采。正常工况下,桦树沟矿区矿井涌水经矿井水处理站处理后全部回用;非正常工况下,矿井涌水无法全部回用,经处理达标后排放。黑沟矿区开采境界外修建截水沟,将地表水导流至开采境界外,以防止地表水流入采场,影响采场生产和边坡稳定。两矿区在废石场外均设置截水沟,以防止地表水流入场内浸泡、冲刷边坡。废石场坝下最低处设置废石淋溶水沉淀池,用于储存可能的淋溶水;矿山生产用水量不大,废水全部消耗,不设排水设施;生活污水等排入污水处理站处理达标后排放。

经现场踏勘,镜铁山矿用水较为简单,主要有生活用水、降尘洒水、锅炉用水等,排水有矿井涌水、生活污水等。其中,正常情况下,矿井涌水经处理后全部用于矿山洒水降尘,生活污水等经处理达标后排放至讨赖河。镜铁山矿现状工作日 330 d/a,实行三班倒工作制,职工总数 1 463 人,生活区位于嘉峪关市,每天有通勤火车。镜铁山矿现状用水量平衡表和图分别见表 4-1、图 4-1。

表 4-1　镜铁山矿现状用水量平衡表　　　　　　　（单位:m³/d）

序号	名称	用水量	新水量	循环量	耗水量	回用量	排水量
黑沟矿区(露天矿,采用工程洒水车供水)							
1	采场道路洒水	100	100	0	100	0	0
2	采场降尘洒水	54	54	0	54	0	0
3	爆破降尘用水	30	30	0	30	0	0
桦树沟矿区(地下矿,采用管道供水)							
4	井下用水	100	100	0	100	0	0

续表 4-1

序号	名称	用水量	新水量	循环量	耗水量	回用量	排水量
5	皮带、碉口喷洒	360	262	0	360	98	0
6	爆破降尘用水	40	40	0	40	0	0
公用工程及生活							
7	职工生活用水	150	150	0	50	0	100
8	车辆冲洗	18	18	0	18	0	0
9	锅炉用水	48	48	0	24	0	24
10	污水处理站	124	0	0	0	124	124
11	矿井涌水处理站	100	100	0	2	0	98
	合计	1 124	902	0	778	222	346

注:生活及锅炉排水经污水处理站处理达标后排放至讨赖河。

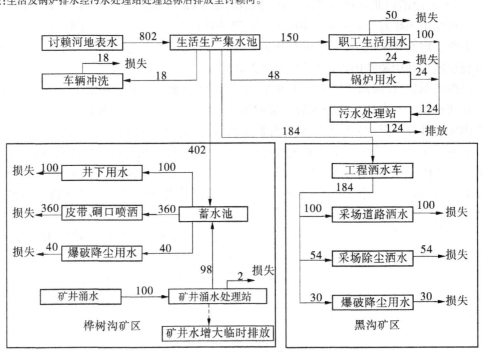

图 4-1　镜铁山矿现状用水量平衡图　(单位:m³/d)

4.1.1.2 原料部分现状用水指标分析

1.用水指标选取及计算公式

依据《节水型企业评价导则》(GB/T 7119—2006)、《钢铁企业节水设计规范》(GB 50506—2009),论证选取了单位产品取新水量、废污水回用率、企业职工人均生活日用新水量等 3 个指标分析镜铁山矿的用水水平。各指标计算公式如下。

1)单位产品取新水量 V_{ui}

$$V_{ui} = V_i/Q$$

式中 V_{ui}——单位产品取新水量，m^3/t 铁矿石；

   V_i——在一定的计量时间内，企业的取新水量，m^3；

   Q——在一定的计量时间内，铁矿产品的总量，t。

 2）废污水回用率 K_w

$$K_w = V_w/(V_d + V_w) \times 100\%$$

式中 K_w——废污水回用率（%）；

   V_w——在一定的计量时间内，对外排废污水自行处理后的水回用量，m^3；

   V_d——在一定的计量时间内，向外排放的废污水量，m^3。

 3）企业职工人均生活日用新水量 V_{1f}

$$V_{1f} = \frac{V_{ylf}}{ngd}$$

式中 V_{1f}——职工人均生活日用新水量，$m^3/(人 \cdot d)$；

   V_{ylf}——企业全年用于生活的新水量，m^3；

   n——企业职工总人数，人；

   d——企业全年工作日，d。

 2. 指标计算参数及结果

  根据镜铁山矿现状水量平衡图、表，得出各指标计算基本参数（见表 4-2）、用水指标计算结果（见表 4-3）。

表 4-2 镜铁山矿现状用水指标计算基本参数

序号	基本参数名称	基本参数
1	全厂新水补充量（m^3/d）	902（其中地表水 802）
2	年用新水量（万 m^3）	30.30（其中地表水 27.0）
3	排水量（m^3/d）	346
4	回用量（m^3/d）	222
5	铁矿石产量（万 t）	660
6	企业定员（人）	1 463
7	生活用水量（m^3/d）	150
8	全年工作天数（d）	330
9	生活用水天数（d）	365

表 4-3 镜铁山矿现状用水指标计算结果

序号	评价指标	计算结果
1	单位产品取新水量（m^3/t 铁矿石）	0.05
2	废污水回用率（%）	64.2
3	企业内职工人均生活日用新水量（$m^3/(人 \cdot d)$）	0.10

3. 镜铁山矿现状用水水平评价

论证依据《钢铁企业节水设计规范》(GB 50506—2009)、《甘肃省行业用水定额》(修订本)相关用水定额要求,对镜铁山矿现状用水水平进行评价。评价结果见表4-4。

表4-4　镜铁山矿现状用水水平评价结果

序号	标准名称	标准要求	镜铁山矿实际	符合性
1	《甘肃省行业用水定额》(修订本)	城镇居民生活用水 0.075～0.090 m^3/(人·d)	0.10 m^3/(人·d)	不符合
2	《城市居民生活用水量标准》	城市居民生活用水 0.075～0.125 m^3/(人·d)	0.10 m^3/(人·d)	符合
3	《甘肃省行业用水定额》(修订本)	单位产品取水量 0.34 m^3/t(煤炭)	0.05 m^3/t	符合
4	《钢铁企业节水设计规范》	0.05～0.1 m^3/t(露天开采); 0.25～0.5 m^3/t(地下开采)	0.05 m^3/t	符合

从表4-4可知:

(1)镜铁山矿现状职工人均生活日用新水量为0.10 m^3/(人·d),不符合《甘肃省行业用水定额》(修订本)规定,符合《城市居民生活用水量标准》相关规定。

(2)镜铁山矿现状单位产品取水量为0.05 m^3/t,符合《钢铁企业节水设计规范》中关于采矿的用水规定,本项目单位产品取水量较低,符合标准。

(3)参考《清洁生产标准　煤炭采选业》中关于矿井涌水回用的规定,镜铁山矿废污水回用率为64.2%,不符合规定。

4.1.2　原料部分用水合理性分析

因本项目原料部分用水量很少,用水环节比较简单,在酒钢循环经济和结构调整项目可研中未给出原料部分的设计水量平衡图。

可研提出,在项目实施后,镜铁山矿桦树沟矿区新增人员341人,镜铁山矿总人数将达到1 804人,生活用水量有所增加;桦树沟矿区不改变现有开采范围,利用现有开拓系统,通过增加设备的方式扩大生产能力,洗车用水、降尘用水量等将有所增加;办公及福利设施均利用镜铁山矿现有设施。论证将依据可研设计及现场调研成果,对镜铁山矿的用水逐一进行分析,核定项目实施后的用水量。

4.1.2.1　公用工程及生活用水合理性分析

1. 职工生活用水

现状镜铁山矿职工人均生活日用新水量约为0.10 m^3/(人·d),不符合《甘肃省行业用水定额》(修订本)规定,论证以0.09 m^3/(人·d)作为标准,分析项目实施后镜铁山矿生活用水量。项目实施后,镜铁山矿总人数将达到1 804人,则日用水量将达到163 m^3/d,排水系数一般按照0.85计算,则日排水量为139 m^3/d。

2. 锅炉用水

镜铁山矿现有 3 台 DZL5 - 1.6 - AⅢ型蒸汽锅炉,用于桦树沟矿井供热和洗浴用热,现状锅炉补水量为 48 m³/d,排污量为 24 m³/d。可研设计不再新增锅炉。

3 台锅炉总蒸发量为 15 t/h,每天运行 16 h,日蒸发量为 240 t/d,则锅炉补水率为 20% (48/240×100%),符合《煤炭工业矿井设计规范》(GB 50215—2005)中规定的"采暖蒸汽锅炉补水按蒸发量的 20% ~40% 计"的标准。

3 台锅炉蒸汽压力都小于 2.5 MPa,日蒸发量为 240 t/h,锅炉排污率为 10% (24/240×100%),符合《锅炉房设计规范》(GB 50041—2008)"锅炉蒸汽压力小于等于 2.5 MPa(表压)时,排污率不宜大于 10%"的规定。

综上核定,论证认为,镜铁山矿 3 台锅炉补水 48 m³/d,耗水量 24 m³/d,排污 24 m³/d 用水合理。

3. 洗车用水

经调研,现状镜铁山矿有大型工程车辆(矿车)近 300 台,实际冲洗的车辆主要是汽车队所属的运油车、大客车、中型客车、材料车、洒水车等 30 辆汽车,其余工程车辆均长时间在矿山作业,除维修时冲洗外,其余时段均不冲洗。经调研,现状洗车用水量约为 18 m³/d,约合 600 L/(辆·次)。

按照《甘肃省行业用水定额》(修订本),使用高压水枪洗车,公共汽车、载重汽车的用水定额为 80 L/(辆·次),则洗车用水存在一定的浪费现象。但考虑到项目地处矿山,粉尘污染较大,如按照 80 L/(辆·次)核定显然偏小,因此论证认为,宜适当放大洗车用水定额,可按照 160 L/(辆·次)来核定洗车用水量。

根据可研,项目实施后,镜铁山矿将增加通勤大巴 10 台,依维柯客车 5 台,则汽车队所属车辆将达到 45 台,按照每车每天冲洗一次计算,洗车用水量为 7 m³/d。

4. 生活污水

经调研,本项目生活污水、锅炉排水进入污水处理站处理达标后排放。论证认为,项目地处水资源紧缺地区,经污水处理站处理达标的污水可以用于矿区生产用水,同时可以减少对讨赖河的污染。经论证分析,该部分废水将全部用于黑沟矿区降尘喷洒用水。另外,污水处理站应考虑 2% 的处理损耗。

4.1.2.2　桦树沟矿区用水合理性分析

1. 井下用水

经调研,桦树沟矿区井下用水主要分为巷道降尘用水、湿式凿岩机用水等。

单台湿式凿岩机额定用水量为 5 L/min,现有 YT - 28 型凿岩机共 10 台,日运行时间 16 h,日用水量为 48 m³。项目实施后,镜铁山矿将新增凿岩机 8 台(4 台备用),则湿式凿岩机用水量为 67 m³/d。

桦树沟矿区巷道降尘用水主要是 7 个水平面的采准掘进巷道降尘。一般来说,采准掘进巷道现状水平巷道降尘范围为掘进面 200 m 以内,巷道宽平均为 15 m,则现状巷道降尘面积为 21 000 m²。现状井下用水量为 100 m³/d,去掉现状湿式凿岩机用水量 48 m³/d 后,现状巷道降尘用水量为 52 m³/d,约合 2.5 L/(m²·d),符合《室外给水设计规范》(GB 50013—2006)规定"浇洒道路用水可按浇洒面积以 2.0~3.0 L/(m²·d)计算"。

项目实施后,桦树沟采准掘进工作面仍维持现状不变,因此桦树沟矿区巷道降尘用水量可按照 52 m³/d 核定。

综上分析,项目实施后,桦树沟矿区井下巷道降尘用水、湿式凿岩机用水量合计为119 m³/d。

2. 皮带、硐口喷洒

经调研,桦树沟矿区有 1 套斜井胶带开拓系统,2 套平硐溜井开拓系统,在胶带输送系统、溜井上口卸矿硐室、下口放矿硐室均设置有喷雾器洒水除尘,现状用水量为 360 m³/d。根据可研,项目实施后,现有开拓系统输送能力能够满足需求,不新增设备,用水系统与现状一致。

经调研,斜井胶带开拓系统的胶带运输机上料口处、出料口处各设置有喷雾装置 1 处,每处喷头 4 个,单头额定流量 0.2 L/s,则胶带输送机喷雾装置用水量为 138 m³/d;桦树沟矿区有 2 套平硐溜井开拓系统,各套系统的溜井上口卸矿硐室、下口放矿硐室均设置有喷雾装置,每处喷雾装置设有喷头 6 个,单头额定流量为 0.1 L/s,则平硐溜井开拓系统喷雾装置用水量为 207 m³/d。论证理论计算出皮带输送、硐口喷洒用水量为 345 m³/d,现状实际用水量为 360 m³/d,偏大。

3. 爆破降尘用水

炸药爆炸会产生氮气、少量的 CO、NO$_x$ 等有毒有害气体及大量尘埃,因此必须进行洒水降尘、降温。经调研,桦树沟矿区共配置有 6 台装药器(炸药),每台每天装药 1 次,每次装药时间为 1 h,每天起爆 6 次,每爆标定产矿量约 1 350 t,现状爆破降尘用水量约为40 m³/d,合 6.7 m³/次爆炸。爆破降尘用水没有相应定额可以参考,只能从实际工作经验中总结得出,因此论证认为 6.7 m³/次爆炸用水合理。

根据可研,项目实施后,桦树沟矿产将从现状的 360 万 t/a 扩大至 700 万 t/a,每天的爆破次数将增加到 11 次,则爆破降尘用水量为 74 m³/d。

4.1.2.3 黑沟矿区用水合理性分析

根据可研,黑沟矿区仍维持现状规模不变,本节仅对黑沟矿区现状用水水平进行分析评述。

1. 采场道路洒水

经调研,黑沟矿区道路采用矿山三级公路设计,泥结碎石路面,路面宽 6.5 m,长度7 650 m,道路面积 49 725 m²,现状用水量约 100 m³/d,合 2.0 L/(m²·d),符合《室外给水设计规范》(GB 50013—2006)中"浇洒道路用水可按浇洒面积以 2.0 ~ 3.0 L/(m²·d)计算"的规定,论证认为其用水基本合理。

2. 采场降尘洒水

经调研,黑沟矿区共 2 个采矿场,4 个台段。采场台段标高为 3 682 m、3 670 m、3 835m、3 850 m。工作台阶最小工作平台宽度 35 m,工作台阶最小工作线长度 250 m,工作台面最小面积为 35 000 m²,现状用水量约 54 m³/d,合 1.5 L/(m²·d),比《室外给水设计规范》(GB 50013—2006)规定"浇洒道路用水可按浇洒面积以 2.0 ~ 3.0 L/(m²·d)计算"略低。因黑沟矿区用水均用工程洒水车运水,成本较高,不宜严格按照《室外给水设计规范》规定核定其道路洒水水量,论证认为其用水基本合理。

3.爆破降尘用水

黑沟矿区共配置有 5 台装药器(炸药),每台每天装药 1 次,每次装药时间为 1 h,每天起爆 5 次,每爆标定产矿量约 1 350 t,现状爆破降尘用水量约为 30 m³/d,合 6 m³/次爆炸。爆破降尘用水没有相应定额可以参考,只能从实际工作经验中总结得出,因此论证认为 6 m³/次爆炸用水合理。

综上分析,黑沟矿区用水水平比较先进。

4.1.3　原料部分节水潜力分析

4.1.3.1　镜铁山矿已采取的节水措施及建议

(1)项目生活给水管采用 PP - R 给水塑料管、排水管采用 PVC - U 排水塑料管,减少水量渗漏及水质污染。

(2)卫生器具选用节水型产品,设计中所采用给排水产品均符合《节水型产品技术条件与管理通则》的要求。

(3)水泵等耗电设备选用耗电量低的节能型设备。

(4)在废石场坝下最低处设置废石淋溶水沉淀池,用于储存可能的淋溶水,可回用于矿区降尘。

(5)设计将矿井涌水和生活污水经处理后全部回用,正常工况下没有外排废水。

论证认为,镜铁山矿目前采取的节水措施符合国家节水政策的规定和要求,节水效果较好。

根据镜铁山矿的实际情况,论证建议项目实施后可考虑增加如下节水措施:镜铁山矿应设置原水澄清器 1 台,用于处理来自讨赖河的原水,同时生活用水应考虑采取消毒措施。

4.1.3.2　项目实施后,镜铁山矿需改变的用水环节

根据前述 4.1.2 部分分析,项目实施后,镜铁山矿需改变的用水环节如下:

(1)职工人数增加,职工生活用水将达到 163 m³/d,排水系数按照 0.85 计算,日排水量为 139 m³/d。

(2)洗车用水存在浪费现象,在车辆总数增加情况下,洗车用水量将降低为 7 m³/d。

(3)桦树沟矿区湿式凿岩机数量增加,井下用水将增加到 119 m³/d。

(4)桦树沟矿区起爆次数增加,爆破降尘用水将增加到 74 m³/d。

4.1.4　原料部分取用水量确定

4.1.4.1　合理性分析后的水量平衡图表

经论证合理性分析,确定项目实施后镜铁山矿的用水量为 782 m³/d。其中,讨赖河地表水 682 m³/d,桦树沟矿井涌水 100 m³/d;生产用水 619 m³/d,生活用水 163 m³/d。

生产用水按照 330 d 计算,镜铁山矿生产用水量为 20.43 万 m³/a,其中讨赖河地表水 17.13 万 m³/a,矿井涌水 3.30 万 m³/a;生活用水按照 365 d 计算,镜铁山矿生活用水量为 5.95 万 m³/a,全部为讨赖河地表水。

本项目实施后,总取用水量为 26.38 万 m³/a,其中讨赖河地表水为 23.08 万 m³/a,矿

井涌水为 3.30 万 m³/a。

经论证分析确定的项目实施后镜铁山矿的用水量平衡表、图分别见表 4-5 和图 4-2。

表 4-5　项目实施后镜铁山矿的用水量平衡表　　（单位：m³/d）

序号	名称	用水量	新水量	循环量	耗水量	回用量	排水量
黑沟矿区(露天矿,采用工程洒水车供水)							
1	采场道路洒水	100	0	0	100	100	0
2	采场降尘洒水	54	24	0	54	30	0
3	爆破降尘用水	30	0	0	30	30	0
桦树沟矿区(地下矿,采用管道供水)							
4	井下用水	119	119	0	119	0	0
5	皮带、硐口喷洒	345	247	0	345	98	0
6	爆破降尘用水	74	74	0	74	0	0
公用工程及生活							
7	职工生活用水	163	163	0	24	0	139
8	车辆冲洗	7	7	0	7	0	0
9	锅炉用水	48	48	0	24	0	24
10	污水处理站	163	0	0	3	163	160
11	矿井涌水处理站	100	100	0	2	0	98
	合计	1 203	782	0	782	421	421

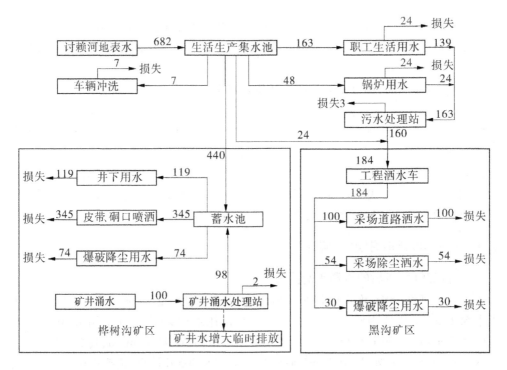

图 4-2　项目实施后镜铁山矿用水量平衡图　　（单位：m³/d）

4.1.4.2　合理性分析后的用水指标及用水水平分析

在对本项目水平衡分析的基础上,计算本项目的用水指标;用水指标选取和计算方法参见本章 4.2.1.2 部分。

经论证合理性分析后,项目实施后镜铁山矿用水指标计算基本参数见表4-6,项目实施前、后镜铁山矿用水指标计算结果见表4-7。

表 4-6　项目实施后镜铁山矿用水指标计算基本参数

序号	基本参数名称	基本参数
1	全厂新水补充量(m^3/d)	782(其中地表水 682)
2	年用新水量(万 m^3)	26.38(其中地表水 23.08)
3	排水量(m^3/d)	421
4	回用量(m^3/d)	421
5	铁矿石产量(万 t)	1 000
6	企业定员(人)	1 804
7	生活用水量(m^3/d)	163
8	全年工作天数(d)	330
9	生活用水量天数(d)	365

表 4-7　项目实施前、后镜铁山矿用水指标计算结果

序号	评价指标	项目实施前	项目实施后
1	单位产品取新水量(m^3/t 铁矿石)	0.05	0.03
2	废污水回用率(%)	64.2	100
3	企业内职工人均生活日用新水量(m^3/(人·d))	0.10	0.09

由表4-7可知,项目实施后,镜铁山矿单位产品取新水量为 0.03 m^3/t,废污水回用率为100%,企业内职工人均生活日用新水量为 0.09 m^3/(人·d),符合相关规定,用水水平较高。

4.1.4.3　合理性分析后的项目取水量

因输水距离较短,项目实施后,镜铁山矿的取水量可近似以用水量代替,即总取(用)水量为26.38 万 m^3/a。其中,讨赖河地表水 23.08 万 m^3/a,矿井涌水 3.30 万 m^3/a;生产用水 20.43 万 m^3/a,生活用水 5.95 万 m^3/a。

4.2　钢铁部分用水合理性分析

本项目钢铁部分包括选矿、烧结、焦化、炼铁、炼钢、轧钢等几个大的用水环节,论证本着"清污分流、一水多用、节约用水"的原则,贯彻清洁生产的理念,比照国家及行业有关

标准规范要求、先进用水工艺、节水措施及用水指标,结合项目所处地区水资源紧缺的特点,分别对各环节用水进行合理性分析,确定项目合理用排水量。

4.2.1 选矿工序用水合理性分析

4.2.1.1 选矿工序现状用排水情况

酒钢本部现有选矿工序始建于1958年,目前年处理原矿650万t,年生产铁精矿333万t,选矿工序处理的原矿主要来自镜铁山桦树沟、黑沟矿区;选矿工艺主要采用焙烧磁选工艺。

经现场调研,酒钢本部选矿工序主要用水环节为焙烧矿冷却系统的间接冷却补充水和磁选浊循环系统的补充水。焙烧矿冷却系统排水作为磁选浊循环系统补充水使用;浊循环系统排水经尾矿澄清池沉淀处理后,排入酒钢综合污水处理厂处理。选矿工序现状用水量平衡表、图分别见表4-8、图4-3。

表4-8 选矿工序现状用水量平衡表　　　　　　　　(单位:万 m³/a)

序号	名称	用水量	新水量	循环量	耗水量	回用量	排水量
1	焙烧矿冷却	620.57	71.02	549.55	27.47	43.55	0
2	磁选用水	6 858.30	601.03	6 213.45	174.14	0	470.44
合计		7 478.87	672.05	6 763	201.61	43.55	470.44

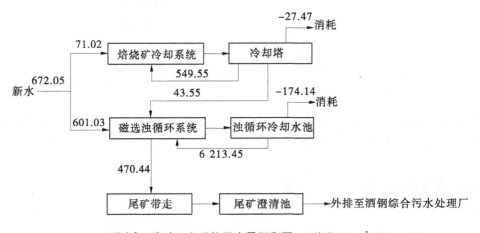

图4-3 选矿工序现状用水量平衡图 (单位:万 m³/a)

4.2.1.2 选矿工序现状用水指标分析

1. 用水指标选取及计算公式

依据《节水型企业评价导则》(GB/T 7119—2006)、《钢铁企业节水设计规范》(GB 50506—2009),论证选取了单位产品取新水量、废污水回用率、工业水重复利用率等3个指标分析现有选矿工序的用水水平。各指标计算公式如下。

1）单位产品取新水量 V_{ui}

$$V_{ui} = V_i/Q$$

式中 V_{ui}——单位产品取新水量，m^3/t 铁精矿；

V_i——在一定的计量时间内，企业的取新水量，m^3；

Q——在一定的计量时间内，铁精矿产品的总量，t。

2）废污水回用率 K_w

$$K_w = V_w/(V_d + V_w) \times 100\%$$

式中 K_w——废污水回用率（%）；

V_w——在一定的计量时间内，对外排废污水自行处理后的水回用量，m^3；

V_d——在一定的计量时间内，向外排放的废污水量，m^3。

3）工业水重复利用率 R

$$R = \frac{V_t}{V_t + V_i} \times 100\%$$

式中 R——重复利用率（%）；

V_t——在一定的计量时间内，企业的重复利用水量，m^3；

V_i——在一定的计量时间内，企业的取水量，m^3。

2. 指标计算参数及结果

根据选矿工序现状水量平衡图、表，得出用水指标计算基本参数（见表 4-9）、用水指标计算结果（见表 4-10）。

表 4-9 选矿工序现状用水指标计算基本参数

序号	基本参数名称	基本参数
1	新水补充量（万 m^3/a）	672.05
2	排水量（万 m^3/a）	470.44
3	回用量（万 m^3/a）	43.55
4	铁精矿产量（万 t）	333

表 4-10 选矿工序现状用水指标计算结果

序号	评价指标	计算结果
1	单位产品取新水量（m^3/t 铁精矿）	2.01
2	废污水回用率（%）	8.5
3	工业水重复利用率（%）	91.01

3. 选矿工序现状用水水平评价

论证依据《清洁生产标准 铁矿采选业》（HJ/T 294—2006）和《甘肃省行业用水定额》（修订本）的相关要求，对现有选矿工序现状用水水平进行评价。评价结果见表 4-11。

表 4-11　选矿工序现状用水水平评价结果

序号	标准名称	标准要求	选矿工序实际	符合性
1	《甘肃省行业用水定额》(修订本)	单位产品取水量 1.95 m³/t 铁精矿	2.01 m³/t 铁精矿	不符合
		生产水重复利用率 95%	91.01%	不符合
2	《清洁生产标准　铁矿采选业》	一级标准:水耗 2 m³/t 铁精矿	2.01 m³/t 铁精矿	不符合
		生产水重复利用率 95%	91.01%	不符合

从表 4-11 可知:

(1)选矿工序现状单位产品取水量为 2.01 m³/t 铁精矿,生产水重复利用率为 91.01%,参照《甘肃省行业用水定额》(修订本)中关于铁矿采选的用水规定,选矿工序现状单位产品取水量较高,生产水重复利用率偏低,不符合《甘肃省行业用水定额》(修订本)的相关要求。

(2)选矿工序现状单位产品取水量为 2.01 m³/t 铁精矿,生产水重复利用率为 91.01%,参照《清洁生产标准　铁矿采选业》中关于选矿的用水规定,选矿工序现状单位产品取水量较高,生产水重复利用率偏低,不符合铁矿采选清洁生产用水的一级标准,但满足清洁生产二级标准的要求。

综上分析,选矿工序现状用水水平较低,论证将在此次循环经济项目中一并解决。

4.2.1.3　选矿用水合理性分析

1.可研设计的用排水情况

可研提出在项目实施后,将在原有选矿的基础上新建块矿焙烧磁选 + 精矿浮选和粉矿两段连续磨矿 + 粗选 + 两段扫选强磁选的生产工艺的选矿工序,可以处理原矿 400 万 t/a,生产铁精粉 239.36 万 t/a。论证将依据可研设计及现场调研成果,对选矿工序用水逐一进行分析,核实项目实施后的用水量。

根据可研,本次选矿部分新增新水用量为 257.82 万 m³/a,新增循环水用量为 5 214.99 万 m³/a。

根据可研,本次项目实施后选矿工序水量平衡表和图分别见表 4-12、图 4-4。

表 4-12　可研给出的选矿工序用水量平衡表　　　(单位:万 m³/a)

序号	名称	用水量	新水量	循环量	耗水量	回用量	排水量
1	焙烧矿冷却	1 071.58	98.27	973.31	38.01	60.26	0
2	磁选用水	11 896.54	831.60	11 004.68	240.95	0	650.91
	合计	12 968.12	929.87	11 977.99	278.96	60.26	650.91

2.可研用排水合理性分析

在对可研给出本次项目实施后,选矿工序用水量平衡分析的基础上,计算可研给出的本项目用水指标,用水指标选取和计算方法参见本章 4.2.1.2 部分。根据选矿工序可研水量平衡图、表,得出选矿工序用水指标计算基本参数(见表 4-13)、用水指标计算结果

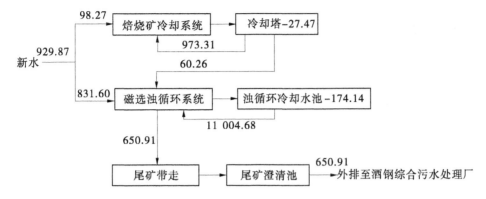

图 4-4　本项目实施后选矿工序用水量平衡图　（单位:万 m³/a）

（见表 4-14）。

表 4-13　可研给出的选矿工序用水指标计算基本参数

序号	基本参数名称	基本参数
1	新水补充量(万 m³/a)	929.87
2	排水量(万 m³/a)	650.91
3	回用量(万 m³/a)	60.26
4	铁精矿产量(万 t)	572.36

表 4-14　可研给出的选矿工序用水指标计算结果

序号	评价指标	计算结果
1	单位产品取新水量(m³/t 铁精矿)	1.625
2	废污水回用率(%)	8.47
3	工业水重复利用率(%)	92.83

3. 可研设计选矿工序用水水平评价

论证依据《清洁生产标准　铁矿采选业》(HJ/T 294—2006)和《甘肃省行业用水定额》(修订本)的相关要求,对可研给出的本项目实施后选矿工序用水水平进行评价。评价结果见表 4-15。

表 4-15　本项目实施后可研给出选矿工序用水水平评价表

序号	标准名称	标准要求	选矿工序实际	符合性
1	《甘肃省行业用水定额》(修订本)	单位产品取水量 1.95 m³/t 铁精矿	1.625 m³/t 铁精矿	符合
		生产水重复利用率 95%	92.83%	不符合
2	《清洁生产标准　铁矿采选业》	一级标准:水耗 2 m³/t 铁精矿	1.625 m³/t 铁精矿	符合
		生产水重复利用率 95%	92.83%	不符合

从表 4-15 可知:

(1)本次循环经济和结构调整项目完成后,可研给出选矿工序单位产品取水量为 1.625 m^3/t 铁精矿,工业水重复利用率为 92.83%,参照《甘肃省行业用水定额》(修订本)中关于铁矿采选的用水规定,选矿工序单位产品取水量较低,符合《甘肃省行业用水定额》(修订本)的相关要求;生产水重复利用率偏低,不符合《甘肃省行业用水定额》(修订本)的相关要求。

(2)本次循环经济和结构调整项目实施后,可研给出单位产品取水量为 1.625 m^3/t,生产水重复利用率为 92.83%,参照《清洁生产标准 铁矿采选业》中关于选矿的用水规定,本项目单位产品取水量较低,符合铁矿采选清洁生产用水的一级标准;生产水重复利用率偏低,不符合铁矿采选清洁生产用水的一级标准,但满足清洁生产二级标准的要求。

4.论证提出的节水潜力分析

根据选矿工序的实际情况,论证建议本次循环经济和结构调整项目完成后,选矿工序增加如下节水措施:

(1)可研提出,本次循环经济和结构调整项目完成后,选矿工序尾矿浆由尾矿浓缩池底流泵站送至总砂泵站,再利用选厂附近的总砂泵站泵送至新建尾矿库;整体过程采用湿法输送过程。论证建议,尾矿浆经尾矿浓缩池后送往新增的板框压滤机压滤,使尾矿含水率降低到 30% 以下,再采用干法输送到尾矿库,可以较可研节水约 70% 以上;板框压滤机压滤废水经沉淀池处理后全部回用到磁选浊循环系统使用。

(2)可研提出,本次循环经济和结构调整项目完成后,选矿工序磁选浊循环系统补充水主要采用新鲜水。由于选矿工序浊循环系统对水质要求不高,论证提出,该部分补充新水由酒钢综合污水处理厂的中水取代。

4.2.1.4 选矿取用水量合理性确定

1.合理性分析后的用水量平衡图表

经论证合理性分析,确定项目实施后选矿工序用水量 12 968.12 万 m^3/a,其中新水用量为 98.27 万 m^3/a,酒钢综合污水处理厂的中水用量 375.96 万 m^3/a。

经论证分析确定的项目实施后选矿工序的用水量平衡表、图分别见表 4-16 和图 4-5。

表 4-16　合理性分析后选矿工序用水量平衡表 （单位:万 m^3/a）

序号	名称	用水量	新水量	循环量	耗水量	回用量	排水量
1	焙烧矿冷却	1 071.58	98.27	973.31	38.01	60.26	0
2	磁选用水	11 896.54	375.96	11 004.68	240.95	455.64	195.27
	合计	12 968.12	474.23	11 977.99	278.96	515.90	195.27

2.合理性分析后的用水指标及用水水平分析

在对本项目水平衡合理化分析的基础上,计算本项目的用水指标;用水指标选取和计算方法参见本章 4.2.1.2 部分。

经论证合理性分析后,本次循环经济和结构调整项目完成后,选矿工序主要用水指标计算基本参数见表 4-17,用水指标计算结果见表 4-18。

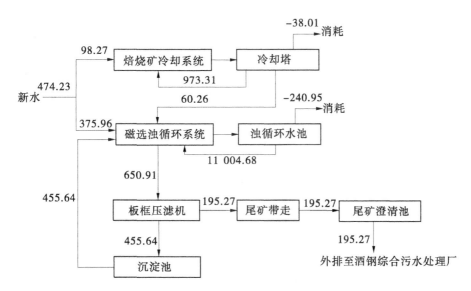

图 4-5　合理性分析后选矿工序用水量平衡图　（单位:万 m³/a）

表 4-17　合理性分析后选矿工序用水指标计算基本参数

序号	基本参数名称	基本参数
1	新水补充量(万 m³/a)	474.23
2	排水量(万 m³/a)	195.27
3	回用量(万 m³/a)	515.90
4	铁精矿产量(万 t)	572.36

表 4-18　合理性分析后选矿工序用水指标计算结果

序号	评价指标	计算结果
1	单位产品取新水量(m³/t 铁精矿)	0.829
2	废污水回用率(%)	72.54
3	工业水重复利用率(%)	96.34

从表 4-18 可以看出,本次循环经济和结构调整项目完成后,选矿工序单位产品取新水量为 0.829 m³/t 铁精矿,废污水回用率为 72.54%,工业水重复利用率为 96.34%,符合《清洁生产标准　铁矿采选业》一级标准和《甘肃省行业用水定额》(修订本)的相关要求。

3. 合理性分析后选矿工序用水量确定

经论证确定,本次循环经济和结构调整项目完成后,选矿工序用新水量为 474.23 万 m³/a,可研设计该部分水量由酒钢综合污水处理厂中水供给;经论证分析,酒钢综合污水处理厂 30% 中水经深度处理后与 70% 的中水掺混,可以满足选矿工序用水水质要求,论证认为可研设计合理。

4.2.2　焦化工序用水合理性分析

4.2.2.1　焦化工序现状用排水情况

焦化工序现有 6 座焦炉,生产能力 307 万 t/a。5#、6# 焦炉是捣固焦炉。1#、2# 焦炉采用湿法熄焦工艺,其他 4 座焦炉全部采用干熄焦工艺。

经现场调研,酒钢本部焦化工序主要用水环节为化产循环系统的间接冷却补充水、制冷循环系统的补充水和湿熄焦浊循环系统补充水;蒸氨工段产生的蒸氨废水、备煤炼焦系统的煤气水封水和化产循环系统净循环系统排水进入酚氰废水处理站处理后,一部分作为湿熄焦系统的补充水使用,另一部分供现有高炉冲渣系统使用。

焦化工序现状用水量平衡表和图分别见表 4-19、图 4-6。

表 4-19　焦化工序现状用水量平衡表　　　　　　（单位:万 m³/a）

序号	名称	用水量	新水量	循环量	耗水量	回用量	排水量
1	脱盐水站及锅炉	298.07	298.07	0	174.80	123.27	0
2	脱硫、脱氨工段	1 472.97	14.48	1 458.49	14.48	0	0
3	冷鼓电捕工段	9 070.11	0	9 070.11	0	0	0
4	蒸氨工段	4 401.66	236.95	4 164.71	47.22	0	189.73
5	空压站	376.40	0	376.40	0	0	0
6	洗苯、脱苯工段	1 590.72	12.18	1 578.54	0	0	12.18
7	化产循环系统	105.86	44.85	0	38.09	61.01	67.77
8	干熄焦系统	230.66	0	205.60	25.06	25.06	0
9	制冷循环	47.90	47.90	0	47.90	0	0
10	制冷站	0	0	0	0	0	0
11	初冷器	2 054.10	0	2 016.90	37.20	37.20	0
12	备煤炼焦工段	17.90	17.90	0	6.30	0	11.6
13	湿熄焦	356.56	0	297.16	59.40	59.40	0
	合计	20 022.91	672.33	19 167.91	450.45	305.94	281.28

4.2.2.2　焦化工序现状用水指标分析

1. 用水指标选取及计算公式

依据《节水型企业评价导则》(GB/T 7119—2006)、《钢铁企业节水设计规范》(GB 50506—2009),论证选取了单位产品取新水量、废污水回用率、工业水重复利用率等 3 个指标分析现有焦化工序的用水水平。各指标计算公式如下:

1)单位产品取新水量 V_{ui}

$$V_{ui} = V_i / Q$$

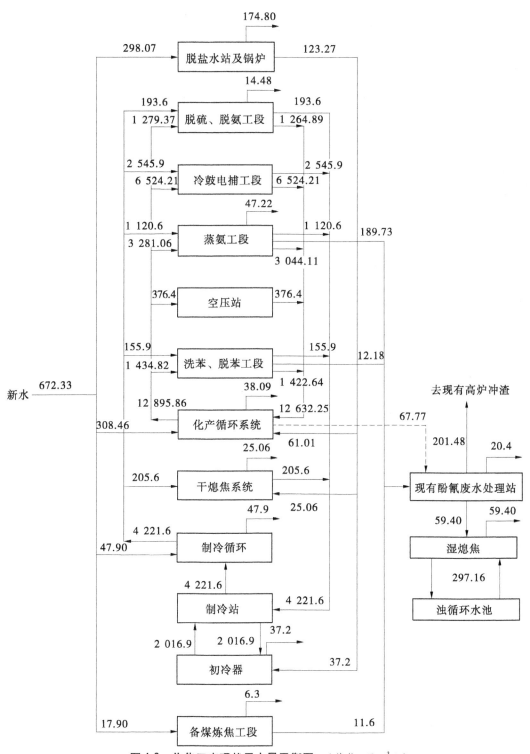

图 4-6　焦化工序现状用水量平衡图　（单位：万 m³/a）

式中　V_{ui}——单位产品取新水量,m³/t 焦炭;

　　　V_i——在一定的计量时间内,企业的取新水量,m³;

　　　Q——在一定的计量时间内,焦炭产品的总量,t。

2)废污水回用率 K_w

$$K_w = V_w/(V_d + V_w) \times 100\%$$

式中　K_w——废污水回用率(%);

　　　V_w——在一定的计量时间内,对外排废污水自行处理后的水回用量,m³;

　　　V_d——在一定的计量时间内,向外排放的废污水量,m³。

3)工业水重复利用率 R

$$R = \frac{V_t}{V_t + V_i} \times 100\%$$

式中　R——重复利用率(%);

　　　V_t——在一定的计量时间内,企业的重复利用水量,m³;

　　　V_i——在一定的计量时间内,企业的取水量,m³。

2. 指标计算参数及结果

根据焦化工序现状用水量平衡图、表,得出用水指标计算基本参数(见表 4-20)、用水指标计算结果(见表 4-21)。

表 4-20　焦化工序现状用水指标计算基本参数

序号	基本参数名称	基本参数
1	新水补充量(万 m³/a)	672.33
2	排水量(万 m³/a)	281.28
3	回用量(万 m³/a)	305.94
4	焦炭产量(万 t)	307

表 4-21　焦化工序现状用水指标计算结果

序号	评价指标	计算结果
1	单位产品取新水量(m³/t 焦炭)	2.19
2	废污水回用率(%)	47.55
3	工业水重复利用率(%)	96.64

3. 焦化工序现状用水水平评价

论证依据《清洁生产标准　炼焦行业》(HJ/T 126—2003)和《甘肃省行业用水定额》(修订本)的相关要求,对焦化工序现状用水水平进行评价。评价结果见表 4-22。

由表 4-22 可知:

(1)焦化工序现状单位产品取水量为 2.19 m³/t 焦炭,生产水重复利用率为 96.64%,参照《甘肃省行业用水定额》(修订本)中关于炼焦的用水规定,焦化工序现状单位产品取水量较低,生产水重复利用率较高,符合《甘肃省行业用水定额》(修订本)的相关要求。

表 4-22　焦化工序现状用水水平评价表

序号	标准名称	标准要求	焦化工序实际	符合性
1	《甘肃省行业用水定额》 (修订本)	单位产品取水量 2.2 m^3/t 焦炭	2.19 m^3/t 焦炭	符合
		生产水重复利用率 90%	96.64%	符合
2	《清洁生产标准　炼焦行业》	一级标准:水耗 2.5 m^3/t 焦炭	2.19 m^3/t 焦炭	符合
		生产水重复利用率 95%	96.64%	符合

(2)焦化工序现状单位产品取水量为 2.19 m^3/t 焦炭,生产水重复利用率为 96.64%,参照《清洁生产标准　炼焦行业》中用水规定,本项目单位产品取水量较低,生产水重复利用率较高,符合炼焦行业清洁生产用水一级标准。

综上分析,酒钢焦化工序大部分采用干熄焦,严格按照一水多用、废污水回用等原则进行生产,现状用水水平较高。

4.2.2.3　焦化工序用水合理性分析

1. 可研给出的用排水情况

可研提出在项目实施后,将在原基础上新建 2 座 TJL550 捣固焦炉,并配套建设 140 t/h 干熄焦装置,年产焦炭为 110 万 t/a,对现有焦化系统除尘设施、脱硫预冷塔系统、终冷水系统、焦炉煤气管网系统进行改造,并将现有的 1#、2# 焦炉湿熄焦改造成干熄焦。

根据可研,本次焦化新建项目实施后,并对现有焦炉低温水系统、工艺循环水系统、制冷循环水系统和湿熄焦系统进行改造后,焦化工序新水用量为 708.90 万 m^3/a,循环水用量为 19 889.80 万 m^3/a。

根据可研,本次项目完成后,焦化工序用水量平衡表和图分别见表 4-23、图 4-7。

表 4-23　可研给出的本项目完成后焦化工序用水量平衡表　(单位:万 m^3/a)

序号	名称	用水量	新水量	循环量	耗水量	回用量	排水量
1	脱盐水站及锅炉	314.17	314.17	0	184.24	129.93	0
2	脱硫、脱氨工段	1 562.56	15.26	1 537.30	15.26	0	0
3	冷鼓电捕工段	9 559.92	0	9 559.92	0	0	0
4	蒸氨工段	4 639.34	249.79	4 389.59	49.81	0	199.98
5	空压站	396.73	0	396.73	0	0	0
6	洗苯、脱苯工段	1 676.60	12.84	1 663.76	0	0	12.84
7	化产循环系统	47.23	47.23	0	40.15	64.32	71.40
8	干熄焦系统	243.11	0	216.70	26.41	26.41	0
9	制冷循环	50.49	50.49	0	50.49	0	0
10	制冷站	0	0	0	0	0	0
11	初冷器	2 165.00	0	2 125.80	39.20	39.20	0
12	备煤炼焦工序	19.12	19.12	0	6.73	0	12.39
	合计	20 674.27	708.90	19 889.80	412.29	259.86	296.61

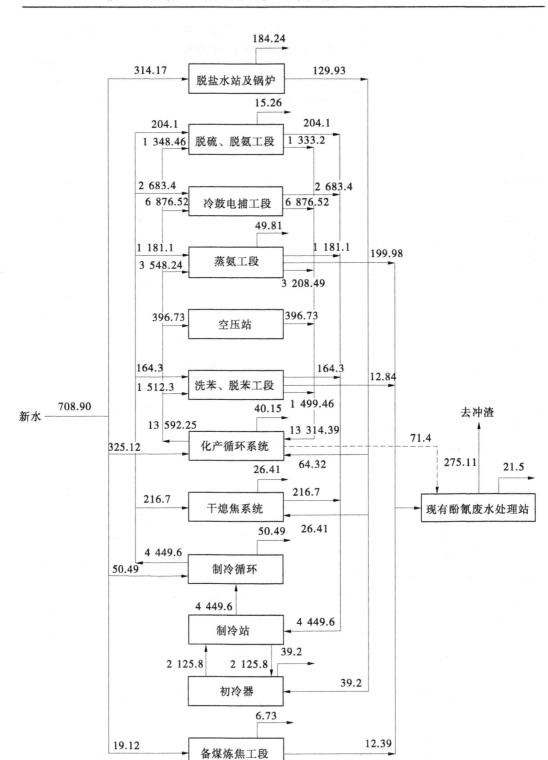

图 4-7 可研给出的本项目完成后焦化工序用水量平衡图 （单位:万 m³/a）

2. 可研设计用排水合理性分析

在对可研给出本次项目完成后,焦化工序用水量平衡分析的基础上,计算可研给出的本项目用水指标,用水指标选取和计算方法参见本章 4.2.2.2 部分。根据焦化工序可研用水量平衡图、表,得出焦化工序用水指标计算基本参数(见表 4-24)、用水指标计算结果(见表 4-25)。

表 4-24 可研给出的焦化工序用水指标计算基本参数

序号	基本参数名称	基本参数
1	新水补充量(万 m³/a)	708.90
2	排水量(万 m³/a)	296.61
3	回用量(万 m³/a)	259.86
4	焦炭产量(万 t)	417

表 4-25 可研给出的焦化工序用水指标计算结果

序号	评价指标	计算结果
1	单位产品取新水量(m³/t 焦炭)	1.70
2	废污水回用率(%)	100
3	工业水重复利用率(%)	96.83

3. 可研给出的焦化工序用水水平评价

论证依据《清洁生产标准 炼焦行业》(HJ/T 126—2003)和《甘肃省行业用水定额》(修订本)的相关要求,对可研给出的本项目完成后焦化工序用水水平进行评价。评价结果见表 4-26。

表 4-26 可研给出的焦化工序用水水平评价表

序号	标准名称	标准要求	焦化工序实际	符合性
1	《甘肃省行业用水定额》(修订本)	单位产品取水量 2.2 m³/t 焦炭	1.70 m³/t 焦炭	符合
		生产水重复利用率 90%	96.83%	符合
2	《清洁生产标准 炼焦行业》	一级标准:水耗 2.5 m³/t 焦炭	1.70 m³/t 焦炭	符合
		生产水重复利用率 95%	96.83%	符合

由表 4-26 可知:

(1)本次循环经济和结构调整项目完成后,焦化工序单位产品取水量为 1.70 m³/t 焦炭,生产水重复利用率为 96.83%,参照《甘肃省行业用水定额》(修订本)中关于炼焦的用水规定,焦化工序单位产品取水量较低,生产水重复利用率较高,符合《甘肃省行业用水定额》(修订本)的相关要求。

(2)本次循环经济和结构调整项目完成后,焦化工序单位产品取水量为 1.70 m³/t 焦炭,生产水重复利用率为96.83%,参照《清洁生产标准 炼焦行业》中用水规定,本项目单位产品取水量较低,生产水重复利用率较高,符合炼焦行业清洁生产用水的一级标准。

综上分析,本次循环经济和结构调整项目完成后,酒钢焦化工序全部采用干熄焦,并对现有落后的焦炉低温水系统、工艺循环水系统、制冷循环水系统进行改造,且严格按照一水多用、废污水回用等原则进行生产,本工程焦化工序用水水平较高。

4. 焦化工序节水潜力分析

焦化工序采用了先进的工艺技术,生产用水大量采用循环水,生产水重复利用率达到96.83%,从而减少了水量消耗。根据实际运行情况,仍有节水潜力。根据焦化工序的实际情况,论证建议本次循环经济和结构调整项目完成后,焦化工序增加如下节水措施:

(1)备煤炼焦阶段用水,有部分用水作为洗精煤调湿使用,其对水质要求不高,建议该部分用水采用酚氰废水处理站出水。

(2)焦化工序酚氰废水由于其含有毒有害成分较多,其主要产生在蒸氨过程中,建议企业加强该部分废水的监督管理。

4.2.2.4 焦化工序取用水量合理性确定

1. 合理性分析后的用水量平衡图表

经论证合理性分析,确定项目实施后可研提出的焦化工序用水水平较高,基本无节水潜力,因此焦化工序新水补充量为708.90万 m^3/a,与可研设计一致。经论证分析确定的项目完成后焦化工序的用水量平衡表、图分别见表4-23和图4-7。

2. 合理性分析后的用水指标及用水水平分析

本次循环经济和结构调整项目完成后,酒钢焦化工序全部采用干熄焦,并对现有落后的焦炉低温水系统、工艺循环水系统、制冷循环水系统进行改造,且严格按照一水多用、废污水回用等原则进行生产。整体来看,本项目焦化工序用水水平较高。

4.2.3 烧结工序用水水平分析

4.2.3.1 烧结工序现状用排水情况

烧结工序现有2台10 m^2 球团竖炉,3台130 m^2 烧结机,1台265 m^2 烧结机,年产烧结矿797.2万 t,球团矿100万 t。

经现场调研,酒钢本部烧结工序主要用水环节为烧结净循环冷却系统的间接冷却补充水,球团制冷循环系统的补充水和制粒系统用水;烧结净循环系统排水一部分作为制粒使用,另一部分外排至酒钢综合污水处理厂。

烧结工序现状用水量平衡表和图分别见表4-27、图4-8。

表4-27 烧结工序现状用水量平衡表 （单位:万 m^3/a）

序号	名称	用水量	新水量	循环量	耗水量	回用量	排水量
1	烧结设备冷却及余热锅炉	4 950.60	167.4	4 783.2	100.50	20.37	46.53
2	烧结制粒、清扫工序	20.37	0	0	20.37	20.37	0
3	球团竖炉设备冷却	2 356.00	78.0	2 278.0	68.00	10	0

续表 4-27

序号	名称	用水量	新水量	循环量	耗水量	回用量	排水量
4	球团制球工序	10.00	0	0	10	10	0
	合计	7 336.97	245.4	7 061.2	198.87	30.37	46.53

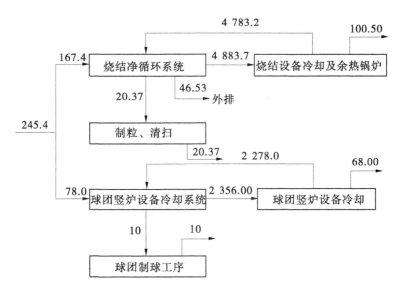

图 4-8　烧结工序现状用水量平衡图　（单位：万 m³/a）

4.2.3.2　烧结工序现状用水指标分析

1. 用水指标选取及计算公式

依据《节水型企业评价导则》（GB/T 7119—2006）、《钢铁企业节水设计规范》（GB 50506—2009），论证选取了单位产品取新水量、废污水回用率、工业水重复利用率等 3 个指标分析现有烧结工序的用水水平。各指标计算公式如下。

1）单位产品取新水量 V_{ui}

$$V_{ui} = V_i / Q$$

式中　V_{ui}——单位产品取新水量，m³/t 烧结矿或球团矿；

　　　V_i——在一定的计量时间内，企业的取新水量，m³；

　　　Q——在一定的计量时间内，烧结矿或球团矿产品的总量，t。

2）废污水回用率 K_w

$$K_w = V_w / (V_d + V_w) \times 100\%$$

式中　K_w——废污水回用率（%）；

　　　V_w——在一定的计量时间内，对外排废污水自行处理后的水回用量，m³；

　　　V_d——在一定的计量时间内，向外排放的废污水量，m³。

3）工业水重复利用率 R

$$R = \frac{V_t}{V_t + V_i} \times 100\%$$

式中 R——重复利用率(%);

  V_t——在一定的计量时间内,企业的重复利用水量,m^3;

  V_i——在一定的计量时间内,企业的取水量,m^3。

2.指标计算参数及结果

根据烧结工序现状用水量平衡图、表,得出用水指标计算基本参数(见表4-28)、用水指标计算结果(见表4-29)。

表4-28　烧结工序现状用水指标计算基本参数

序号	基本参数名称	基本参数
1	烧结工序新水补充量(万 m^3/a)	167.4
2	球团新水补充量(万 m^3/a)	78.0
3	烧结工序排水量(万 m^3/a)	46.53
4	球团排水量(万 m^3/a)	0
5	烧结工序回用量(万 m^3/a)	20.37
6	球团回用量(万 m^3/a)	10
7	烧结矿产量(万 t)	797.2
8	球团产量(万 t)	100

表4-29　烧结工序现状用水指标计算结果

序号	评价指标		计算结果
1	单位产品取新水量	m^3/t 烧结矿	0.21
		m^3/t 球团矿	0.78
2	废污水回用率	烧结%	30.45
		球团%	100
3	工业水重复利用率	烧结%	96.63
		球团%	96.7

3.烧结工序现状用水水平评价

论证依据《清洁生产标准　钢铁行业(烧结)》(HJ/T 426—2008)和《甘肃省行业用水定额》(修订本)的相关要求,对烧结工序现状用水水平进行评价。评价结果见表4-30。

由表4-30可知:

(1)烧结工序现状单位产品取新水量为 0.21 m^3/t 烧结矿,生产水重复利用率为96.63%,参照《甘肃省行业用水定额》(修订本)中关于烧结的用水规定,烧结工序现状单位产品取水量较低,生产水重复利用率较高,符合《甘肃省行业用水定额》(修订本)的相关要求。

(2)烧结工序现状单位产品取新水量为 0.21 m^3/t 烧结矿,生产水重复利用率为

96.63%,参照《清洁生产标准　钢铁行业(烧结)》中用水规定,本项目单位产品取水量较低,生产水重复利用率较高,符合钢铁行业清洁生产用水的一级标准。

表 4-30　烧结工序现状用水水平评价结果

序号	标准名称	标准要求	烧结工序实际	符合性
1	《甘肃省行业用水定额》(修订本)	单位产品取水量 0.21 m³/t 烧结矿	0.21 m³/t 烧结矿	符合
		生产水重复利用率	96.63%	符合
2	《清洁生产标准　钢铁行业(烧结)》	一级标准:水耗 0.25 m³/t 烧结矿	0.21 m³/t 烧结矿	符合
		生产水重复利用率 95%	96.63%	符合

综上分析,酒钢烧结工序严格按照一水多用、废污水回用等原则进行生产,现状用水水平较高。

4.2.3.3　烧结工序用水合理性分析

1. 可研给出的用排水情况

酒钢循环经济和结构调整项目实施后,将在原有烧结的基础上新建 2 台 265 m² 烧结机,年产成品烧结矿约为 2×238.9 万 t/a;同时,现有 1 台 130 m² 烧结机用于处理铬渣和镍弃渣,其他 2 台 130 m² 烧结机用于正常烧结。本次项目完成后,烧结工序烧结矿总产量为 1 049.5 万 t/a。

酒钢循环经济和结构调整项目实施后,将在原有球团的基础上新建 200 万 t/a 链篦机回转窑生产线,年产成品球团矿约为 200 万 t/a。本次项目完成后,球团矿总产量为 300 万 t/a。

根据可研,本次烧结球团新建项目实施后,并对新建烧结机设置净循环系统,对烧结机隔热板冷却、电机冷却器和油冷却器、风机、环冷机设备等用户冷却用水;对新建球团车间设备冷却、电机冷却器和除尘等用户冷却水采用净循环水系统,净循环系统排水作为烧结制粒和球团制球的工艺水使用。通过采取以上措施,烧结工序新鲜水用量为 479.9 万 m³/a,循环水用量为 11 532.65 万 m³/a。

根据可研,本次项目完成后,烧结工序用水量平衡表、图分别见表 4-31、图 4-9。

表 4-31　可研给出的本项目完成后烧结工序用水量平衡表　　(单位:万 m³/a)

序号	名称	用水量	新水量	循环量	耗水量	回用量	排水量
1	烧结设备冷却及余热锅炉	5 142.55	209.9	4 932.65	103.60	26.73	79.57
2	烧结制粒、清扫工序	26.73	0	0	26.73	26.73	0
3	球团竖炉设备冷却	6 870.00	270.0	6 600.00	197.00	73.00	0
4	球团制球工序	73.00	0	0	73.00	73.00	0
	合计	12 112.28	479.9	11 532.65	400.33	99.73	79.57

2. 可研设计用排水合理性分析

在对可研给出本次项目完成后,烧结工序用水量平衡分析的基础上,计算可研给出的

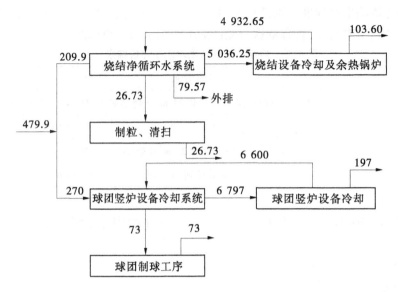

图 4-9　可研给出的本项目完成后烧结工序用水量平衡图　(单位:万 m³/a)

本项目用水指标,用水指标选取和计算方法参见本章 4.2.3.2 部分。根据烧结工序可研用水量平衡图、表,得出烧结工序用水指标计算基本参数(见表 4-32)、用水指标计算结果(见表 4-33)。

表 4-32　可研给出的烧结工序用水指标计算基本参数

序号	基本参数名称	基本参数
1	新水补充量(万 m³/a)	479.9
2	排水量(万 m³/a)	79.57
3	回用量(万 m³/a)	99.73
4	烧结矿和球团矿产量(万 t)	1 049.5

表 4-33　可研给出的烧结工序用水指标计算结果

序号	评价指标	计算结果
1	单位产品取新水量(m³/t 烧结矿)	0.20
2	废污水回用率(%)	100
3	工业水重复利用率(%)	95.94

3. 可研给出的烧结工序用水水平评价

论证依据《清洁生产标准　钢铁行业(烧结)》(HJ/T 426—2008)和《甘肃省行业用水定额》(修订本)的相关要求,对可研给出的本项目完成后烧结工序用水水平进行评价。评价结果见表 4-34。

表 4-34　可研给出的烧结工序用水水平评价表

序号	标准名称	标准要求	烧结工序实际	符合性
1	《甘肃省行业用水定额》（修订本）	单位产品取水量 0.21 m^3/t 烧结矿	0.20 m^3/t 烧结矿	符合
		生产水重复利用率	95.94%	符合
2	《清洁生产标准　钢铁行业（烧结）》	一级标准：水耗 0.25 m^3/t 烧结矿	0.20 m^3/t 烧结矿	符合
		生产水重复利用率 95%	95.94%	符合

由表 4-34 可知：

（1）本次循环经济和结构调整项目完成后，烧结工序单位产品取水量为 0.20 m^3/t 烧结矿，生产水重复利用率为 95.94%，参照《甘肃省行业用水定额》（修订本）中关于烧结工序的用水规定，烧结工序单位产品取水量较低，生产水重复利用率较高，符合《甘肃省行业用水定额》（修订本）的相关要求。

（2）本次循环经济和结构调整项目完成后，烧结工序单位产品取水量为 0.20 m^3/t 烧结矿，生产水重复利用率为 95.94%，参照《清洁生产标准　钢铁行业（烧结）》中用水规定，本项目单位产品取水量较低，生产水重复利用率较高，符合烧结行业清洁生产用水的一级标准。

综上分析，本次循环经济和结构调整项目完成后，酒钢烧结工序采用净循环系统对设备进行冷却，且严格按照一水多用、废污水回用等原则进行生产，本工程烧结工序用水水平较高。

4.烧结工序节水潜力分析

烧结工序采用了先进的工艺技术，生产用水大量采用循环水，生产水重复利用率达到 95.94%，从而减少了水量消耗。根据实际运行情况，仍有节水潜力。根据烧结工序的实际情况，论证建议本次循环经济和结构调整项目完成后，烧结工序增加如下节水措施：

本项目完成后，烧结工序外排水量为 79.57 万 m^3/a，该部分废水主要是净循环系统排水，其水质未受到污染。论证建议，该部分排水作为烧结工序的地面降尘用水和冲洗地坪用水，以减少烧结工序的新水使用量。

4.2.3.4　烧结工序取用水量合理性确定

1.合理性分析后的用水量平衡图表

经论证合理性分析，确定项目实施后可研提出的烧结工序用水水平较高，基本无节水潜力，因此烧结工序新鲜水补充量为 479.9 万 m^3/a，与可研设计一致。经论证分析确定的项目完成后烧结工序的用水量平衡表、图分别见表 4-31、图 4-9。

2.合理性分析后的用水指标及用水水平分析

本次循环经济和结构调整项目完成后，酒钢烧结工序设备冷却、电机冷却器和油冷却器、风机、环冷机设备等冷却均采用净循环水系统，制粒和制球工序用水全部采用净循环系统排水。整体来看，本项目烧结工序用水水平较高。

4.2.4　炼铁工序用水水平分析

4.2.4.1　炼铁工序现状用排水情况

现状炼铁工序有 4 座 450 m³ 高炉,2 座 1 800 m³ 高炉,1 座 1 260 m³ 高炉,年产生铁 650 万 t。目前,1#、2#、3#、4#、7#高炉炉渣采用干渣方式处理;5#、6#高炉采用水冲渣处理方式;1#、2#、7#高炉配套建设了高炉炉顶余压发电装置(TRT);除 7#高炉采用干法对高炉煤气进行净化外,其余高炉均采用两级文士管净化除尘;现有炼铁工序生产规模为 650 万 t/a生铁。

经现场调研,酒钢本部炼铁工序主要用水环节为高炉净循环冷却系统的间接冷却补充水、高炉炉体和热风炉炉体软水冷却系统,净循环系统排水作为煤气洗涤浊循环系统和高炉冲渣浊循环系统的补水。

炼铁工序现状用水量平衡表、图分别见表 4-35、图 4-10。

表 4-35　炼铁工序现状用水量平衡表　　　　　　　(单位:万 m³/a)

序号	名称	用水量	新水量	循环量	耗水量	回用量	排水量
1	1#~2#高炉净环水泵站	8 400	168	8 232	42	0	126
2	3#~6#高炉净环水泵站	10 920	126	10 794	54	0	72
3	高炉软水站	6 132	67.2	6 064.8	67.2	0	0
4	7#高炉净循环泵站	8 223.6	92.4	8 131.2	41.2	47.0	4.2
5	煤气洗涤	1 772.4	0	1 764	8.4	8.4	0
6	高炉冲渣	1 298.6	0	1 260	38.6	38.6	0
	合计	36 746.6	453.6	36 246	251.4	47.0	202.2

4.2.4.2　炼铁工序现状用水指标分析

1. 用水指标选取及计算公式

依据《节水型企业评价导则》(GB/T 7119—2006)、《钢铁企业节水设计规范》(GB 50506—2009),论证选取了单位产品取新水量、废污水回用率、工业水重复利用率等 3 个指标分析现有炼铁工序的用水水平。各指标计算公式如下。

1)单位产品取新水量 V_{ui}

$$V_{ui} = V_i/Q$$

式中　V_{ui}——单位产品取新水量,m³/t 铁;

　　　V_i——在一定的计量时间内,企业的取新水量,m³;

　　　Q——在一定的计量时间内,产品的总量,t。

2)废污水回用率 K_w

$$K_w = V_w/(V_d + V_w) \times 100\%$$

式中　K_w——废污水回用率(%);

　　　V_w——在一定的计量时间内,对外排废污水自行处理后的水回用量,m³;

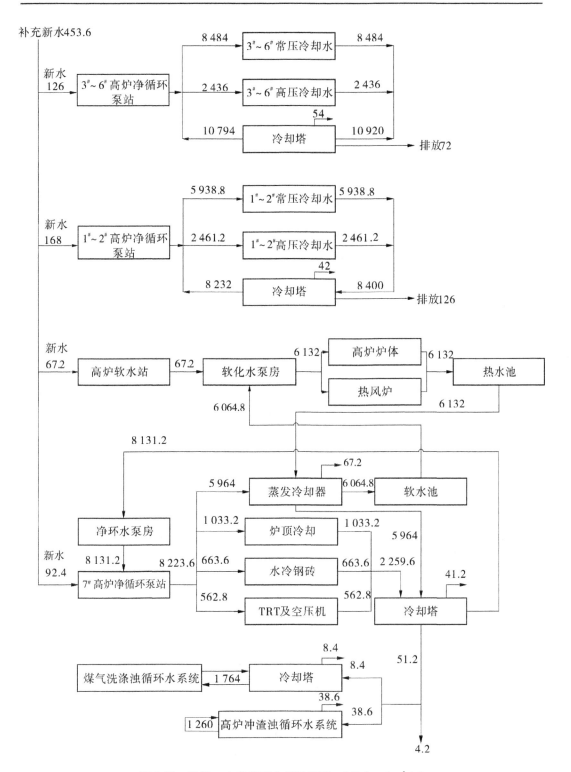

图 4-10　炼铁工序现状用水量平衡图（单位：万 m³/a）

V_d——在一定的计量时间内,向外排放的废污水量,m^3。

3)工业水重复利用率 R

$$R = \frac{V_t}{V_t + V_i} \times 100\%$$

式中　R——重复利用率(%);

　　V_t——在一定的计量时间内,企业的重复利用水量,m^3;

　　V_i——在一定的计量时间内,企业的取水量,m^3。

2. 指标计算参数及结果

根据炼铁工序现状用水量平衡图、表,得出用水指标计算基本参数(见表4-36)、用水指标计算结果(见表4-37)。

表4-36　炼铁工序现状用水指标计算基本参数

序号	基本参数名称	基本参数
1	炼铁工序新水补充量(万 m^3/a)	453.6
2	炼铁工序排水量(万 m^3/a)	202.2
3	回用量(万 m^3/a)	47.0
4	产量(万 t)	650

表4-37　炼铁工序现状用水指标计算结果

序号	评价指标	计算结果
1	单位产品取新水量(m^3/t 铁)	0.698
2	废污水回用率(%)	18.86
3	工业水重复利用率(%)	98.64

3. 炼铁工序现状用水水平评价

论证依据《清洁生产标准　钢铁行业(高炉炼铁)》(HJ/T 427—2008)和《甘肃省行业用水定额》(修订本)的相关要求,对炼铁工序现状用水水平进行评价。评价结果见表4-38。

表4-38　炼铁工序现状用水水平评价结果

序号	标准名称	标准要求	炼铁工序实际	符合性
1	《甘肃省行业用水定额》(修订本)	单位产品取水量8 m^3/t 铁	0.698 m^3/t 铁	符合
		生产水重复利用率	98.64%	符合
2	《清洁生产标准　钢铁行业(高炉炼铁)》	一级标准:水耗1 m^3/t 铁	0.698 m^3/t 铁	符合
		生产水重复利用率98%	98.64%	符合

由表4-38可知:

（1）炼铁工序现状单位产品取水量为 0.698 m^3/t 铁,生产水重复利用率为 98.64%,参照《甘肃省行业用水定额》(修订本)中关于高炉炼铁的用水规定,炼铁工序现状单位产品取水量较低,生产水重复利用率较高,符合《甘肃省行业用水定额》(修订本)的相关要求。

（2）炼铁工序现状单位产品取水量为 0.698 m^3/t 铁,生产水重复利用率为 98.64%,参照《清洁生产标准　钢铁行业(高炉炼铁)》中用水规定,本项目单位产品取水量较低,生产水重复利用率较高,符合钢铁行业清洁生产用水的一级标准。

综上分析,酒钢炼铁工序严格按照一水多用、废污水回用等原则进行生产,现状用水水平较高。

4.2.4.3　炼铁工序用水合理性分析

1. 可研给出的用排水情况

酒钢循环经济和结构调整项目实施后,将淘汰现有 3#、4#450 m^3 高炉,剩余 2 座 450 m^3 高炉主要用于含铬和镍的烧结矿,同时新建 2 座 2 200 m^3 高炉。项目实施后,酒钢炼铁工序主要生产设备为 2×2 200 m^3 高炉、2×1 800 m^3 高炉、1×1 260 m^3 高炉和 2×450 m^3 高炉,年产生铁 835 万 t。

将现有 1#1 260 m^3 高炉、2#1 800 m^3 高炉的高炉煤气湿法除尘改为干法布袋除尘,并对高炉煤气管网系统进行改造。

根据可研,本次炼铁工序新建项目实施后,通过对新建高炉设置软水循环系统、净循环水系统和浊循环水系统,净循环系统排水作为浊循环系统的补充水使用。通过采取以上措施,炼铁工序新水用量为 482.6 万 m^3/a,循环水用量为 37 662.4 万 m^3/a。

根据可研,本次项目完成后,炼铁工序用水量平衡表、图分别见表 4-39、图 4-11。

表 4-39　可研给出的本项目完成后炼铁工序用水量平衡表　　(单位:万 m^3/a)

序号	名称	用水量	新水量	循环量	耗水量	回用量	排水量
1	现有 1#~2#高炉净环水泵站	8 400	168	8 232	42	0	126
2	现有 5#~6#高炉净环水泵站	5 460	32	5 428	13	0	19
3	高炉软水站	7 875	86.3	7 788.7	86.3	0	0
4	现有 7#高炉和新建高炉净循环泵站	14 440	196.3	14 243.7	87.5	51.3	57.5
5	现有 5#、6#高炉煤气洗涤	351.8	0	350	1.8	1.8	0
6	高炉冲渣	1 669.5	0	1 620	49.5	49.5	0
	合计	38 196.3	482.6	37 662.4	280.1	51.3	202.5

2. 可研设计用排水合理性分析

在对可研给出本次项目完成后,炼铁工序用水量平衡分析的基础上,计算可研给出的本项目用水指标,用水指标选取和计算方法参见本章 4.2.4.2 部分。根据炼铁工序可研用水量平衡图、表,得出炼铁工序用水指标计算基本参数(见表 4-40)、用水指标计算结果(见表 4-41)。

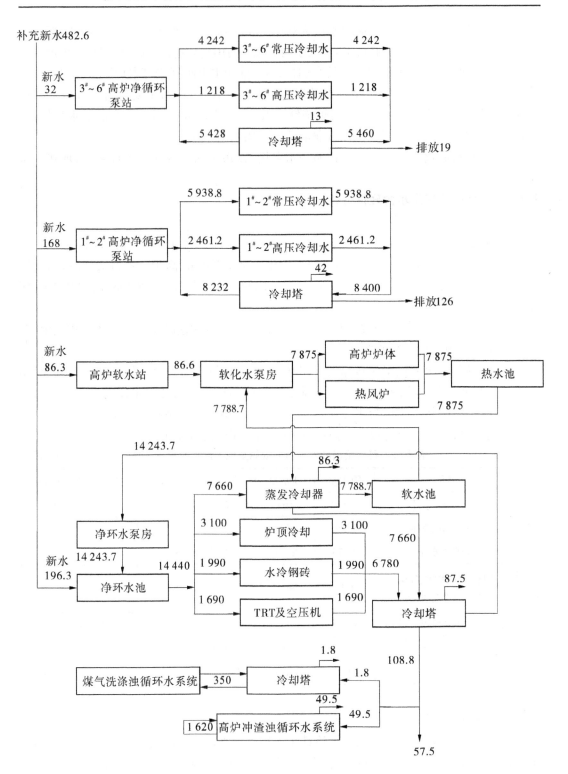

图 4-11　可研给出本项目完成后炼铁工序用水量平衡图　(单位：万 m³/a)

表 4-40 可研给出的炼铁工序用水指标计算基本参数

序号	基本参数名称	基本参数
1	炼铁工序新水补充量(万 m^3/a)	482.6
2	炼铁工序排水量(万 m^3/a)	202.5
3	回用量(万 m^3/a)	51.3
4	产量(万 t)	835

表 4-41 可研给出的炼铁工序用水指标计算结果

序号	评价指标	计算结果
1	单位产品取新水量(m^3/t 铁)	0.578
2	废污水回用率(%)	20.2
3	工业水重复利用率(%)	98.74

3. 可研给出的炼铁工序用水水平评价

论证依据《清洁生产标准 钢铁行业(高炉炼铁)》(HJ/T 427—2008)和《甘肃省行业用水定额》(修订本)的相关要求,对可研给出的项目完成后炼铁工序用水水平进行评价。评价结果见表 4-42。

表 4-42 可研给出的炼铁工序用水水平评价结果

序号	标准名称	标准要求	可研设计	符合性
1	《甘肃省行业用水定额》(修订本)	单位产品取水量 8 m^3/t 铁	0.578 m^3/t 铁	符合
		生产水重复利用率	98.74%	符合
2	《清洁生产标准 钢铁行业(高炉炼铁)》	一级标准:水耗 1 m^3/t 铁	0.578 m^3/t 铁	符合
		生产水重复利用率 98%	98.74%	符合

由表 4-42 可知:

(1)本次循环经济和结构调整项目完成后,炼铁工序单位产品取水量为 0.578 m^3/t 铁,生产水重复利用率为 98.74%,参照《甘肃省行业用水定额》(修订本)中关于高炉炼铁的用水规定,本项目完成后炼铁工序单位产品取水量较低,生产水重复利用率较高,符合《甘肃省行业用水定额》(修订本)的相关要求。

(2)本次循环经济和结构调整项目完成后,炼铁工序单位产品取水量为 0.578 m^3/t 铁,生产水重复利用率为 98.74%,参照《清洁生产标准 钢铁行业(高炉炼铁)》中用水规定,本项目单位产品取水量较低,生产水重复利用率较高,符合钢铁行业清洁生产用水的一级标准。

综上分析,酒钢炼铁工序严格按照一水多用、废污水回用等原则进行生产,本次项目完成后炼铁工序用水水平较高。

4. 炼铁工序节水潜力分析

炼铁工序采用了先进的工艺技术,生产用水大量采用循环水,生产水重复利用率达到

98.74%,从而减少了水量消耗。根据实际运行情况,仍有节水潜力。根据炼铁工序的实际情况,论证建议本次循环经济和结构调整项目完成后,炼铁工序增加如下节水措施:

(1)本项目完成后,炼铁工序应进一步把现有 5#、6# 高炉湿法煤气除尘改造成干法除尘措施,以减少炼铁工序的用水。

(2)本项目完成后,炼铁工序应进一步探索除渣方式,进一步减少水冲渣的处理方式,改造成干式除渣。

4.2.4.4　炼铁工序取用水量合理性确定

1. 合理性分析后的用水量平衡图表

经论证合理性分析,确定项目实施后可研提出的炼铁工序用水水平较高,基本无节水潜力,因此炼铁工序新水补充量为 482.6 万 m^3/a,与可研设计一致。经论证分析确定的项目完成后炼铁工序的用水量平衡表、图分别见表 4-39、图 4-11。

2. 合理性分析后的用水指标及用水水平分析

本次循环经济和结构调整项目完成后,酒钢炼铁工序设备冷却、高炉炉体、热风炉等冷却均采用循环水系统,现有高炉煤气除尘、高炉渣系统用水全部采用净循环系统排水。整体来看,本项目炼铁工序用水水平较高。

4.2.5　炼钢工序用水水平分析

4.2.5.1　炼钢工序现状用排水情况

炼钢工序现主要有一炼钢、二炼钢和不锈钢生产车间,年产钢坯 750 万 t。其中,碳钢小方坯 260 万 t,碳钢板坯 390 万 t,不锈钢坯 100 万 t。其主要设备有混铁炉、转炉、电炉等。其中,一炼钢车间产量为 310 万 t/a、二炼钢车间产量为 340 万 t/a、不锈钢炼钢产量为 100 万 t/a。

经现场调研,酒钢本部一炼钢、二炼钢车间主要设置了软水循环系统、净循环系统和 OG 法转炉浊循环系统等,其新水使用量为 798.20 万 m^3/a,中水使用量为 205.2 万 m^3/a;现有工程不锈钢新水使用量为 370.65 万 m^3/a。

现有工程一炼钢、二炼钢现状用水量平衡表、图分别见表 4-43、图 4-12;现有工程不锈钢炼钢现状用水量平衡图、表分别见图 4-13、表 4-44。

表 4-43　现有工程一炼钢、二炼钢现状用水量平衡表　　　(单位:万 m^3/a)

序号	名称	用水量	新水量	循环量	耗水量	回用量	排水量
1	软水站	362.12	6.80	355.32	6.80	0	0
2	二炼钢净环水泵站	3 926.60	138.28	3 788.32	55.30	82.98	0
3	二炼钢浊环水系统	2 927.02	175.36	2 668.68	258.34	82.98	0
4	一炼钢净环水泵站	1 146.20	163.40	982.8	54.00	109.40	0
5	转炉 OG 法浊环水系统	1 161.32	54.00	997.92	87.80	109.40	75.60
6	板坯方坯净环水泵站	3 565.16	465.56	3 099.6	241.94	223.62	0
7	板坯方坯浊环水泵站	1 118.62	0	895	75.60	223.62	148.02
	合计	14 207.04	1 003.40	12 787.64	779.78	416	223.62

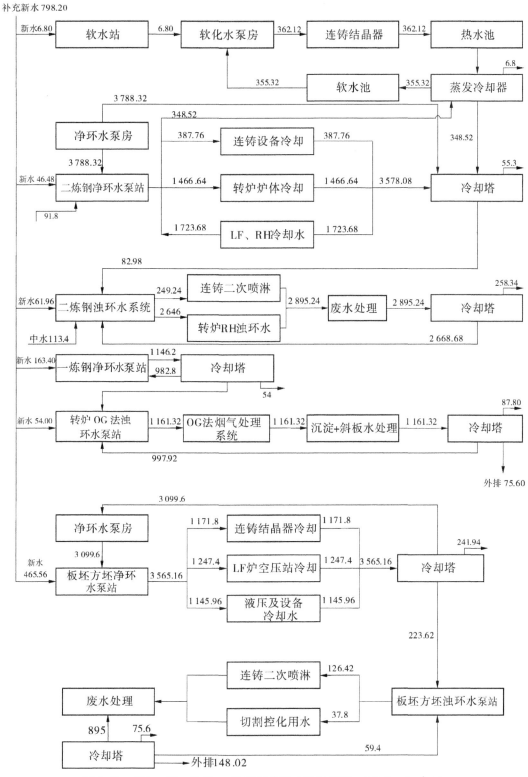

图 4-12　现有工程一炼钢、二炼钢现状用水量平衡图（单位：万 m³/a）

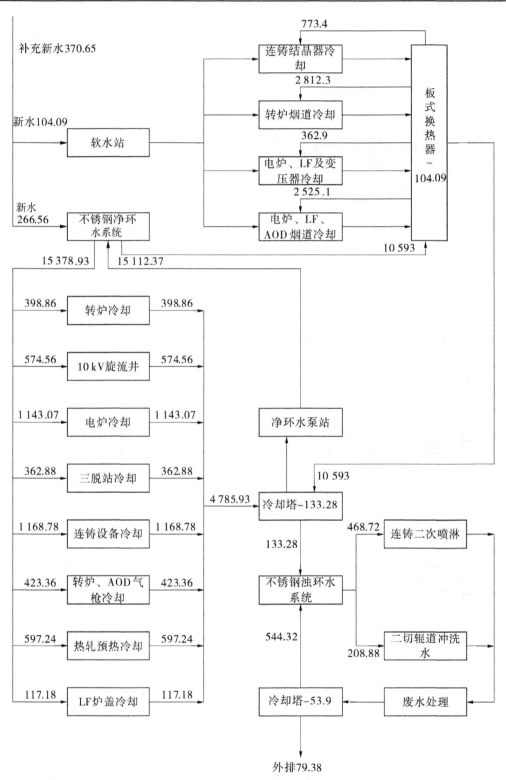

图 4-13 现有工程不锈钢炼钢现状用水量平衡图 （单位：万 m³/a）

表 4-44　现有工程不锈钢炼钢现状用水量平衡表　　（单位:万 m³/a）

序号	名称	用水量	新水量	循环量	耗水量	回用量	排水量
1	软水站	6 577.79	104.09	6 473.70	104.90	0	0
2	不锈钢净环水系统	15 378.93	266.56	15 112.37	133.28	133.28	0
3	不锈钢浊环水系统	677.60	0	544.32	53.90	133.28	79.38
	合计	22 634.32	370.65	22 130.39	292.08	133.28	79.38

4.2.5.2　炼钢工序现状用水指标分析

1. 用水指标选取及计算公式

依据《节水型企业评价导则》（GB/T 7119—2006）、《钢铁企业节水设计规范》（GB 50506—2009），论证选取了单位产品取新水量、废污水回用率、工业水重复利用率等 3 个指标分析现有炼钢工序的用水水平。各指标计算公式如下。

1）单位产品取新水量 V_{ui}

$$V_{ui} = V_i/Q$$

式中　V_{ui}——单位产品取新水量,m³/t 坯;

　　　V_i——在一定的计量时间内,企业的取新水量,m³;

　　　Q——在一定的计量时间内,产品的总量,t。

2）废污水回用率 K_w

$$K_w = V_w/(V_d + V_w) \times 100\%$$

式中　K_w——废污水回用率（%）;

　　　V_w——在一定的计量时间内,对外排废污水自行处理后的水回用量,m³;

　　　V_d——在一定的计量时间内,向外排放的废污水量,m³。

3）工业水重复利用率 R

$$R = \frac{V_t}{V_t + V_i} \times 100\%$$

式中　R——重复利用率（%）;

　　　V_t——在一定的计量时间内,企业的重复利用水量,m³;

　　　V_i——在一定的计量时间内,企业的取水量,m³。

2. 指标计算参数及结果

根据炼钢工序现状用水量平衡图、表,得出用水指标计算基本参数（见表 4-45）、用水指标计算结果（见表 4-46）。

表 4-45　炼钢工序现状用水指标计算基本参数

序号	基本参数名称	基本参数
1	炼钢工序新水补充量（万 m³/a）	1 374.05（其中中水 205.2）
2	炼铁工序排水量（万 m³/a）	303.0
3	回用量（万 m³/a）	549.28
4	产量（万 t）	750

表 4-46　炼钢工序现状用水指标计算结果

序号	评价指标	计算结果
1	单位产品取新水量(m^3/t 坯)	1.832
2	废污水回用率(%)	64.45
3	工业水重复利用率(%)	96.27

3. 炼钢工序现状用水水平评价

论证依据《清洁生产标准　钢铁行业(炼钢)》(HJ/T 428—2008)和《甘肃省行业用水定额》(修订本)的相关要求,对炼钢工序现状用水水平进行评价。评价结果见表 4-47。

表 4-47　炼钢工序现状用水水平评价结果

序号	标准名称	标准要求	炼钢工序实际	符合性
1	《甘肃省行业用水定额》(修订本)	单位产品取水量 12 m^3/t 坯	1.832 m^3/t 坯	符合
		生产水重复利用率	96.27%	符合
2	《清洁生产标准　钢铁行业(炼钢)》	一级标准:水耗 2 m^3/t 坯	1.832 m^3/t 坯	符合
		生产水重复利用率98%	96.27%	不符合

由表 4-47 可知:

(1)炼钢工序现状单位产品取水量为 1.832 m^3/t 坯,生产水重复利用率为 96.27%,参照《甘肃省行业用水定额》(修订本)中关于炼钢的用水规定,炼钢工序现状单位产品取水量较低,生产水重复利用率较高,符合《甘肃省行业用水定额》(修订本)的相关要求。

(2)炼钢工序现状单位产品取水量为 1.832 m^3/t 坯,生产水重复利用率为 96.27%,参照《清洁生产标准　钢铁行业(炼钢)》中用水规定,本项目单位产品取水量满足其清洁生产一级标准要求,但其生产水重复利用率不能满足清洁生产一级标准要求,说明现有炼钢工序仍有较高的节水潜力可挖,论证将通过本项目一并解决。

4.2.5.3　炼钢工序用水合理性分析

1. 可研给出的用排水情况

酒钢循环经济和结构调整项目实施后,将淘汰现有一炼钢工序内 1 台 65 t 转炉,不锈钢炼钢主要新建 1×160 t 脱磷转炉 +2×150 t 转炉 +2×160 t AOD +2×110 t VOD +2 台不锈钢单流板坯连铸机;碳钢炼钢主要建设 1×160 t 转炉 +1×160 t LF +1×160 t RH +1 台 2 机 2 流板坯连铸机。

对现有一炼钢、二炼钢进行转炉煤气管网系统改造,现有碳钢系统建设 2 套滚筒渣处理系统、钢渣储存及输送系统、钢渣粉磨系统。

项目实施后,一炼钢主要设备为 2×65 t 转炉、二炼钢主要设备为 3×120 t 转炉、不锈钢炼钢主要设备为 1×110 t 转炉 +1×100 t 电炉 +2×150 t 电炉 +2×160 t 转炉。一炼钢、二炼钢和不锈钢炼钢的产能分别为 192 万 t/a、365 万 t/a 和 459.5 万 t/a,总产能为 1 016.5万 t/a。

根据可研,本次炼钢工序新建项目实施后,并通过将新建转炉设置软水循环系统、净循环水系统和浊循环水系统,净循环系统排水作为浊循环系统的补充水使用。通过采取以上措施,炼钢工序新鲜水用量为 1 857.63 万 m³/a,循环水用量为 67 461.03 万 m³/a。

根据可研,本次项目完成后,炼钢工序用水量平衡表和图分别见表 4-48 和表 4-49、图 4-14 及图 4-15。

表 4-48　可研给出的本项目完成后一炼钢、二炼钢工序用水量平衡表

（单位:万 m³/a）

序号	名称	用水量	新水量	循环量	耗水量	回用量	排水量
1	软水站	362.12	6.80	355.32	6.80	0	0
2	二炼钢净环水泵站	3 926.60	138.28	3 788.32	55.3	82.98	0
3	二炼钢浊环水系统	2 927.02	175.36	2 668.68	258.34	82.98	0
4	一炼钢净环水泵站	764.20	109	655.20	36	73	0
5	转炉 OG 法浊环水系统	764.28	36	655.28	58.6	73	50.40
6	板坯方坯净环水泵站	3 465.16	365.56	3 099.60	141.94	223.62	0
7	板坯方坯浊环水泵站	1 118.62	0	895	75.6	223.62	148.02
	合计	13 328	831	12 117.4	632.58	379.6	198.42

表 4-49　可研给出的本项目完成后不锈钢炼钢用水量平衡表　（单位:万 m³/a）

序号	名称	用水量	新水量	循环量	耗水量	回用量	排水量
1	软水站	16 444.63	260.23	16 184.40	260.23	0	0
2	不锈钢净环水泵站	38 264.83	466.40	37 798.43	133.20	333.2	0
3	不锈钢浊环水系统	1 694.0	0	1 360.80	134.80	333.2	198.4
	合计	56 403.46	726.63	55 343.63	528.23	333.2	198.4

2. 可研设计用排水合理性分析

在对可研给出本项目完成后,炼钢工序用水量平衡分析的基础上,计算可研给出的本项目用水指标,用水指标选取和计算方法参见本章 4.2.5.2 部分。根据炼钢工序可研用水量平衡图、表,得出炼钢工序用水指标计算基本参数(见表 4-50)、用水指标计算结果(见表 4-51)。

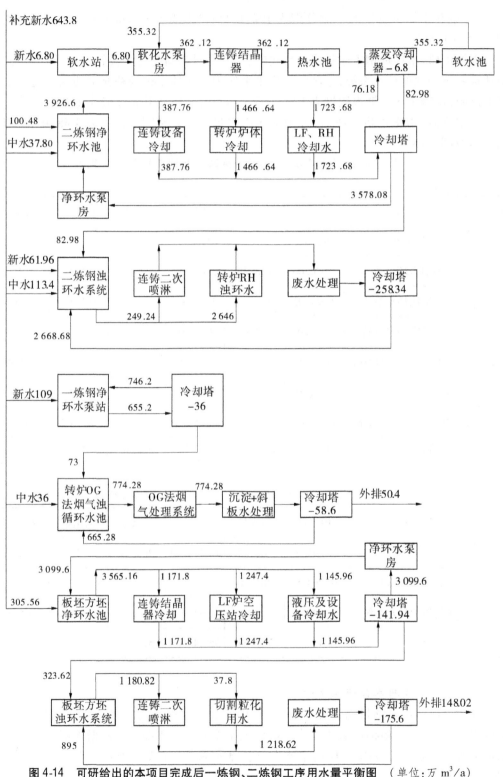

图4-14 可研给出的本项目完成后一炼钢、二炼钢工序用水量平衡图 （单位：万 m³/a）

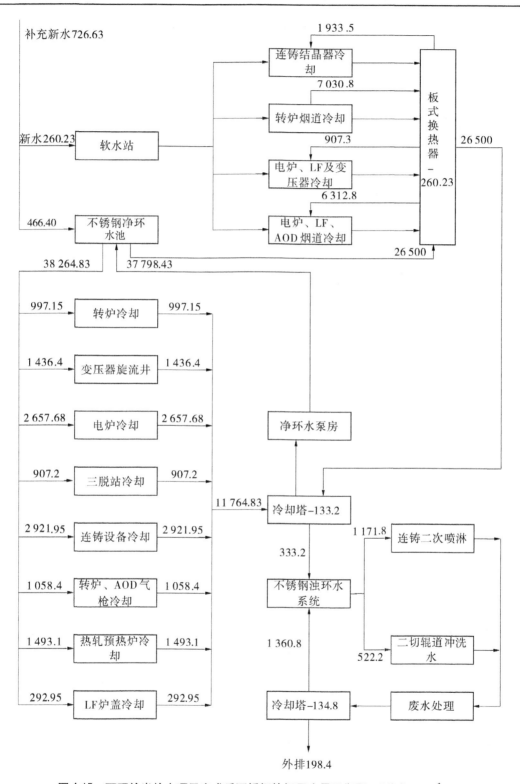

图 4-15　可研给出的本项目完成后不锈钢炼钢用水量平衡图　（单位：万 m³/a）

表 4-50　可研给出的炼钢工序用水指标计算基本参数

序号	基本参数名称	基本参数
1	炼钢工序新水补充量(万 m^3/a)	1 557.63
2	炼钢工序排水量(万 m^3/a)	396.82
3	回用量(万 m^3/a)	712.8
4	产量(万 t)	1 016.5

表 4-51　可研给出的炼钢工序用水指标计算结果

序号	评价指标	计算结果
1	单位产品取新水量(m^3/t 坯)	1.532
2	废污水回用率(%)	64.27
3	工业水重复利用率(%)	97.8

3. 可研给出的炼钢工序用水水平评价

论证依据《清洁生产标准　钢铁行业(炼钢)》(HJ/T 428—2008)和《甘肃省行业用水定额》(修订本)的相关要求,对可研给出的本项目完成后炼钢工序用水水平进行评价。评价结果见表 4-52。

表 4-52　可研给出的炼钢工序用水水平评价结果

序号	标准名称	标准要求	可研设计	符合性
1	《甘肃省行业用水定额》(修订本)	单位产品取水量 12 m^3/t 坯	1.532 m^3/t 坯	符合
		生产水重复利用率	97.8%	符合
2	《清洁生产标准　钢铁行业(炼钢)》	一级标准:水耗 2 m^3/t 坯	1.532 m^3/t 坯	符合
		生产水重复利用率98%	97.8%	不符合

由表 4-52 可知:

(1)本次循环经济和结构调整项目完成后,炼钢工序单位产品取水量为 1.532 m^3/t 坯,生产水重复利用率为 97.8%,参照《甘肃省行业用水定额》(修订本)中关于炼钢的用水规定,本项目完成后炼钢工序单位产品取水量较低,生产水重复利用率较高,符合《甘肃省行业用水定额》(修订本)的相关要求。

(2)本次循环经济和结构调整项目完成后,炼钢工序单位产品取水量为 1.532 m^3/t 坯,生产水重复利用率为 97.8%,参照《清洁生产标准　钢铁行业(炼钢)》中用水规定,本项目单位产品取水量较低,符合钢铁行业清洁生产用水的一级标准;但生产水重复利用率不符合钢铁行业清洁生产用水的一级标准,满足二级标准的要求,其主要原因是本次项目完成后,将大幅增加不锈钢的产量导致的。

综上分析,酒钢炼钢工序严格按照一水多用、废污水回用等原则进行生产,本项目完成后炼钢工序用水水平整体较高。

4.炼钢工序节水潜力分析

炼钢工序采用了先进的工艺技术,生产用水大量采用循环水,生产用水重复利用率达到 97.8%,从而减少了水量消耗。根据实际运行情况,仍有节水潜力。根据炼钢工序的实际情况,论证建议本次循环经济和结构调整项目完成后,炼钢工序增加如下节水措施:

(1)本次项目完成后,炼钢工序应加强管理,防止生产过程中的跑、冒、滴、漏,减少水的损耗。

(2)本次项目完成后,炼钢工序应进一步探索除渣方式,进一步减少钢渣的处理方式,全部改造成干式除渣。

4.2.5.4 炼钢工序取用水量合理性确定

1.合理性分析后的用水量平衡图表

经论证合理性分析,确定项目实施后可研提出的炼钢工序用水水平较高,基本无节水潜力,因此炼钢工序新水补充量为 1 557.63 万 m^3/a,与可研设计一致。经论证分析确定的项目完成后炼钢工序的用水量平衡表、图分别见表 4-48 和表 4-49、图 4-14 和图 4-15。

2.合理性分析后的用水指标及用水水平分析

本次循环经济和结构调整项目完成后,酒钢炼钢工序炉体、氧枪等冷却均采用循环水系统,并淘汰现有 1 台 65 t 转炉。整体来看,本项目炼钢工序用水水平较高。

4.2.6 轧钢工序用水水平分析

4.2.6.1 轧钢工序现状用排水情况

炼钢工序现主要有棒材生产线、高线生产线、2 800 mm 中板车间、CSP 薄板、炉卷轧机、碳钢冷轧机组、热镀锌机组和不锈钢冷轧生产线等,现有轧钢生产能力为 1 033 万 t/a。

现有项目轧钢工序用水量平衡表见表 4-53,现有项目轧钢工序用水量平衡图见图 4-16 ~ 图 4-23。

表 4-53　现有项目轧钢工序用水量平衡表　　　　　（单位:万 m^3/a）

序号	名称	用水量	新水量	循环量	耗水量	回用量	排水量
1	线棒生产线	2 540.16	75.6	2 419.2	48.4	45.36	27.20
2	高线生产线	4 210.92	83.16	4 061.2	43.23	66.56	39.93
3	中板生产线	1 980.72	60.52	1 890	28.72	30.2	31.80
4	炉卷生产线	7 525.06	218.32	7 408.8	116.26	0	102.16
5	CSP 薄板生产线	10 042.7	69.55	9 952.47	33.1	20.68	36.45
6	碳钢冷轧生产线	3 180.86	191.48	2 989.38	107.12	0	80.56
7	不锈钢热轧生产线	5 912.07	81.66	5 802.31	65.78	28.1	15.88
8	不锈钢冷轧生产线	6 951.37	205.63	6 696.14	35.99	49.6	169.64
	合计	42 343.86	985.92	41 219.5	478.6	240.5	503.62

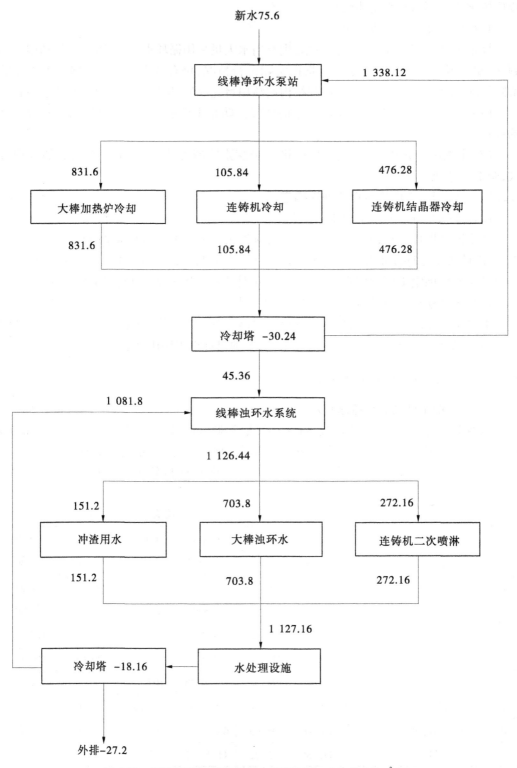

图 4-16　现有项目线棒工序用水量平衡图　(单位:万 m³/a)

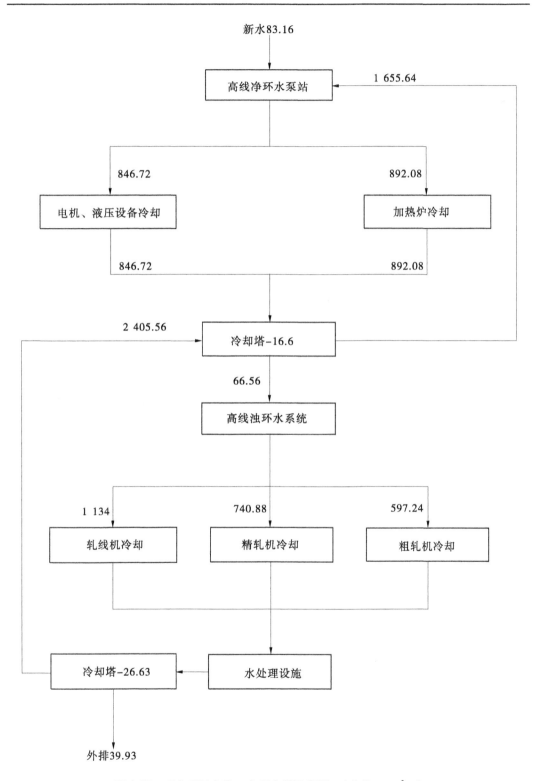

图 4-17 现有项目高线工序用水量平衡图 （单位:万 m³/a）

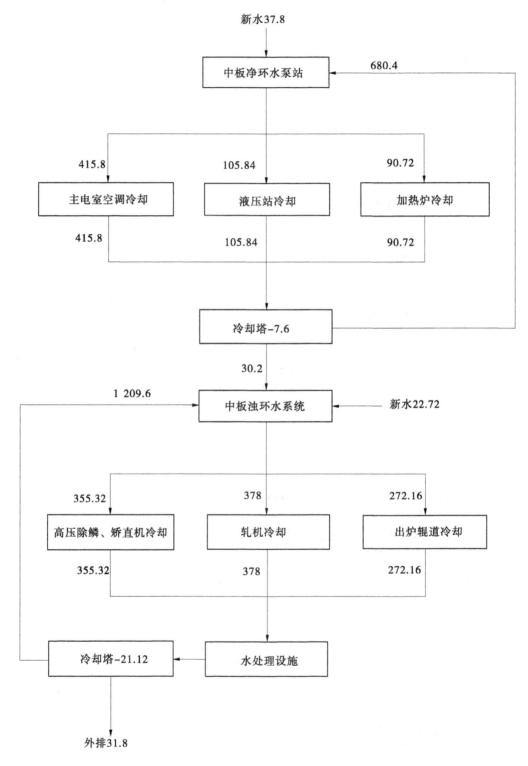

图 4-18　现有项目中板工序用水量平衡图 （单位:万 m³/a）

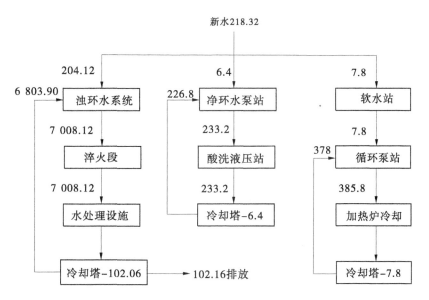

图 4-19　现有项目炉卷工序用水量平衡图　（单位:万 m³/a）

4.2.6.2　轧钢工序现状用水指标分析

1. 用水指标选取及计算公式

依据《节水型企业评价导则》（GB/T 7119—2006）、《钢铁企业节水设计规范》（GB 50506—2009），论证选取了单位产品取新水量、废污水回用率、工业水重复利用率等 3 个指标分析现有轧钢工序的用水水平。各指标计算公式如下。

1）单位产品取新水量 V_{ui}

$$V_{ui} = V_i / Q$$

式中　V_{ui}——单位产品取新水量,m³/t 材;

　　　V_i——在一定的计量时间内,企业的取新水量,m³;

　　　Q——在一定的计量时间内,产品的总量,t。

2）废污水回用率 K_w

$$K_w = V_w / (V_d + V_w) \times 100\%$$

式中　K_w——废污水回用率(%);

　　　V_w——在一定的计量时间内,对外排废污水自行处理后的水回用量,m³;

　　　V_d——在一定的计量时间内,向外排放的废污水量,m³。

3）工业水重复利用率 R

$$R = \frac{V_t}{V_t + V_i} \times 100\%$$

式中　R——重复利用率(%);

　　　V_t——在一定的计量时间内,企业的重复利用水量,m³;

　　　V_i——在一定的计量时间内,企业的取水量,m³。

2. 指标计算参数及结果

根据轧钢工序现状用水量平衡图、表,得出用水指标计算基本参数（见表 4-54）、用水

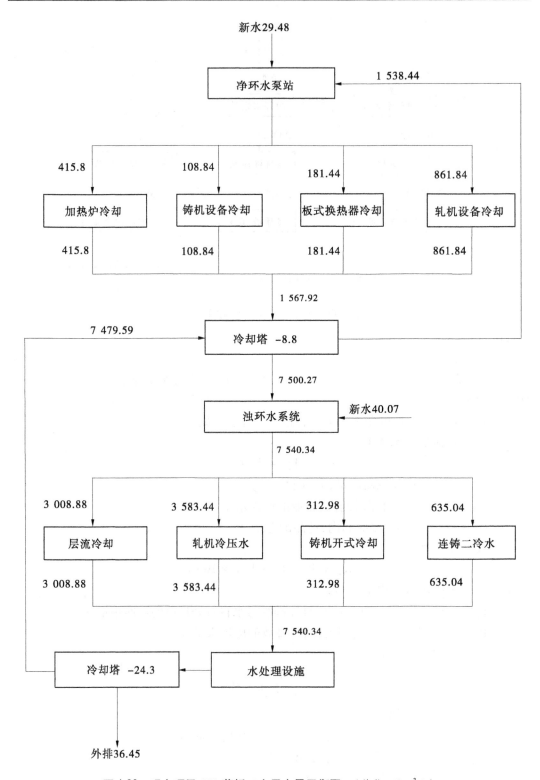

图 4-20　现有项目 CSP 薄板工序用水量平衡图　(单位:万 m³/a)

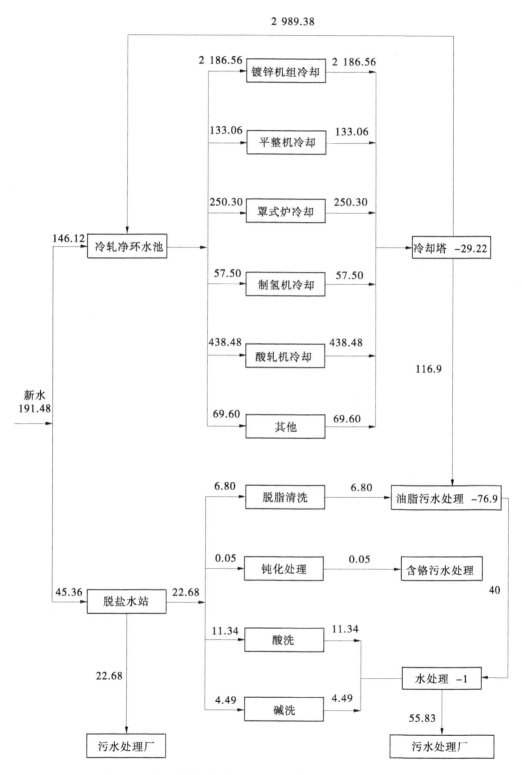

图 4-21 现有项目碳钢冷轧工序用水量平衡图 （单位：万 m³/a）

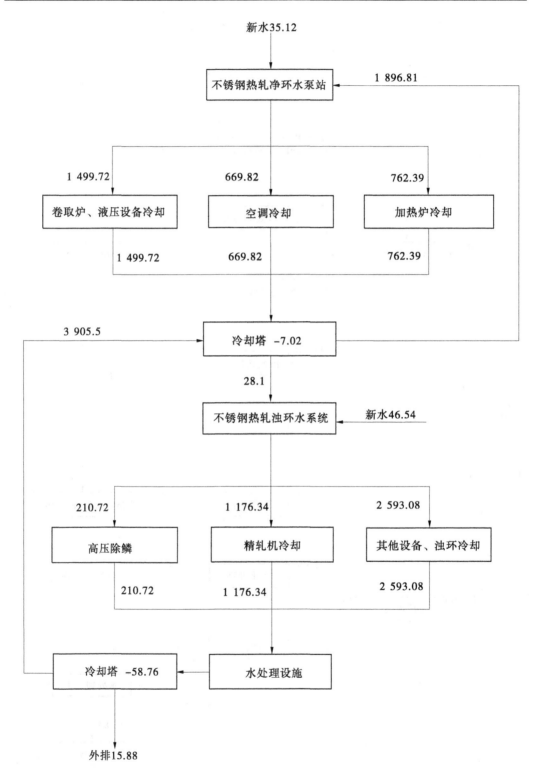

图4-22 现有项目不锈钢热轧工序用水量平衡图 (单位:万 m³/a)

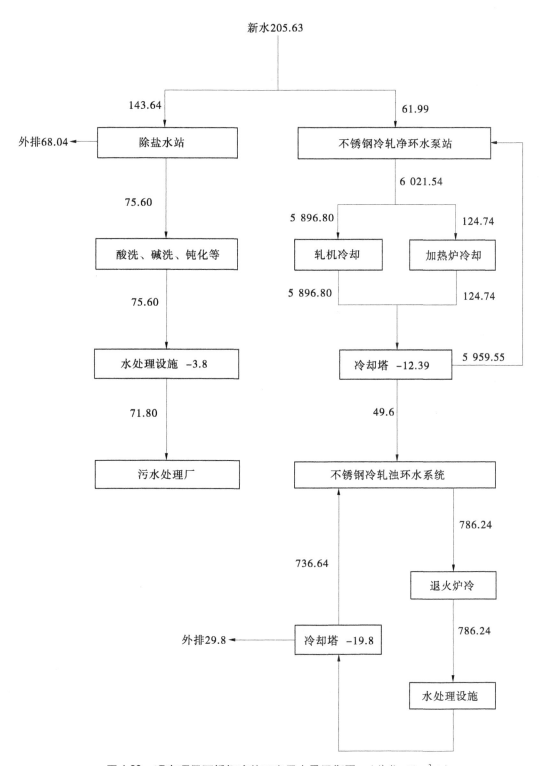

图 4-23　现有项目不锈钢冷轧工序用水量平衡图　（单位:万 m³/a）

指标计算结果(见表4-55)。

表4-54　轧钢工序现状用水指标计算基本参数

序号	基本参数名称	基本参数
1	轧钢工序新水补充量(万 m^3/a)	985.92
2	轧钢工序排水量(万 m^3/a)	503.62
3	回用量(万 m^3/a)	240.5
4	产量(万 t)	1 033

表4-55　炼钢工序现状用水指标计算结果

序号	评价指标	计算结果
1	单位产品取新水量(m^3/t 材)	0.954
2	废污水回用率(%)	32.3
3	工业水重复利用率(%)	97.9

3. 轧钢工序现状用水水平评价

论证依据《清洁生产标准　钢铁行业》(HJ/T 189—2006)和《钢铁企业节水设计规范》(GB 50506—2009)的相关要求,对轧钢工序现状用水水平进行评价。评价结果见表4-56。

表4-56　轧钢工序现状用水水平评价结果

序号	标准名称	标准要求	轧钢工序实际	符合性
1	《钢铁企业节水设计规范》	单位产品取水量 1.125 m^3/t 材(根据各产品产能计算而得)	0.954 m^3/t 材	符合
		生产水重复利用率	97.9%	符合
2	《清洁生产标准　钢铁行业》	一级标准:水耗	0.954 m^3/t 材	符合
		生产水重复利用率95%	97.9%	符合

由表4-56可知:

(1)轧钢工序现状单位产品取水量为0.954 m^3/t 材,生产水重复利用率为97.9%,参照《钢铁企业节水设计规范》中关于轧钢的用水规定,轧钢工序现状单位产品取水量较低,生产水重复利用率较高,符合《钢铁企业节水设计规范》的相关要求。

(2)轧钢工序现状单位产品取水量为0.954 m^3/t 材,生产水重复利用率为97.9%,参照《清洁生产标准　钢铁行业》中用水规定,本项目单位产品取水量满足其清洁生产一级标准要求。

4.2.6.3　轧钢工序用水合理性分析

1. 可研给出的用排水情况

酒钢循环经济和结构调整项目实施后,将对现有轧钢生产线产品结构进行调整,并新建 2 250 mm 热连轧生产线,本次项目完成后轧钢各产品总产能为 1 524.4 万 t/a。本项目完成后轧钢工序各车间产能情况见表 4-57。

表 4-57 本项目完成后轧钢工序各车间产能情况

序号	轧钢车间	产能(万 t/a)
1	线棒车间	50
2	高线车间	58
3	棒材车间	82
4	2 800 mm 中板车间	80
5	CSP 热轧车间	252
6	炉卷轧机车间	65.5
7	2 250 mm 热连轧车间	408.2
8	碳钢冷轧车间	150
9	不锈钢热带退火酸洗车间	228.7
10	不锈钢冷轧及冷带退火酸洗车间	150
	合计	1 524.4

根据可研,本次轧钢工序新建项目实施后,且通过对现有轧钢产品结构进行调整,使高附加值的产品产量增加,低附加值的轧钢产品产能压缩,同时设置净循环水系统和浊循环水系统,净循环系统排水作为浊循环系统的补充水使用。通过采取以上措施,本次项目完成后,轧钢工序新水用量为 722.25 万 m³/a,循环水用量为 33 251.93 万 m³/a。

根据可研,本次项目完成后,轧钢工序用水量平衡表和图分别见表 4-58、图 4-24。

表 4-58 可研给出的本项目完成后轧钢工序用水量平衡表 (单位:万 m³/a)

序号	名称	用水量	新水量	循环量	耗水量	排水量
1	线棒生产线	236	11	225	5.4	5.6
2	高线生产线	394.4	17.4	377	8.5	8.9
3	棒材生产线	508.4	16.4	492	8	8.4
4	中板生产线	904	24	880	11.7	12.3
5	CSP 薄板生产线	60.48	10.08	50.4	4.94	5.14
6	炉卷生产线	1 002.15	14.9	975.95	7.3	7.6
7	碳钢冷轧生产线	4 578.95	87	4 491.95	42.6	44.4
8	不锈钢热轧生产线	2 561.44	68.61	2 492.83	33.61	35
9	不锈钢冷轧生产线	6 135	135	6 000	66.1	68.9
10	2 250 mm 热连轧生产线	10 123.36	326.56	9 796.8	160.06	166.5
	合计	26 504.18	710.95	25 781.93	348.21	362.74

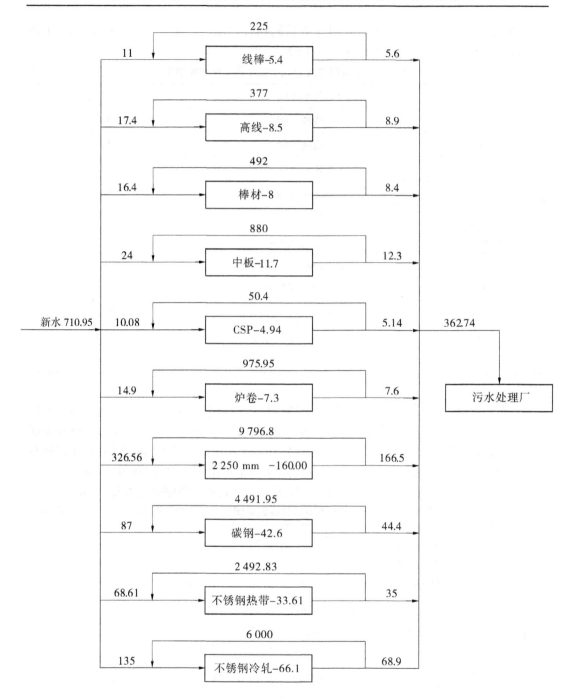

图 4-24　可研给出本项目完成后轧钢用水量平衡图　（单位：万 m³/a）

2. 可研设计用排水合理性分析

在对可研给出本次项目完成后，轧钢工序用水量平衡分析的基础上，计算可研给出的本项目用水指标，用水指标选取和计算方法参见本章 4.2.6.2 部分。根据轧钢工序可研用水量平衡图、表,得出轧钢工序用水指标计算基本参数(见表4-59)、用水指标计算结果(见表4-60)。

表 4-59　可研给出的轧钢工序用水指标计算基本参数

序号	基本参数名称	基本参数
1	轧钢工序新水补充量(万 m^3/a)	710.95
2	轧钢工序排水量(万 m^3/a)	362.74
3	产量(万 t)	1 524.4

表 4-60　可研给出的轧钢工序用水指标计算结果

序号	评价指标	计算结果
1	单位产品取新水量(m^3/t 材)	0.466
2	工业水重复利用率(%)	97.3

3. 可研给出的轧钢工序用水水平评价

论证依据《清洁生产标准　钢铁行业》(HJ/T 189—2006)和《钢铁企业节水设计规范》(GB 50506—2009)的相关要求,对可研给出的本项目完成后轧钢工序用水水平进行评价。评价结果见表4-61。

表 4-61　可研给出的轧钢工序用水水平评价结果

序号	标准名称	标准要求	轧钢工序实际	符合性
1	《钢铁企业节水设计规范》	单位产品取水量 1.125 m^3/t 材(根据各产品产能计算而得)	0.466 m^3/t 材	符合
		生产水重复利用率	97.3%	符合
2	《清洁生产标准　钢铁行业》	一级标准:水耗	0.466 m^3/t 材	符合
		生产水重复利用率95%	97.3%	符合

由表4-61可知:

(1)本次循环经济和结构调整项目完成后,轧钢工序单位产品取水量为 0.466 m^3/t 材,生产水重复利用率为97.3%,参照《钢铁企业节水设计规范》的用水规定,本项目单位产品取水量较低,生产水重复利用率较高,符合《钢铁企业节水设计规范》的相关要求。

(2)本次循环经济和结构调整项目完成后,轧钢工序单位产品取水量为 0.466 m^3/t 材,生产水重复利用率为97.3%,参照《清洁生产标准　钢铁行业》中用水规定,本项目单位产品取水量较低,符合钢铁行业清洁生产用水的一级标准。

综上分析,酒钢轧钢工序严格按照一水多用、废污水回用等原则进行生产。本次循环经济和结构调整项目完成后,轧钢工序用水水平整体较高。

4. 轧钢工序节水潜力分析

炼钢工序采用了先进的工艺技术,生产水大量采用循环水,生产水重复利用率达到

97.3%,从而减少了水量消耗。根据实际运行情况,仍有节水潜力。根据轧钢工序的实际情况,论证建议本次循环经济和结构调整项目完成后,轧钢工序增加如下节水措施:

(1)本次项目完成后,炼钢工序应加强管理,防止生产过程中的跑、冒、滴、漏,减少水的损耗。

(2)本次项目完成后,轧钢工序应进一步探索浊循环水处理方式,进一步减少轧钢浊循环水的外排量。

4.2.6.4　轧钢工序取用水量合理性确定

1.合理性分析后的用水量平衡图表

经论证合理性分析,确定项目实施后可研提出的轧钢工序用水水平较高,基本无节水潜力,因此轧钢工序用水量 26 504.18 万 m^3/a,其中新水用量为 722.25 万 m^3/a。经论证分析确定的项目完成后轧钢工序的用水量平衡表、图分别见表 4-58、图 4-24。

2.合理性分析后的用水指标及用水水平分析

本次循环经济和结构调整项目完成后,酒钢轧钢工序均采用循环水系统,并调整了产品结构,现有低附加值的轧材生产量减少。整体来看,本项目轧钢工序用水水平较高。

3.合理性分析后轧钢工序取水量

本次循环经济和结构调整项目完成后,轧钢工序用水量 26 504.18 万 m^3/a。其中,新水用量为 710.95 万 m^3/a,循环水用量 25 781.93 万 m^3/a。

4.2.7　钢铁部分用水量及用水水平分析

4.2.7.1　项目实施后酒钢本部用水情况分析

根据可研及酒钢"十二五"规划,本项目实施后,酒钢本部用水主要分为钢铁部分、热电部分、铁合金部分、厂区生活及绿化等 4 部分;水源为讨赖河地表水、讨赖河水源地地下水、酒钢综合污水处理厂中水 3 个水源。设计水平年酒钢本部供用水情况一览表见表 4-62。

表 4-62　设计水平年酒钢本部供用水情况一览表　　(单位:万 m^3/a)

供水对象	钢铁部分	热电部分	厂区生活及绿化	铁合金部分	其他	小计
讨赖河地表水	1 672	1 036(五热电)	0	592	0	3 300
讨赖河水源地地下水	1 492	0	1 000	0	457	2 949
酒钢综合污水处理厂中水	1 251	2 080 (二、三、四热电)	0	0	0	3 331
合计	4 415	3 116	1 000	592	457	9 580

由表 4-62 可知,设计水平年酒钢本部总用水量将达到 9 580 万 m^3/a。其中,钢铁部分用水量为 4 415 万 m^3/a,热电部分为 3 116 万 m^3/a,厂区生活及绿化为 1 000 万 m^3/a,铁合金部分为 592 万 m^3/a,其他为 457 万 m^3/a;设计水平年总用水量比现状 7 221 万 m^3/a 增加了 2 359 万 m^3/a,但因加大了酒钢综合污水处理厂中水水量的回用,将来酒钢本部地表水、地下水取用水量均不超出取水指标限额。项目实施后钢铁部分整体水量平衡图见图 4-25。

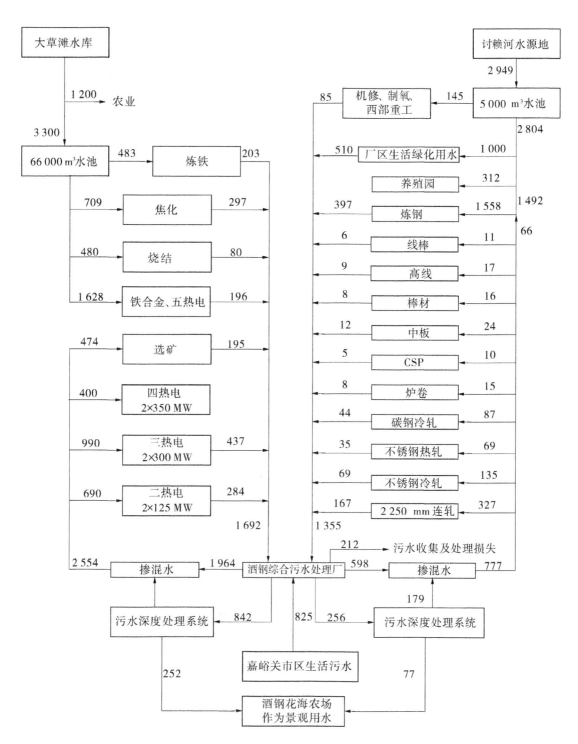

图 4-25　项目实施后钢铁部分整体水量平衡图 （单位：万 m³/a）

4.2.7.2 项目实施后钢铁部分用水情况分析

论证对前述经合理性分析后确定的钢铁部分各生产工序用水量平衡表见表4-63,本项目实施前、后钢铁部分用水量和用水定额对比见表4-64,项目实施后钢铁部分整体水量平衡图见图4-25。

表4-63　本项目实施后钢铁部分用水量平衡表　（单位:万 m³/a）

序号	工序	用水量	新水量	循环量	耗水量	回用量	排水量
1	选矿	12 968	474	11 978	279	516	195
2	焦化	20 674	709	19 890	412	260	297
3	烧结	12 112	480	11 533	400	100	80
4	炼铁	38 196	483	37 662	280	51	203
5	炼钢	69 731	1 558	67 461	1 161	713	397
6	轧钢	26 504	711	25 782	348	0	363
合计		180 185	4 415	174 306	2 880	1 510	1 535

表4-64　本项目实施前、后钢铁部分用水量和用水定额对比

工序	项目实施前		项目实施后	
	用水量(万 m³)	用水定额(m³/t)	用水量(万 m³)	用水定额(m³/t)
选矿	672	2.01	474	0.829
焦化	672	2.19	709	1.70
烧结	245	0.21	480	0.20
炼铁	454	0.698	483	0.578
炼钢	1 374	1.832	1 558	1.532
轧钢	987	0.954	711	0.466
合计	4 404	7.894	4 415	5.305

由表4-63和图4-25可知,经论证分析确定,本项目钢铁部分用新水量为4 415万 m³/a。其中,地表水量1 672万 m³/a,地下水量1 492万 m³/a,酒钢综合污水处理厂处理后的中水1 251万 m³/a。

根据本项目完成后全厂水量平衡图、表,得出钢铁产业链(烧结—焦化—炼铁—炼钢—轧钢,不含选矿)全流程各指标计算参数(见表4-65)、用水指标计算结果(见表4-66)。

表 4-65　本项目完成后钢铁全流程用水指标计算基本参数(不含选矿)

序号	基本参数名称	基本参数
1	钢铁产业链新水补充量(万 m³/a)	3 941
2	钢铁产业链排水量(万 m³/a)	1 340
3	回用量(万 m³/a)	994
4	产量(万 t)	1 016.5

表 4-66　本项目完成后钢铁全流程用水指标计算结果(不含选矿)

序号	评价指标	计算结果
1	单位产品取新水量(m³/t)	3.887
2	废污水回用率(%)	42.6
3	工业水重复利用率(%)	97.7

本项目实施后,酒钢钢铁生产工序耗新水情况与清洁生产等相关标准对比见表 4-67。

表 4-67　酒钢钢铁生产工序耗新水情况与清洁生产等相关标准对比

工序名称	一级	二级	三级	本项目
选矿(耗新水 m³/t 铁精矿)	≤2.0	≤7.0	≤10.0	0.829
全流程(耗新水 m³/t 坯,不含选矿)	≤6.0	≤10.0	≤16.0	3.887
HJ 465—2009	≤4.5			
烧结(耗新水 m³/t 烧结矿)	≤0.25	≤0.30	≤0.35	0.20
焦化(耗新水 m³/t 焦炭)	≤2.5	≤3.5	≤3.5	1.70
炼铁(耗新水 m³/t 铁)	≤1.0	≤1.5	≤2.4	0.578
炼钢(耗新水 m³/t 坯)	≤2.0	≤2.5	≤3.0	1.532
GB 50506—2009	设计规范值转炉≤0.75;连铸 0.4~0.6			
轧钢(耗新水 m³/t 材)	设计规范值 0.65~0.90			0.466

由表 4-64、表 4-66 和表 4-67 可知:

(1)本项目实施前与实施后钢铁部分总用水量基本不变,吨钢产品取水量由实施前的 4.975 m³/t(全流程)降低至实施后的 3.887 m³/t(全流程),节水效果显著。

(2)本项目实施后,钢铁部分选矿耗水为 0.829 m³/t 铁精矿,吨钢产品取水量为 3.887 m³/t(全流程),烧结耗新水为 0.20 m³/t 烧结矿,焦化耗新水为 1.70 m³/t 焦炭,炼铁耗新水为 0.578 m³/t 铁,炼钢耗新水为 1.532 m³/t 坯,轧钢耗新水为 0.466 m³/t 材,各项指标均符合相关清洁生产标准一级标准或节水规范,用水水平先进。

综上分析,酒钢通过结构调整和循环经济项目的建设,在水资源利用方面实现了钢铁产业链的清洁生产,项目用水水平整体较高。

4.3　小　结

(1)合理性分析后,确定本项目原料部分年用水量为 26.38 万 m^3。其中,取用矿井涌水量为 3.30 万 m^3/a,讨赖河地表水量为 23.08 万 m^3/a;其中,生产用水 20.43 万 m^3/a,生活用水 5.95 万 m^3/a。

经分析,原料部分单位产品取新水量为 0.03 m^3/t 矿石,废水回用率为 100%,企业内职工人均日用新水量为 0.09 $m^3/(人\cdot d)$,符合相关规定,用水水平较高。

(2)合理性分析后,确定本项目钢铁部分年用水量为 4 415 万 m^3/a。其中,取用讨赖河地表水量为 1 672 万 m^3/a,讨赖河水源地地下水量为 1 492 万 m^3/a,酒钢综合污水处理厂处理后的中水为 1 251 万 m^3/a。

(3)经分析,钢铁部分选矿工序单位产品新水量为 0.829 m^3/t 铁精矿,废水回用率为 72.54%,工业水重复利用率为 96.34%,符合《清洁生产标准 铁矿采选业》一级标准和《甘肃省行业用水定额》(修订本)的相关要求,用水水平先进。

钢铁部分焦化工序单位产品取水量为 1.70 m^3/t 焦炭,生产水重复利用率为 96.83%,符合《清洁生产标准 炼焦行业》一级标准和《甘肃省行业用水定额》(修订本)的相关要求,用水水平先进。

钢铁部分烧结工序单位产品取水量为 0.20 m^3/t 烧结矿,生产水重复利用率为 95.94%,符合《清洁生产标准 钢铁行业(烧结)》一级标准和《甘肃省行业用水定额》(修订本)的相关要求,用水水平先进。

钢铁部分炼铁工序单位产品取水量为 0.578 m^3/t 铁,生产水重复利用率为 98.74%,符合《清洁生产标准 钢铁行业(高炉炼铁)》一级标准和《甘肃省行业用水定额》(修订本)的相关要求,用水水平先进。

钢铁部分炼钢工序单位产品取水量为 1.532 m^3/t 坯,符合《清洁生产标准 钢铁行业(炼钢)》一级标准和《甘肃省行业用水定额》(修订本)的相关要求,用水水平先进。

钢铁部分轧钢工序单位产品取水量为 0.466 m^3/t 材,生产水重复利用率为 97.3%,参照《钢铁企业节水设计规范》的用水规定,本项目完成后,轧钢工序单位产品取水量较低,生产水重复利用率较高,符合《钢铁企业节水设计规范》的相关要求。

钢铁部分吨钢产品取水量为 3.887 m^3/t(全流程),优于《钢铁企业节水设计规范》和《清洁生产标准 钢铁行业》规定的定额,整体用水水平较高。

第 5 章 区域水资源可承载能力分析

5.1 矿山区域水资源承载力

镜铁山矿现状以桦树沟矿井涌水和讨赖河地表水作为水源。根据可研,项目实施后镜铁山矿不改变现有开采范围,利用现有开拓系统,通过增加设备的方式扩大生产能力,办公及福利设施均利用镜铁山矿现有设施,供水方案不发生变更,因此原料部分水源论证方案为矿井涌水方案和讨赖河地表水方案。

5.1.1 矿井涌水水源分析

酒钢镜铁山铁矿属生产矿山,已建成投产多年,分为两个矿区,即桦树沟矿区和黑沟矿区。其中,桦树沟矿区为地下开采,黑沟矿区为露天开采。黑沟矿区位于桦树沟矿区东南侧,讨赖河流水由南向北通过两矿区之间,两矿区仅一河之隔,相距约 2.3 km。镜铁山铁矿两矿区相对位置和取水点示意图见图 5-1。

根据资料,黑沟矿区范围内出露地层为第四系松散堆积层和中元古界长城系地层。第四系松散堆积层主要分布于黑沟山梁及缓坡地带,岩性多为原岩碎块及风成黄土,厚 1～2 m。据探槽揭露,该层透水但不含水。矿体顶底板围岩为中元古宙长城纪千枚岩,属弱透水岩石,岩石致密坚硬,裂隙不发育。地表岩石风化破碎,透水性相对较好,钻孔上部均漏水严重,但大部分钻孔无循环水返出。从钻孔终孔稳定水位了解到,孔内无水,均为干孔。由此表明,第四系覆盖层和矿体顶底板围岩均不含水。

黑沟矿区为一向斜构造,其褶皱轴大致和黑沟梁吻合,向斜轴面直立,且地处山岭,不利于地下水向轴部或两翼富集,岩石弱透水,因此可以排除向斜轴部或两翼富水的可能,即使零星含水,水量也极贫乏。矿区分布的断裂构造主要为正断层和斜切断层,由于断层两侧岩石均为弱透水岩石,裂隙率很小,断层破碎带多为泥质充填,因此断层透水或含水的可能性很小,或不含水。

由于矿区地处分水岭附近,地势较高,矿体位于当地侵蚀基准面以上,地形有利于排水,不利于地下水的聚集;地表第四系覆盖较少且薄,顶底板岩石和矿体不含水,构造破碎带不充水或含水较弱,因此矿区水文地质条件简单,属少水或无水矿床;同时,当地侵蚀基准面在 2 600 m 以下,而黑沟矿设计最低开采标高为 3 475 m,位于侵蚀基准面以上,故黑沟矿区基本无矿坑涌水可供本项目使用。黑沟矿区多年开采情况也表明,黑沟矿区属无水矿山。以下就桦树沟矿区矿井涌水作为项目取水水源进行论证。

5.1.1.1 桦树沟矿区地质构造

1. 矿区地层

桦树沟矿始建于1965年,矿区现状东西长2.5 km,南北宽0.8～1 km。出露地层除

图 5-1　镜铁山铁矿两矿区相对位置和取水点示意图

零星的第四系外,均为蓟县系镜铁山群下岩组,由老到新为:

(1)$ZJxjn^{1-1}$杂色千枚岩,分布于桦树沟东北坡。

(2)$ZJxjn^{1-2}$灰白色石英岩,主要分布于桦树沟东北坡、桦树沟南侧主向斜的北东翼。

(3)$ZJxjn^{1-3}$灰白 - 灰绿 - 粉红色石英绢云母千枚岩、硅质千枚岩,主要分布在10～14勘探线以东桦树沟两侧。

(4)$ZJxjn^{1-4}$灰黑色碳质千枚岩夹灰绿色千枚岩及碳酸盐化绢云母石英千枚岩,主要分布在主向斜两翼。

(5)$ZJxjn^{1-5}$青灰色、褐灰色钙质千枚岩,下部见少量青灰色、黄白色中厚层石英岩。该层岩石抗风化能力较强,常形成陡坎。

(6)$ZJxjn^{1-6}$灰绿色千枚岩,是铁矿层底板围岩,广泛分布于主向斜两翼。

(7)$ZJxjn^{1-7}$铁矿 - 含铁碧玉岩层,分布于主向斜两翼。

(8)$ZJxjn^{1-8}$灰黑色千枚岩,分布于主向斜核部,是铁矿层的顶板围岩。

2.矿区构造

1)褶曲构造

桦树沟矿区区内构造主要表现为一完整的向斜及其两翼次级向斜所构成的复式向斜褶皱。Ⅰ号矿体构成向斜北翼,Ⅱ号矿体构成向斜南翼,而Ⅲ号、Ⅳ号矿体和Ⅵ号、Ⅶ号矿体分别构成南翼次级向斜,且分别位于南翼的东、西两侧。向斜轴向为NW,轴面近于直立,微向南倾,倾角85°。向斜两翼矿体幅宽300～500 m,向下延深400～900 m。向斜东南端翘起而封闭,向西北开阔而倾伏,倾伏角由东向西呈25°～0°～46°～18°变化,具波状起伏。

2)断裂构造

桦树沟矿区区内断裂构造也非常发育,主要表现在西区,大致可分为三组:

(1)早期走向断层,属压扭性,与地层走向大致平行,规模较大,以F_{10}、F_{13}为代表;

(2)晚期斜切断层与地层走向有一定夹角,以F_{18}、F_{11}为代表,对矿体有一定破坏;

(3)NE、NW和近SN向较小断层,以剪切力形成羽状断裂和平推断裂,如F_{17}、F_{22}、F_{12}等,其对矿体破坏不大。

3)岩浆岩

桦树沟矿区区内侵入岩不甚发育,主要有中酸性石英闪长岩 - 石英闪长斑岩脉和基性辉绿岩 - 灰绿玢岩脉。石英闪长斑岩脉顺层或沿断裂侵入,走向长10～820 m,厚0.5～12 m;辉绿岩脉呈岩墙产出,厚5～20 m。

3.矿床成因

桦树沟铁矿床属于火山沉积变质热液迭加成矿。

4.矿体地质特征

桦树沟矿区为一复式向斜构造,走向130°～310°,向西倾伏,矿层与围岩同步褶皱,致使同一矿层在复式向斜中重复出现而成8条矿体。

以14勘探线为界将矿区划分为东、西两部分。东区包括FeⅠ、FeⅡ、FeⅢ、FeⅣ矿体;西区包括FeⅠ、FeⅡ、FeⅢ、FeⅣ矿体。

桦树沟矿区各铁矿体主要地质特征见表5-1。

表5-1　桦树沟矿区各铁矿体主要地质特征

| 区段 | 矿体编号 | 分布范围 | 规模 | | | 产状 | | | 赋存标高(m) | 产出部位 |
			走向长(m)	延深(m)	厚度(m)	走向	倾向	倾角		
东区	I	14线~23线	1 320	400~500	60~150	303°	SW	40°~60°	2 760~2 500	主向斜东段北翼
	II		970		50~70			80°~90°		主向斜东段南翼
	III	12线~22线	840	100~150	15~45	320°	SW	25°~45°	3 210~2 990	主向斜东段次级小向斜北翼
	IV		840					70°~90°		主向斜东段次级小向斜南翼
西区	I	1线~14线	1 403.72	240~650	2~101	303°~315°	SW	55°~85°	3 010~2 340	主向斜西段北翼
	II	2线~14线	1 203	500~1 050	12~90	303°~345°		60°~85°	3 325~2 215	主向斜西段南翼
	III	2线~8线	500	100	25~45	318°	SW	15°~35°	3 429~3 251	主向斜西段次级小向斜北翼
	IV		360					70°~80°		主向斜西段次级小向斜南翼

5. 矿体及其顶底板岩石稳定性

1)矿体的稳定性

矿体中矿石主要为条带状菱铁矿石和块状菱铁矿石,其坚硬致密,受物理化学风化作用影响不大,未受构造影响地段的矿体稳定性好。局部矿层被断层破坏,这降低了矿层的稳定性。

2)矿体顶底板岩石的稳定性

矿体顶底板围岩主要为石英绢云母千枚岩,局部为石英绿泥石绢云母千枚岩,底板围岩主要为石英绿泥石千枚岩、含铁碳质石英绢云母千枚岩,岩石稳定性较好。

5.1.1.2　桦树沟矿区水文地质条件

1. 自然地理概况

桦树沟矿区位于北祁连山的西段,由一系列大体平行的山岭与山谷组成,山顶海拔一般4 000~5 000 m,山谷海拔2 500~3 500 m,雪线高程一般在4 000 m以上,高山终年积雪,多发育现代冰川。山势走向受控于构造线,大体呈北西向展布。山体岩石裸露,坡陡岭峻,常伴生悬崖峭壁,构成雄伟险峻的山丘地形。

区内气候为祁连山高寒半干旱区,多风少雨,夏季凉爽,冬季严寒。全年平均气温 -2.1 ℃,极端最高气温20.2 ℃,极端最低气温 -29.9 ℃;全年平均降水量258 mm,蒸发量2 371.5 mm,最大冰冻深度1.4 m。

2. 矿床水文地质特征

桦树沟矿区出露地层除讨赖河堆积第四系冲积层、桦树沟零星堆积坡洪积层外,均为蓟县系镜铁山群下岩组一套变质岩层,这些岩层除第四纪松散岩层为孔隙水外,其余基岩包括矿层均为裂隙水,地下水受构造及裂隙发育程度的控制。矿区基岩裂隙水可划分为3层,即铁矿含水层、上围岩含水层和下围岩含水层。

1) 基岩裂隙含水层

(1) 铁矿含水层:铁矿层致密坚硬,裂隙不发育,而含铁碧玉岩完整性较差,岩石完整程度取决于断裂及其影响带的破裂程度,矿层渗透性差,含水性弱,裂隙不发育时可视为隔水层。

(2) 上围岩含水层:上围岩层为一套灰黑色、灰绿色千枚岩夹石英变砂岩、石英岩,分布于向斜核部,南陡北缓,挤压紧密,裂隙发育中等,根据抽水试验结果,渗透系数为0.014 m/d。

(3) 下围岩含水层:包括夹色千枚岩、灰白色石英岩、灰绿色石英绢云母千枚岩、硅质千枚岩、碳质千枚岩、钙质千枚岩及灰绿色绿泥石石英绢云母千枚岩等一套泥质浅变质岩层,分布除铁矿及向斜轴部外的广大地区。岩层一般较完整,裂隙不甚发育。

2) 松散孔隙含水层

第四纪松散孔隙含水层主要分布于讨赖河两岸的河湾地带,为河漫滩及一级阶地,含水岩性为砂及砂砾石、砾卵石层,含水层薄者 1 ~ 5 m,厚者 10 ~ 15 m,埋藏于漫浅滩,阶地深 3 ~ 4 m,水质好,矿化度低,可作生活饮用水。

镜铁山矿区域水文地质简图见图 5-2。

根据《矿区水文地质工程地质勘探规范》(GB 12719—1991)有关规定,桦树沟矿区水文地质勘探类型为"二类一型",是以裂隙充水含水层为主的水文地质条件简单的矿床。

5.1.1.3　矿坑涌水量预算

桦树沟矿区坑内涌水量主要由两部分组成,即矿井涌水量(Q_1)和大气降水经过塌陷区渗入坑内的水量(Q_2)。其中,矿井涌水属经常性涌水,可作为本项目的供水水源;大气降水属非经常性涌水,其水量与矿井涌水量之和一般作为矿山排水安全设计的依据。

1. 矿井涌水量预算

矿井涌水量(Q_1)采用潜水完整井公式计算:

$$Q_1 = \frac{1.366K(2H - M)M}{\lg R_0 - \lg r_0}$$

$$R = 2S\sqrt{KM}$$

$$r_0 = \sqrt{\frac{F}{\pi}}$$

$$F = a \times b$$

式中　Q_1——地下水涌水量,m^3/d;

　　　K——含水层平均渗透系数,m/d;

　　　H——疏干水平到静止水位高度,m;

　　　M——含水层厚度,m;

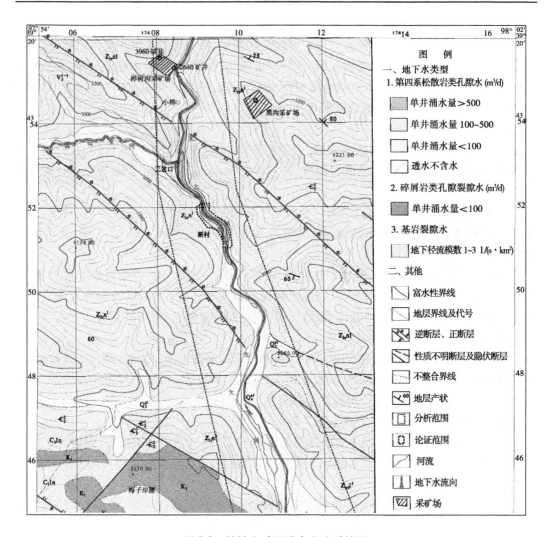

图 5-2　镜铁山矿区域水文地质简图

R——"大井"影响半径,m;

r_0——"大井"半径,m;

R_0——"大井"引用影响半径,m,$R_0 = R + r_0$;

S——疏排降深,m;

F——坑道面积,m^2;

a——坑道系数的长度,m;

b——坑道系数的宽度。

各项计算参数及计算结果见表5-2。

2.塌陷区降雨径流入渗量的估算

塌陷区降雨入渗量是季节性水量,平时小雨时,塌陷区降雨入渗量很小,而雨季时,特别是发生设计频率暴雨($P = 5\%$)时,塌陷区降雨入渗量很大,是威胁矿山安全生产的主要因素。

表 5-2　桦树沟矿区地下水涌水量计算参数及计算结果

开采水平 （m）	R_0 （m）	K （m/d）	F （m²）	R （m）	r_0 （m）	H （m）	S （m）	Q_1 （m³/d）
2 520	585.97	0.014	36 000	478.93	107.04	160	160	663

注:本涌水量为按桦树沟已采取截潜防渗措施后的涌水量。

塌陷区降雨径流入渗量（Q_2）按下式计算：

$$Q_2 = H_P F \Phi$$

$$Q_正 = Q_2 \times 10\%$$

式中　Q_2——设计频率降雨径流入渗量，m³/d；

　　　$Q_正$——正常降雨径流入渗量，m³/d；

　　　F——地表塌陷区面积，m²；

　　　H_P——设计频率（$P = 5\%$）时暴雨量，m；

　　　Φ——设计频率暴雨径流量入渗系数。

本次计算所采用的各项计算参数详见表 5-3。

表 5-3　塌陷区降雨径流入渗量计算参数

采矿水平（m）	H_P（m）	F（m²）	Φ
2 520	0.029	2 127 621	0.1

桦树沟采矿区矿坑总涌水量预测结果见表 5-4。

表 5-4　桦树沟采矿区矿坑总涌水量预测结果

开采标高 （m）	塌陷区降雨径流入渗量（m³/d）		地下水涌水量 （m³/d）	矿坑总涌水量（m³/d）	
	正常	最大		正常	最大
2 520	617	6 170	663	1 280	6 833

注:取设计频率暴雨径流渗入量的 10% 作为正常降雨径流渗入量。

5.1.1.4　矿井涌水可供水量分析

1. 现状桦树沟矿区正常矿井涌水量

根据镜铁山矿提供的监测资料,桦树沟矿区矿井涌水量基本稳定,依据矿区近两年来抽排水记录数据:矿区现有 200 m³ 储水仓一座,矿井涌水蓄满后井下水泵将水提至矿井涌水处理站处理后回用,平均 2 天抽一次水,即矿井涌水平均为 100 m³/d。

2. 矿井用水可供水量分析

采用大井法估算的矿井涌水量数据为 663 m³/d,目前矿区实际矿井涌水量为 100 m³/d。

大井法属解析法中的一种方法,是基于稳定流理论推导的地下水动力学计算公式,它要求地下水有比较充分的补给条件,要求在该水平开采的几年到几十年内,矿井排水计算的地下水影响半径边界上的水头高度,永远稳定在计算采用的高度上,且一般都没有考虑地下水补给量的问题。从本项目水文地质条件来看,矿区大气降水几乎全部沿山区分水岭以地表径流形式排泄于讨赖河,对基岩裂隙水的补给量十分微弱,因此计算的结果与实际情况有较大的误差。同时,基岩山区裂隙不发育,渗透性能极差,富水性极弱,仅在断裂带两侧基岩破碎带局部含有少量储存水,绝大部分地层基本不含水,对讨赖河的补给量可忽略不计,与讨赖河几乎无水力联系。

根据可研,项目实施后,桦树沟矿区不改变现有开采范围,采准掘进工作面仍维持现状不变,仅通过增加设备的方式扩大生产能力,因此论证认为桦树沟矿区矿井涌水量在项目实施后不会发生明显变化,据此论证桦树沟矿井现状涌水量的平均值 100 m^3/d 作为桦树沟矿区矿井涌水可供水量。

论证建议设置一定容积的矿井涌水缓冲水池,以备可能出现的矿井出水量增大、矿井涌水处理系统检修或发生事故时矿井水处理不及或无法处理的情况,缓冲水池必须做好防渗处置,可设置在地面矿井涌水处理站附近,进入缓冲水池的矿井涌水经处理后可充分回用,回用不及应处理达标后排放,以节约新水水量。

5.1.1.5 矿井涌水水质保证程度分析

经调研,镜铁山矿桦树沟矿区矿井涌水处理站采用"计量泵压力投药→微涡管式混合→微涡折板絮凝→高效复合斜板沉淀→稀土瓷砂 V 型滤池过滤"净化工艺,经该工艺处理后,出水水质符合《煤矿井下消防、洒水设计规范》(GB 50383—2006)附录 B 要求,井下消防洒水水质标准参见表 5-5。

表 5-5 井下消防洒水水质标准

序号	项目	标准
1	悬浮物含量	不超过 30 mg/L
2	悬浮物粒度	不大于 0.3 mm
3	pH	6 ~ 9
4	大肠菌群	不超过 3 个/L

项目实施后,桦树沟矿区经处理的矿井涌水主要用于桦树沟矿区生产用水,矿井涌水处理站的出水水质满足要求。

5.1.1.6 取水工程合理性分析

矿井涌水经井下收水渠汇集至已建的井下水泵房,经水泵提升至地表经处理后,供井下采矿生产使用。井下水泵房内设置有200D – 43 ×4 型水泵 3 台,其中,1 台工作,1 台备用,1 台检修,在井下发生最大涌水量时,3 台水泵同时工作。

桦树沟矿区井下收水渠、井下水泵房、矿井涌水处理站、供水管道等均为已建工程,取水工程可以保障项目的取水。

5.1.1.7 矿井涌水取水可靠性和可行性分析

1. 政策与经济技术可行性分析

本项目原料部分镜铁山矿使用自身矿井涌水作为供水水源,符合国家产业政策要求,有利于水资源利用效率的提高,对于缓解当地水资源矛盾和促进经济发展具有重要意义。从经济技术角度来看,矿井涌水回用于矿山生产技术成熟,目前在国内已得到广泛使用,项目回用矿井涌水在经济技术上是可行的。

2. 水量可靠性分析

经前分析,论证采用了大井法预算桦树沟矿区矿井涌水量,同时对桦树沟矿井现状涌水量监测数据、桦树沟矿的水文地质条件等进行对比分析,认为大井法预算数据与实际相差较大,论证确定采用 100 m^3/d 作为桦树沟矿井涌水的可供水量。

3. 水质可靠性分析

矿井生产对用水水质要求不高,桦树沟矿区矿井涌水处理工艺流程较为成熟,应用广泛,矿井涌水经处理后,水质可以满足矿井生产用水水质要求。

综上所述,从政策、经济、技术角度来看,镜铁山矿桦树沟矿区回用自身矿井涌水是可行的;水量、水质基本可靠,经处理后的矿井涌水可以满足自身的生产用水要求。

5.1.2　地表取水水源论证

镜铁山矿地表水取水点设置在镜铁山矿公路桥下,具体坐标为北纬 39°20′24.45″,东经 97°56′39.40″,为潜水泵取水方式,通过水泵将水提至位于取水点下游的镜铁山矿办公生活区内的生产、生活集水池,取水口位置与镜铁山矿办公生活区相对位置示意图见图 5-3。

图 5-3　取水口位置与镜铁山矿办公生活区相对位置示意图

5.1.2.1　来水量分析

讨赖河主要接受现代冰川融水、山区降水和地下水补给。镜铁山矿取水口位于讨赖河朱陇关水文站和冰沟水文站之间,无水文观测资料,取水口处地表径流量可利用比拟法由冰沟水文站径流量资料推算求得。

讨赖河为常年有水河流,冰沟水文站为讨赖河出山口控制站,控制流域面积 6 883 km^2。根据冰沟水文站 1948~2010 年水文资料系列(1948~2010 年,2002 年因建设冰沟一级水电站,水文站迁至嘉峪关站,因此 2002 年以后进行了还原计算,利用嘉峪关站观测资料、河流引水量及河流渗漏量反求冰沟站流量),讨赖河冰沟站年径流量 6.35 亿 m^3,$P=75\%$、$P=97\%$ 情况下来水量分别为 5.48 亿 m^3/a、5.03 亿 m^3/a。

讨赖河冰沟水文站年均及月均径流量统计见表5-6,多年月均径流量曲线见图5-4。

表5-6 讨赖河冰沟水文站年均及月均径流量统计 （单位:亿 m³)

年均径流量	月均径流量											
	1月	2月	3月	4月	5月	6月	7月	8月	9月	10月	11月	12月
6.35	0.33	0.32	0.33	0.35	0.38	0.56	1.19	1.10	0.65	0.45	0.36	0.33

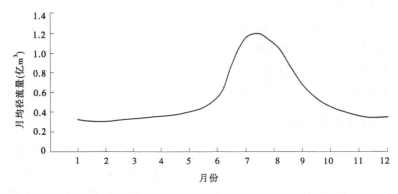

图5-4 讨赖河冰沟站多年月均径流量曲线

根据《水利水电工程水文计算规范》(SL 278—2002)3.5.5 中"当工程地址于设计依据站的集水面积不超过15%,且区间降水、下垫面条件与设计依据站以上流域相似时,可按面积比推算工程地址的径流量"规定,镜铁山矿讨赖河取水口断面以上流域面积 5 795 km²,占冰沟水文站控制流域面积的84.2%,集水面积相差为15.8%,基本接近15%,且两者在区间降水、下垫面条件、海拔上基本一致,因此论证认为,可采用冰沟水文站典型年径流量资料,以面积比拟法来推求镜铁山矿讨赖河取水口断面处的径流量。

通过计算,镜铁山矿讨赖河取水口断面处保证率 $P=75\%$、$P=97\%$ 和多年平均情况下年径流量分别为4.59亿 m³、4.23亿 m³ 和5.35亿 m³;按照选取的冰沟水文站典型年的径流量年内分配情况,计算得出镜铁山矿讨赖河取水口处设计年径流量及年内各月分配情况见表5-7。

5.1.2.2 用水量分析

经论证调研,镜铁山矿所处祁连山区讨赖河地表水开发以上游的水电站为主,基本不耗水,周边取用讨赖河地表水作为水源的仅镜铁山矿一家。经本书第4章分析,项目实施后,镜铁山矿取用讨赖河地表水量为23.08 万 m³/a。

5.1.2.3 可供水量分析

经前分析,镜铁山矿讨赖河取水口处多年平均、$P=75\%$、$P=97\%$ 来水量分别为5.35亿 m³/a、4.59亿 m³/a 和4.23亿 m³/a,项目取水量仅占来水量的 0.43‰、0.50‰、0.54‰,来水量完全可以满足项目取水水量要求;从月过程分析,本项目为均匀取水,平均月取水量为1.92万 m³,取水口断面处各保证率下月来水量均满足项目取水水量要求,供水保证程度较高。

5.1.2.4 水资源质量评价

甘肃省地矿局水文地质工程地质勘察院2011 年在项目取水口处取样,选取色度、臭和味、肉眼可见物、pH、铁、锰、砷、氯化物、硫酸盐、溶解性总固体、总硬度、耗氧量、硝酸盐氮、氟化物、氨氮、矿化度等 16 项常规化学指标作为评价因子进行水质评价,各项指标均满足《生活饮用水卫生标准》(GB 5749—2006)。化验结果表明,该河段地表水水质较好,矿化度仅 0.27 g/L,水化学类型为 $HCO_3^- - SO_4^{2-} - Ca^{2+} - Mg^{2+}$ 型水,参见表 5-8。

表 5-7　镜铁山矿讨赖河取水口处设计年径流量及年内各月分配情况(单位:亿 m^3)

年别	$P = 75\%$(偏枯年)			$P = 97\%$(特枯年)		
典型年	1994 年			2004 年		
月份	冰沟站	取水口处	比例(%)	冰沟站	取水口处	比例(%)
1	0.30	0.25	5.45	0.26	0.22	5.20
2	0.23	0.19	4.14	0.28	0.23	5.44
3	0.24	0.20	4.36	0.29	0.24	5.67
4	0.30	0.25	5.45	0.32	0.27	6.38
5	0.31	0.26	5.66	0.30	0.25	5.91
6	0.61	0.52	11.33	0.50	0.42	9.93
7	1.15	0.97	21.13	0.78	0.65	15.37
8	0.77	0.65	14.16	0.96	0.80	18.91
9	0.55	0.46	10.02	0.41	0.34	8.04
10	0.37	0.31	6.75	0.35	0.29	6.86
11	0.32	0.27	5.88	0.30	0.25	5.91
12	0.31	0.26	5.66	0.32	0.27	6.38
年径流量	5.46	4.59	100	5.07	4.23	100

表 5-8　镜铁山矿取水口处地表水水质化验分析成果

序号	检验项目	检验结果	国家标准	结果判定
1	色度	5	≤15	合格
2	臭和味	无	无异臭、异味	合格
3	肉眼可见物	无	无	合格
4	pH	7.64	6.5～8.5	合格
5	铁(mg/L)	0.266	≤0.3	合格
6	锰(mg/L)	<0.06	≤0.1	合格
7	砷(mg/L)	<0.01	≤0.01	合格
8	氯化物(mg/L)	44	≤250	合格
9	硫酸盐(mg/L)	89	≤250	合格
10	溶解性总固体(mg/L)	372	≤1 000	合格
11	总硬度(以 $CaCO_3$ 计)(mg/L)	198.2	≤450	合格
12	耗氧量(以 O_2 计)(mg/L)	0.70	≤3	合格
13	硝酸盐氮(以 N 计)(mg/L)	0.72	≤20	合格
14	氟化物(mg/L)	0.20	≤1.0	合格
15	氨氮(以 N 计)(mg/L)	0.029	≤0.5	合格
16	矿化度(g/L)	0.27		
	水化学类型	$HCO_3^- - SO_4^{2-} - Ca^{2+} - Mg^{2+}$		

从供水安全角度考虑,论证建议镜铁山矿应设置原水澄清器1台,用于处理来自讨赖河的原水,同时生活用水应考虑采取消毒措施。

5.1.2.5 取水工程合理性分析

镜铁山矿取水量很小,未建设专门的取水工程,长期以来采用水泵取水,取水点位于镜铁山矿公路桥下,具体坐标为北纬39°20′24.45″、东经97°56′39.40″。

经分析,项目取水点处断面较窄,水深较大,主流平顺,河势稳定;取水处水深最深,单宽流量最大,有利于项目取水;项目取水量不大,取水口布置为非固定式,即便在来水偏小的情况下,也可通过相应的工程措施予以解决;经调查,长期以来从未发生取不到水的情况。取水工程可以保障项目的取水。

5.1.2.6 取水可靠性与可行性分析

1. 取水可靠性分析

经前分析,镜铁山矿讨赖河取水口处 $P = 75\%$、$P = 97\%$ 保证率等较极端枯水来水条件下,本项目取水水量均可以得到保证。

项目取水口处水质较好,水质监测结果表明:各项指标均满足《生活饮用水卫生标准》(GB 5749—2006),经过简单沉淀、净化处理后,可满足镜铁山矿生活及生产用水要求,水质有保证。

项目取水口处水深较大,河势稳定;取水口布置为非固定式,在来水偏小的情况下,可通过相应的工程措施予以解决,取水口位置设置合理。

综上所述,本项目取水保证程度较高,水质较好,取水可靠。

2. 取水可行性分析

在分析项目取水可靠性基础上,结合其他章节结论,分析本项目取水的可行性。

镜铁山矿符合国家产业政策,单位产品取水量、废水回用率及企业内职工人均日用新水量均符合相关规定,用水水平较高。

项目取水量很小,对区域水资源配置影响甚微,对河道水文情势、水功能区纳污能力、水环境及其他用户影响很小。

综上分析,该区域水资源承载力基本可以支撑矿山的开采。

5.2 钢铁产业链区域水资源承载力

酒泉钢铁(集团)有限责任公司本部现有钢铁产业链生产用水分为地表水、地下水、污水处理厂的中水水源等3部分。该区域位于嘉峪关市,其中,地表水源为讨赖河地表水,地下水源为讨赖河水源地地下水,中水水源为酒钢综合污水处理厂中水。根据可研,本项目钢铁部分实施后,现有水源方案不变,将加大中水回用力度,减少常规水源供水水量,因此分析该区域水资源对钢铁产业链的可承载能力,主要分析讨赖河地表水、讨赖河水源地地下水和酒钢综合污水处理厂中水。

5.2.1　讨赖河地表取水水源分析

5.2.1.1　依据资料与方法

1. 大草滩水库概况

本项目地表水源为讨赖河,由大草滩水库供水。大草滩水库位于嘉峪关市西北约 13 km,兰新铁路和国道 312 线北侧 5.13 km 处,见图 5-5。

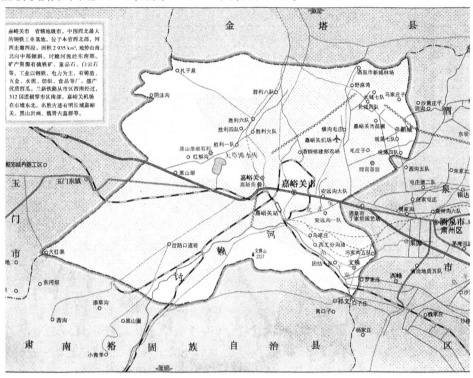

图 5-5　大草滩水库位置示意图

大草滩水库工程于 1959 ~ 1971 年陆续修建,1972 年正式竣工,水库库底海拔 1 711.7 m,总库容 6 400 万 m³,其中兴利库容 5 900 万 m³,死库容 500 万 m³。工程等别为Ⅲ等,是一座引水注入式水库,水库由 4 个单项工程组成,即主坝、副坝、垭口、放水系统等。

大草滩水库水源引自南面的讨赖河,在讨赖河沟口下游 19 km 处修建有酒钢讨赖河渠首,渠首左岸修建有输水隧洞和渠道,将水输送至大草滩水库,引水渠由 7.5 km 的暗渠和 2.7 km 的明渠组成,渠首渠道设计引水量为 18 ~ 20 m³/s,实际最大引水量为 16.5 ~ 17.1 m³/s,每年引水 5 次,引水的季节分别是每年的丰水期和枯水期。水库库盘为讨赖河古河道冲淤后形成的天然盆地,是理想的建库地形。当水库蓄水至正常高水位 (1 749.0 m)时,水库面积为 4.8 km²,东西方向水面宽度为 1.3 km,南北方向水面宽度为 3.5 km,大草滩水库工程特性见表 5-9。

2. 水文站点选择

大草滩水库水源取自南面的讨赖河,酒钢讨赖河渠首位于大草滩水库坝址南约 12.5

表 5-9 大草滩水库工程特性

序号	名称	数量	备注
1	水库类型		引水注入式水库
2	设计总库容(万 m³)	6 400	
3	死库容(万 m³)	500	
4	正常高水位时水库面积(km²)	4.8	
5	正常高水位时回水长度(km)	3.5	
6	设计正常高水位(m)	1 749.0	
7	开始蓄水至现在运行年限(a)	43	
8	工业及城市供水设计引用流量(m³/s)	3.7	加大流量4.3 m³/s
9	农业最大引用流量(m³/s)	0.6	

km 处的讨赖河干流上,地理位置为东经 98°8′45.91″、北纬 39°43′34.46″。引水枢纽上游 22.0 km 处为原冰沟水文站断面,下游 10.0 km 处有讨赖河农业渠首工程,设有渠首站。根据《甘肃省嘉峪关市大草滩水库除险加固工程初步设计报告》,通过分析冰沟水文站和渠首站同步观测资料,分析讨赖河冰沟水文站以下河段,河川径流量呈递减态势。分析结果表明,两站相距 32 km 河段径流量损失 19.4%,平均递减率为 0.606%/km。由于冰沟水文站径流量代表讨赖河天然径流量,故本书选用冰沟水文站基本资料,并考虑冰沟水文站至引水枢纽间的河段径流损失量。

5.2.1.2 来水量分析

1. 讨赖河径流特性

受上游径流补给条件影响和支配,讨赖河出山径流变化比较稳定且呈明显季节性规律。一般冬末春初季节,河源部分封冻,仅靠地下水补给,是径流的最枯时段;进入 3 月以后,随着气温上升引起的融雪和解冻,径流量显著增大;夏秋两季是祁连山区降水量最集中的季节,也是讨赖河径流量最丰沛的时期;10 月以后,气温降低,降水减少,径流量减少。汛期 6 ~ 9 月径流量占年径流量的 55.70%,其中 7 月占 18.72%,其余 8 个月径流量较均匀,月径流量占年径流量的 4.82% ~ 6.90%。

讨赖河冰沟水文站典型平水年中,冰川融水占 12.7%,高山积雪融水占 11.8%,降雨占 35.9%,地下水占 39.6%,属降水和地下水混合补给类型河流。不同水平年各补给源所占比重虽有所差异,但地下水与冰川、积雪融水始终占有 60% 以上比重,加上水系汇水面积较大,调蓄能力较强,因而讨赖河出山径流的年际变化相对比较稳定。

2. 年径流量分析

根据冰沟水文站 1948 ~ 2010 年水文资料系列,采用 P–Ⅲ 型曲线对讨赖河天然年径流量系列适线,讨赖河出山口处径流量 6.35 亿 m³,平水年($P = 50\%$)、偏枯年($P = 75\%$)和枯水年($P = 97\%$)年径流量分别为 6.03 亿 m³、5.48 亿 m³ 和 5.03 亿 m³。考虑河段径流损失量(冰沟水文站至大草滩水库引水枢纽径流损失率为 13.332%),则引水枢纽断面多年平均径流量为 5.50 亿 m³,$P = 75\%$、$P = 97\%$ 情况下来水量分别为 4.75 亿 m³/a、4.36 亿 m³/a。酒钢讨赖河渠首处断面径流特征值统计见表 5-10。

表 5-10　酒钢讨赖河渠首处断面径流特征值统计　　　（单位:亿 m³）

站名 （断面）	均值	不同频率径流量			
		$P=20\%$	$P=50\%$	$P=75\%$	$P=97\%$
冰沟水文站	6.35	7.15	6.03	5.48	5.03
引水枢纽	5.50	6.20	5.23	4.75	4.36

3. 引水期径流量分析

根据 1984 年原讨赖河流域管理委员会制定的《讨赖河流域分水制度》,讨赖灌区分配给酒钢用水年水量 4 500 万 m³(取水证号:取水(甘)字〔2011〕第 A02000006 号),冬季从 12 月 28 日至翌年 2 月 3 日供水 37 天,这个期间河道来水量要尽量做到全部引进,以免浪费。不足部分在 7 ～ 9 月三个月在讨赖灌区用水时间补够。

每年 1 月是大草滩水库集中引水期,通过分析 1948 ～ 2010 年的月均径流量(见表 5-6),冰沟水文站多年平均径流量为 1 月 0.33 亿 m³、7 月 1.19 亿 m³、8 月 1.10 亿 m³、9 月 0.65 亿 m³;考虑河段径流折减,多年平均引水枢纽处径流量 1 月 0.29 亿 m³、7 月 1.03 亿 m³、8 月 0.95 亿 m³、9 月 0.56 亿 m³。不同来水频率下,酒钢讨赖河渠首处典型年 1 月、7 月、8 月、9 月径流特征值统计见表 5-11。

表 5-11　酒钢讨赖河渠首处典型年 1 月、7 月、8 月、9 月径流特征值统计　　　（单位:亿 m³）

站名（断面）	来水频率	1 月	7 月	8 月	9 月	合计
冰沟水文站	多年平均	0.33	1.19	1.10	0.65	3.27
	$P=75\%$	0.30	1.15	0.77	0.55	2.77
	$P=97\%$	0.26	0.78	0.96	0.41	2.41
引水枢纽	多年平均	0.29	1.03	0.95	0.56	2.83
	$P=75\%$	0.26	1.00	0.67	0.48	2.41
	$P=97\%$	0.23	0.68	0.83	0.36	2.10

由表 5-11 可知,1 月(冬季)讨赖河河段来水量不能满足酒钢取水要求,因此大草滩水库需在每年的汛期进行补水;另从 2007 ～ 2010 年大草滩水库实际引水量分析,每年均需在其他月份进行补水,详见表 5-12。

表 5-12　酒钢地表水引水量统计　　　（单位:万 m³）

项目	2007 年	2008 年	2009 年	2010 年	平均
年引水量	4 468	4 450	4 482	4 495	4 474
1 月引水量	1 913	1 927	1 802	1 941	1 896
其他月引水量	2 555	2 523	2 680	2 554	2 578
供给峪泉镇	1 168	1 150	1 182	1 195	1 174
供给酒钢生产	3 300	3 300	3 300	3 300	3 300

5.2.1.3 用水量分析

酒钢年许可用讨赖河地表水量为 4 500 万 m³,其中有 1 200 万 m³/a 供给峪泉镇农业,实际可用水量为 3 300 万 m³/a。

1. 现状用水量分析

根据酒钢提供的资料显示,现状年酒钢讨赖河地表水主要用户为钢铁产业链中的选矿、焦化、烧结、炼铁等环节以及酒钢宏晟电热公司二热电(2×125 MW)、三热电(2×300 MW)等,年用水量基本为 3 300 万 m³/a,其中现有钢铁产业链用水量基本为 2 043 万 m³/a。现状用水平衡简图见图 3-26。

2. 设计水平年用水量分析

根据用水合理性分析成果,设计水平年项目实施后,钢铁产业链用地表水量为 1 672 万 m³/a,用水量平衡简图见图 4-25。

5.2.1.4 可供水量分析

1. 现状可供水量分析

酒钢现状年讨赖河地表水实际用量为 3 300 万 m³/a,本项目现状可供水量即为现状实际用水量 2 043 万 m³/a。

2. 设计水平年可供水量分析

经合理性分析,本项目实施后,钢铁产业链年取地表水量为 1 672 万 m³/a。

在设计水平年,酒钢持有讨赖河地表水取水指标不发生改变的情况下,酒钢宏晟电热公司二热电(2×125 MW)、三热电(2×300 MW)按照国家要求将全部使用中水水源,年可节余地表水量 1 257 万 m³/a;同时,本项目现状用地表水量为 2 043 万 m³/a,即在设计水平年 3 300 万 m³/a 的地表水量可供本项目及酒钢后续发展的铁合金和五热电等项目使用,本项目取水水量需求可以得到满足。

从供水保证程度上分析,在大草滩水库引水期(1 月、7 月、8 月、9 月),酒钢引水枢纽断面 $P=75\%$、$P=97\%$ 保证率下的讨赖河来水量分别为 2.40 亿 m³、2.09 亿 m³,来水总量上可以满足酒钢取水量需求;考虑到大草滩水库的调节作用,大草滩水库的来水可以支撑酒钢和本项目的用水。

5.2.1.5 水资源质量评价

酒钢定期对大草滩水库、6.6 万 m³ 水池进行水质监测,2010 年监测时间分别为 4 月 28 日和 9 月 29 日。监测主要指标包括:pH、高锰酸盐指数、氨氮、挥发酚、氰化物、砷、六价铬、铜、锌、铅、镉、氟化物、石油类、粪大肠菌群等指标。本书根据 2010 年两次监测数据对讨赖河水源水质进行评价,评价依据为《地表水环境质量标准》(GB 3838—2002),参见表 5-13。

通过分析可知,大草滩水库和 6.6 万 m³ 水池两监测点水质均符合《地表水环境质量标准》(GB 3838—2002)Ⅲ类水质要求,可以满足一般工业生产用水水质要求。

5.2.1.6 取水工程保障程度分析

讨赖河来水经酒钢讨赖河渠首左岸的输水隧洞和 7.5 km 的暗渠、2.7 km 的明渠,将水输送至大草滩水库;大草滩水库水经消能池和 13 km 的暗渠送往酒钢 6.6 万 m³ 和 1.3 万 m³ 水池后,通过厂内现有供水管网将水送至各用水点。

本项目实施后,钢铁产业链取水口、供水管线等与现有工程基本上未发生变化,从酒钢现有取水情况来看,长期以来供水运行安全、稳定,没有出现缺水现象。因此,取水工程的供水能力可以保障项目的取水。

表 5-13　讨赖河地表水水质监测与评价结果

采样日期	2010-04-28				2010-09-29			
采样地点	大草滩水库		6.6 万 m³ 水池		大草滩水库		6.6 万 m³ 水池	
监测项目	监测值	类别	监测值	类别	监测值	类别	监测值	类别
pH(无量纲)	8.5	I	8.8	I	8.2	I	8.3	I
高锰酸盐指数	0.85	I	1.01	I	0.89	I	0.89	I
氨氮	0.012	I	0.062	I	0.161	II	0.173	II
挥发酚	0.001	I	0.001	I	0.001	I	0.001	I
氰化物	0.002	I	0.002	I	0.002	I	0.002	I
砷	0.007	I	0.006 9	I	0.002 3	I	0.002 4	I
六价铬	0.01	I	0.002	I	0.007	I	0.006	I
铜	0.000 2	I	0.002 1	I	0.003 1	I	0.002 9	I
锌	0.012	I	0.077 3	II	0.006	I	0.007	I
铅	0.048 1	III	0.044 6	III	0.016 3	III	0.007 3	I
镉	0.001 7	II	0.001 7	II	0.000 8	II	0.000 1	II
氟化物	0.444	I	0.314	I	0.231	I	0.301	I
石油类	0.038	I	0.023	I	0.013	I	0.036	I
粪大肠菌群(个/L)	3	I	14	I	3	I	3	I
综合类别		III		III		III		II

5.2.1.7　取水可靠性与可行性分析

在大草滩水库引水期,酒钢引水枢纽断面 $P = 75\%$、$P = 97\%$ 保证率下的讨赖河来水量分别为 2.41 亿 m³、2.10 亿 m³,来水总量上可以满足酒钢取水量需求;考虑到大草滩水库的调节作用,酒钢及本项目供水完全可以得到保证。

大草滩水库和 6.6 万 m³ 蓄水池等两监测点水质均符合《地表水环境质量标准》(GB 3838—2002)III类水质要求,可以满足一般工业生产用水水质要求。

本项目实施后,钢铁产业链取水口、供水管线等与现有工程基本上未发生变化,从酒钢现有取水情况来看,长期以来供水运行安全、稳定,没有出现缺水现象。因此,取水工程可以保障项目的取水。

酒钢讨赖河许可取水量为 4 500 万 m³/a,其中有 1 200 万 m³/a 供给峪泉镇农业,实际可用水量为 3 300 万 m³/a。考虑到现状钢铁产业链实际占用的地表取水指标以及在设计水平年酒钢三热电通过水源转换可节余出的地表取水指标,论证认为项目实施后,酒钢钢铁部分用水无需新增地表取水指标,在现有地表取水指标之内即可解决。

综上分析,讨赖河地表水可以保障本项目实施后钢铁产业链取用水。

5.2.2　地下取水水源论证

酒钢嘉峪关本部现有地下水源地4处,分别为黑山湖水源地、讨赖河水源地、嘉峪关水源地、大草滩水源地,上述水源地均位于嘉峪关城区西南酒泉西盆地东段水文地质单元内。勘察区各水源地位置示意图见图5-6。

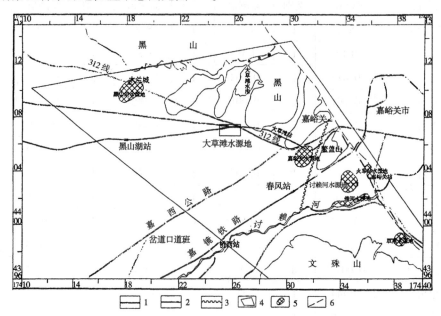

1—铁路;2—公路;3—长城;4—勘察区范围;5—水源地;6—隐伏断层

图5-6　勘察区各水源地位置示意图

(1)黑山湖水源地:该水源地取水用途为酒钢生产用水,现建有7台深井泵房,组成黑山湖井群,其来水经过7 km长的DN900输水管道送往大草滩水库暗渠与水库放水汇合,补充厂区生产用水,该水源地设计供水能力为1.2 m³/s,许可水量为4 416万 m³/a。该水源地为酒钢备用水源,现未开采。

(2)讨赖河水源地:该水源地取水用途为酒钢工业和生活用水,该水源地设计供水能力为1.2 m³/s,许可水量为5 050万 m³/a。共建有10口井泵房,井群通过管道连接汇集,流入容积为2×2 500 m³贮水池后,由DN1000输水管道重力输送至酒钢厂区,作为厂区部分生产和生活用水。

(3)嘉峪关水源地:该水源地取水用途为生活用水,该水源地设计供水能力为0.8 m³/s,许可水量为3 657.67万 m³/a。现建有10口井,由7台潜水电泵和3台长轴泵组成嘉峪关井群。井群采用分散就地控制,生活水由输水管道送往2×2 000 m³贮水池后,由DN600输水管道经重力输送到嘉峪关市区,作为生活用水及消防用水。

(4)大草滩水源地:该水源地取水用途为酒钢生产用水。2005年,酒钢委托甘肃地质工程勘察院对大草滩水源地进行勘探,确定了0.8 m³/s允许开采量具有较高的保证程度。该水源地为酒钢备用水源,现未开采。

酒钢现状钢铁产业链地下水源来自讨赖河水源地。项目实施后,钢铁部分地下水源方案不变,下面对讨赖河水源地地下水源进行论证。讨赖河水源地井群分布图参见图 2-18。

5.2.2.1　勘察区范围区域水文地质概况

勘察区范围为嘉峪关城区西南,东起双泉及嘉峪关大断层,西至黑山湖以西,南达文殊山北麓,北抵黑山南麓,东西长 11 ~ 18 km,南北宽 1.5 ~ 16.5 km,总面积约 250 km²(见图 5-5),行政区划为甘肃省嘉峪关市,属于酒泉西盆地东段水文地质单元。

1.地下水类型及含水层富水性

勘察区内地下水类型有碎屑岩类孔隙裂隙水、基岩裂隙水和松散岩类孔隙水三大类型。

碎屑岩类孔隙裂隙水主要分布于鳌盖山和文殊山,含水层由白垩系及第四系下更新统砾岩、砂岩等构成,单井涌水量一般小于 100 m³/d,水质较差,矿化度为 1 ~ 3 g/L,水化学类型为 $SO_4^{2-} - Cl^- - Mg^{2+} - Na^+$ 型。

基岩裂隙水主要分布于黑山,含水层由奥陶系变质岩和碎屑岩构成,地下水径流模数小于 1 L/(s·km²),单井涌水量一般小于 100 ~ 200 m³/d,水质差,矿化度为 1.1 ~ 2.6 g/L,水化学类型以 $SO_4^{2-} - Cl^- - Na^+ - Mg^{2+}$ 型为主。

松散岩类孔隙水广布于盆地,是区内最重要的地下水类型,属以单一大厚度为特征的潜水,仅在黑山湖砖厂、大草滩、二草滩及嘉峪关古河道的局部地段为承压水。含水层主要由第四系中上更新统卵石、圆砾、砾砂构成,厚度一般为 40 ~ 160 m,讨赖河北岸较厚,大于 140 m,黑山湖水源地一带为 40 ~ 120 m,嘉峪关水源地一带为 30 ~ 80 m,北部山前与古阶地附近较薄,一般小于 20 ~ 30 m。地下水位埋深自南西向东北由大于 100 m 渐变至 10 ~ 20 m,水关峡一带则小于 5 ~ 10 m,局部地段如水关峡、大草滩、嘉峪关、双泉等地呈泉水溢出(见图 5-7)。

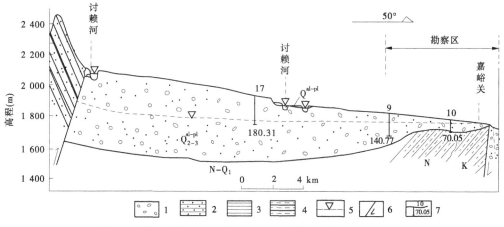

1—砂砾卵石;2—砂岩;3—板岩;4—砂质泥岩;5—地下水位;6—断层;7—钻孔编号及孔深

图 5-7　酒泉西盆地水文地质剖面图

区内含水层富水性按 8″滤水管 5 m 降深单井涌水量分为极强富水区(单井涌水量 > 10 000 m³/d)、强富水区(单井涌水量 = 5 000 ~ 10 000 m³/d)、中等富水区(单井涌水量 = 2 000 ~ 5 000 m³/d)和弱富水区(单井涌水量 < 2 000 m³/d)等四个级别(见图 5-8)。极强富水区广布于戈壁平原中部;强富水区沿极强富水区呈条带状分布,主要位于讨赖河北岸、大草滩车站—木兰城一带;中等富水区和弱富水区主要分布于山前和第四系厚度较薄的沟谷区。

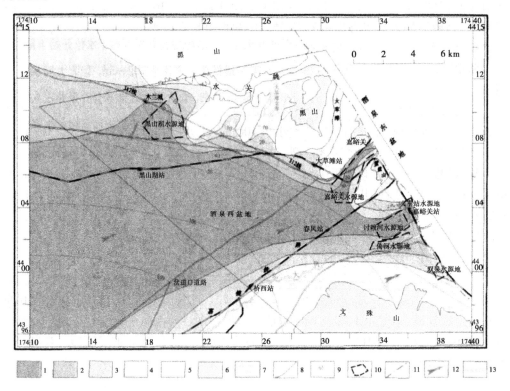

1—单井涌水量 > 10 000 m³/d;2—单井涌水量 = 5 000 ~ 10 000 m³/d;3—单井涌水量 = 2 000 ~ 5 000 m³/d;
4—单井涌水量 < 2 000 m³/d;5—第四系透水不含水地段;6—碎屑岩类裂隙孔放水;7—基岩裂隙水;8—富水性界线;
9—地下水位埋深等值线(m);10—水源地范围;11—隐伏断层;12—地下水流向;13—河流及流向

图 5-8　勘察区水文地质略图

2.地下水的补给与排泄

酒泉西盆地内地下水主要来源于讨赖河、白杨河、山前小沟小河出山径流的垂向渗漏补给和南部山区基岩裂隙水的侧向补给及深层基岩承压水的顶托补给。据均衡计算,2010 年酒泉西盆地地下水现状总补给量为 2.785 6 亿 m³/a(8.835 9 m³/s)。其中,侧向流入量为 2.558 1 亿 m³/a(8.111 7 m³/s),占 91.8%;河水渗漏量为 0.228 4 亿 m³/a(0.724 2 m³/s),占 8.2%。

境内地下水总的运动方向为自西向东运移,西部白杨河东侧和东北部水关峡、二草滩、大草滩、嘉峪关等沟谷内地下水自南西向北东运移,讨赖河干流附近自西向东运移,水力坡度最小不足 1‰,最大大于 25‰,一般为 2‰ ~ 11‰,以头道嘴子—文殊山地段(讨赖河地段)排泄条件最好,排泄量也最大。

地下水的排泄除侧向流出外,还有人工开采和泉水溢出。根据本次地下水资源均衡计算评价结果(2010 年),勘察区地下水总排量为 2.742 5 亿 m^3/a,补给量与排泄量基本持平。其中,侧向流出量为 1.630 2 亿 m^3/a,占 59.4%;地下水开采量为 0.648 5 亿 m^3/a,占 23.6%;泉水溢出量为 0.463 8 亿 m^3/a,占 17.0%。

3. 地下水水质

酒泉西盆地内地下水水质良好,矿化度一般小于 0.5 g/L,水化学类型西部为 $HCO_3^- - SO_4^{2-} - Mg^{2+} - Na^+$ 型,讨赖河干流地带为 $HCO_3^- - Mg^{2+} - Ca^{2+}$ 型。北部黑山山前局部地带,受高矿化基岩裂隙水的影响,表层潜水矿化度增大至 0.5 ~ 1.0 g/L,水化学类型为 $SO_4^{2-} - HCO_3^- - Mg^{2+} - Na^+$ 型,但下伏承压水仍为矿化度小于 0.5 g/L 的淡水。

5.2.2.2 水源地供水水文地质条件

1. 主要含水层特征

讨赖河水源地第四系厚度东部为 50 ~ 180 m,西部为 150 ~ 230 m,沿北东—南西方向分布有三个"凹槽"是第四系较厚的地段,其中第一个"凹槽"沿水 1—水 7 方向分布,厚度为 140 ~ 150 m;第二个"凹槽"沿水 2—水 8 方向分布,厚度为 170 ~ 200 m;第三个"凹槽"沿水 3—水 9 北部约 500 m 分布,厚度为 120 ~ 150 m。根据第四系厚度分布规律及地下水位埋深条件,含水层总厚度为 68.77 ~ 151.13 m,其中"凹槽"为最厚地段,"探采结合"供水井揭露的含水层厚度为 54.45 ~ 64.15 m。

据钻探资料及实验室颗粒分析成果,含水层主要为中更新统大厚度圆砾、砾砂、卵石,成分以变质砂岩、花岗岩、石英岩、砾岩为主,粒径一般为 2 ~ 100 mm,大者 300 ~ 400 mm,磨圆度较好,呈圆状及次圆状。砂以中粗砂为主,成分主要为长石、石英。

含水层以松散为主,局部泥钙质微胶结或胶结,其胶结程度在水平及垂直方向上的变化很大,据钻探和物探资料综合分析,较坚硬胶结层主要分布在 50 ~ 100 m 深度内,呈夹层出现,单层厚度一般小于 2 m,没有区域稳定性。含水层的粒度变化规律为由讨赖河北岸向头道嘴子渐粗。

据统测水位结果,讨赖河水源地地下水埋深总的规律为由西向东逐渐变浅,西部边界(观 1、市 5、市 4)为 38.73 ~ 49.51 m;第三排井群(水 7、水 8、水 9、7—1、9—1)为 34.23 ~ 40.72 m;第二排井群(水 4、水 5、水 6、观 3)为 33.11 ~ 41.08 m;第一排井群(水 1、水 2、水 3、水 10、1—1)为 16.40 ~ 33.25 m。

2. 含水层富水性

据《酒钢讨赖河水源地勘探报告》及《甘肃省酒泉钢铁(集团)有限责任公司水源地地下水资源勘查评价报告》实测资料,10 口供水井单井稳定流抽水试验结果为:降深 4.07 ~ 10.88 m,涌水量 9 569 ~ 17 484 m^3/d。讨赖河水源地供水井抽水试验成果见表 5-14,讨赖河水源地含水层富水性图见图 5-9。

表 5-14　讨赖河水源地供水井抽水试验成果

井号	井深(m)	过滤器长度(m)	含水层厚度(m)	地下水埋深(m)	降深(m)	涌水量 m³/h	涌水量 m³/d	推算5 m降深涌水量(m³/d)
水 1	84.50	42.0	117.22	29.52	7.43	696.29	16 711	10 683
水 2	84.02	42.0	151.13	26.04	6.57	683.13	16 395	11 728
水 3	84.35	42.0	115.66	27.82	6.79	670.04	16 081	11 250
水 4	90.44	42.0	134.36	37.64	4.07	491.04	11 785	13 110
水 5	90.38	46.8	127.18	33.65	6.45	729.50	17 484	14 378
水 6	90.44	42.0	113.14	32.86	5.75	639.83	15 356	12 096
水 7	100.00	50.3	93.15	35.85	10.31	499.00	11 976	5 517
水 8	92.80	46.1	137.14	35.86	10.88	398.71	9 569	3 987
水 9	100.20	48.4	68.77	41.23	7.41	576.46	13 835	8 458
水 10	84.40	42.0	126.05	29.95	10.36	586.42	14 074	6 156

注: 1. 非完整井,含水层厚度据物探电测资料确定;

　　 2. 各孔降深中已扣除水跃值。

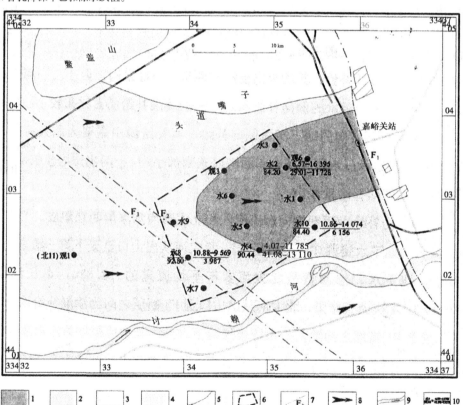

1—单井涌水量 >20 000 m³/d;2—单井涌水量 = 10 000～20 000 m³/d;3—单井涌水量 < 10 000 m³/d;

4—透水不含水地段;5—富水性界线;6—水源地范围;7—隐伏断层及编号;8—地下水流向;

9—河流及流向;10—生产井 $\dfrac{编号}{孔深(m)},\dfrac{降深(m)-涌水量(m^3/d)}{水位埋深(m)-单井涌水量(m^3/d)}$

图 5-9　讨赖河水源地含水层富水性图

3. 地下水的补给、径流与排泄

1) 地下水的补给

根据地下水流场分析和同位素资料分析,讨赖河水源地的补给由西部侧向潜流流入和讨赖河河水渗漏两部分组成。

讨赖河从出山口至 F_3 断层之间为渗漏补给地下水(见图 5-10);西部侧向流量主要来源于讨赖河的强烈渗漏补给,次为山区基岩裂隙水侧向补给及山前沟谷潜流、表流渗漏补给。水源地的西部流入边界是西盆地地下水向东盆地排泄的主要通道。

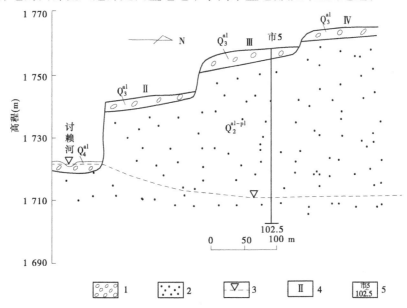

1—卵石;2—圆砾;3—水位线;4—阶地级数;5—钻孔,上为孔号、下为孔深(m)

图 5-10　讨赖河水源地西南实测水文地质剖面图

2) 地下水的径流

讨赖河水源地地下水的主流向为由西向东,在 F_2 与 F_3 断层之间地下水由南西向北东流动,但越过 F_2 断层后又恢复为从西向东流动(见图 5-11)。

3) 地下水的排泄

勘察区地下水的排泄途径主要有三种,即通过嘉峪关断层侧向流出、人工开采和泉水溢出。讨赖河水源地还存在少量排泄于讨赖河的途径。

勘察区地下水总排量为 2.742 5 亿 m^3/a。其中,侧向流出量为 1.630 2 亿 m^3/a,地下水开采量为 0.648 5 亿 m^3/a,泉水溢出量为 0.463 8 亿 m^3/a。对水源地而言,水关峡泉水是黑山湖水源地的排泄量,嘉峪关泉水溢出量是嘉峪关水源地的排泄量,讨赖河河谷泉水溢出量则是讨赖河水源地的排泄量。

4. 地下水的动态特征

1) 地下水位年内动态

讨赖河水源地地下水位主要受讨赖河渗漏补给和开采强度的控制,动态类型属径流开采型。地下水位年内变化相对比较剧烈:一般 1～3 月的河流枯水季节是地下水位最低

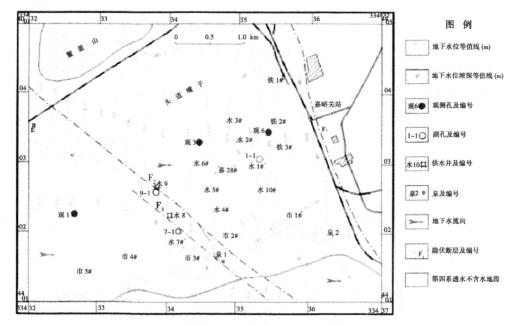

图 5-11　讨赖河水源地地下水等水位线及埋深图

期,水位高程 1 687.79 ~ 1 710.73 m;高水位期出现在 8 ~ 10 月,滞后河流丰水期 1 ~ 2 个月,水位高程 1 688.81 ~ 1 712.85 m。水位年变幅 1.02 ~ 2.12 m(见图 5-12)。

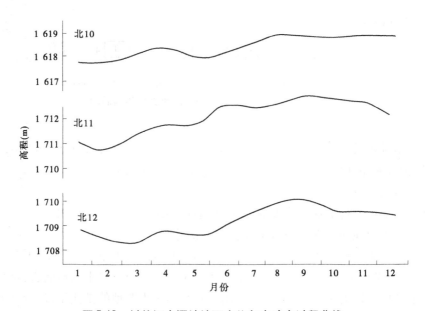

图 5-12　讨赖河水源地地下水位年内动态过程曲线

　　讨赖河水源地外围地下水位年内变化受河流流量和地下径流的影响,一般近河地带水位变化剧烈,远离河流水位变化趋于平缓。

　　2)地下水位多年动态

　　讨赖河水源地受 1998 年之后开采的影响,地下水位呈现逐年下降趋势(见图 5-13)。

北 10 号井年平均水位下降 0.392 m,北 11 号、12 号井 2000 ~ 2008 年年均地下水位下降分别为 0.204 m 和 0.125 m,总体地下水位下降幅度较小。

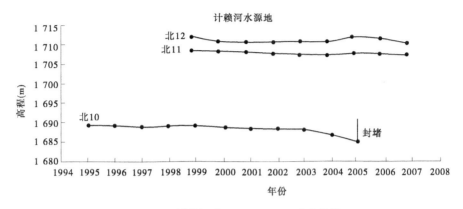

图 5-13　讨赖河水源地地下水位动态曲线

3）地下水水质动态

据甘肃省地矿局第四地质矿产勘查院酒泉西盆地水质动态监测资料（见表 5-15）,讨赖河水源地矿化度、总硬度及各种离子含量以枯水期 3 ~ 5 月较高,丰水期 6 ~ 9 月较低,显示出河水入渗后对地下水的淡化作用,矿化度年变幅 0.148 ~ 0.258 g/L,水化学类型以 HCO_3^- – Mg^{2+} – Ca^{2+} 型为主。水源地地下水水质多年动态变化趋于稳定（见图 5-14）。

表 5-15　讨赖河水源地地下水水质年内动态特征统计

水源地	监测点	矿化度（mg/L）				水化学类型
		1 月	5 月	7 月	12 月	
讨赖河水源地	北 10	382.34	517.34	259.00	381.17	HCO_3^- – Mg^{2+} – Ca^{2+}

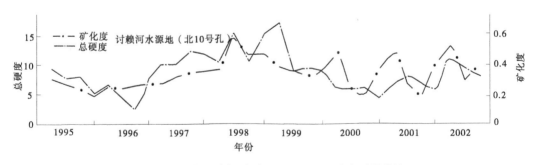

图 5-14　讨赖河水源地地下水水质多年动态过程曲线

5.水源地含水层之间的水力联系

就区域水文地质条件而言,黑山湖、嘉峪关、讨赖河水源地同处于酒泉西盆地东段,除北部黑山山前古阶地等地带局部地段属第四系透水不含水（或含水不均匀）外,其余地带属连续、统一的含水综合体。三个水源地的含水层均为第四系中上更新统的圆砾、砾砂和卵石。

勘察区地下水等水位线及埋深图见图 5-15,讨赖河水源地地下水补给来源主要为讨赖河渗漏补给,其次为来自南西黑山湖方向的地下径流补给。在头道嘴子和 312 国道

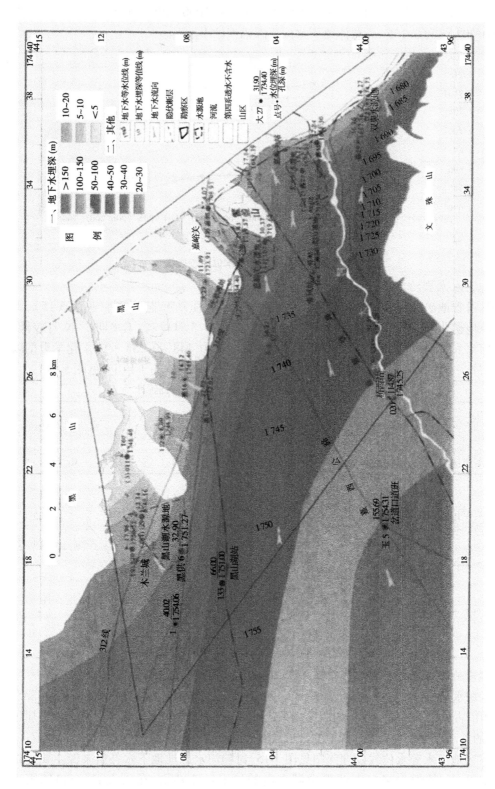

图 5-15 勘察区地下水等水位线及埋深图

以南,讨赖河水源地与嘉峪关水源地两水源地含水层属一个含水层系统,因此嘉峪关水源地(开采井深度为 50~90 m)的开采对讨赖河水源地西部有一定的影响,但从现有地下水动态资料来看,其相互影响的程度是较小的。

与讨赖河水源地相邻的集中式供水水源地是嘉峪关火车站水源地、市自来水公司傍河水源地和双泉水源地等 3 个水源地,讨赖河水源地与火车站水源地和傍河水源地同属一个水文地质单元,三者开采的均是同一个含水层系统。

双泉水源地位于讨赖河南部,双泉水源地含水层为中上更新统酒泉组圆砾、卵石和砾砂,与讨赖河水源地具有统一的潜水面。此外,这两个水源地的地下水位动态均具有明显的水文特征,其水位变化也具有同步性。

黑山湖、嘉峪关水源地开采含水层与讨赖河水源地、傍河水源地、火车站水源地、双泉水源地均为同一个含水层系统。其中,傍河水源地、火车站水源地、双泉水源地与讨赖河水源地关系最为密切,相互影响程度较大;黑山湖水源地、嘉峪关水源地与讨赖河水源地含水层之间缺乏直接水力联系,相互影响程度较小。

5.2.2.3　地下水资源量及可开采量分析计算

1.地下水均衡

为了便于计算地下水,均衡区与勘察区范围不尽一致。其中,西部边界、北部边界西段及东部边界南段与勘察区边界一致;北部边界东段以黑山山前为界;南部边界以文殊山山前为界;东部边界北段大草滩车站峡谷和水关峡断面由嘉峪关大断层移至峡谷口南,其余地段以黑山、鳖盖山及山前古阶地为界。均衡区面积 194.30 km²,勘察区地下水均衡计算边界条件图见图 5-16。

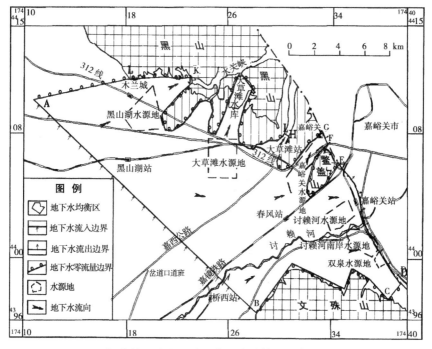

图 5-16　勘察区地下水均衡计算边界条件图

甘肃省地质工程勘察院相关成果(见表5-16)显示,2010年勘察区均衡期内地下水补给量为2.786 5亿 m³,排泄量为2.742 5亿 m³,计算均衡差为+0.044 0亿 m³,实测均衡期地下水储量变化量为+0.042 6亿 m³,均衡绝对误差为0.001 4亿 m³,相对误差为3.17%。均衡结果表明:现状条件下,勘察区地下水补给量略大于排泄量,呈正均衡状态。

表5-16　2010年勘察区地下水均衡计算结果

地下水补给量(亿 m³)			地下水排泄量(亿 m³)				计算均衡差 (亿 m³)	均衡期始末地下水储量变化量 (亿 m³)
侧向流入量	河水渗漏量	合计	开采量	泉水量	侧向流出量	合计		
2.558 1	0.228 4	2.786 5	0.648 5	0.463 8	1.630 2	2.742 5	+0.044 0	+0.042 6
均衡计算绝对误差 (亿 m³)		0.001 4			均衡计算相对误差 (%)		3.17	

2.地下水天然资源量及储存资源量

1)地下水天然资源量

根据均衡计算结果,2010年勘察区地下水天然资源量为2.786 5亿 m³/a(76.342 5万 m³/d,8.835 9 m³/s),西南部的侧向流入和讨赖河渗漏是其补给来源。

地下水天然资源按水源地划分,讨赖河水源地(含市傍河水源地、火车站水源地)为0.899 2亿 m³/a(24.635 6万 m³/d,2.851 3 m³/s),占天然资源总量的32.5%;双泉水源地为0.624 4亿 m³/a(17.106 8万 m³/d,1.980 0 m³/s),占天然资源总量的22.6%;嘉峪关水源地为0.593 7亿 m³/a(16.265 8万 m³/d,1.882 6 m³/s),占天然资源总量的21.4%;黑山湖水源地(含其他零星开采井)为0.650 9亿 m³/a(17.832 9万 m³/d,2.064 0 m³/s),占天然资源总量的23.5%。由此不难看出,讨赖河水源地是地下水天然资源最为充沛的地带。

2)地下水储存资源量

(1)酒泉西盆地地下水储存资源量。

根据甘肃省地质调查院2002年完成的《河西走廊地下水勘查报告》成果,酒泉西盆地地下水储存资源为157.34亿 m³(含水层面积583.10 km²,给水度0.20~0.28,含水层平均厚度30~150 m)。

(2)勘察区地下水储存资源量。

地下水储存资源量采用下式计算:

$$Q_储 = \sum HF\mu$$

式中　$Q_储$——地下水储存资源量,亿 m³;

　　　H——含水层厚度,m;

　　　F——含水层面积,km²;

　　　μ——含水层给水度。

含水层厚度根据 EH_4 彩色成像系统、物探瞬变电磁测深、电测深剖面和钻孔勘探资料综合确定;含水层面积在 1:2.5 万水文地质图上量取;含水层给水度由抽水试验确定。由此计算得勘察区地下水储存资源量为 27.514 6 亿 m³(见表 5-17),其中,讨赖河水源地(含市傍河水源地、火车站水源地)为 8.773 7 亿 m³。

表 5-17　勘察区地下水储存资源量计算结果

计算分区	H(m)	F(km²)	μ	$Q_{储}$(亿 m³)
黑山湖地区	11.4~96.43	35.25	0.19~0.25	5.303 4
二草滩—大草滩	20~75	52.43	0.15~0.20	4.233 7
嘉峪关—长城	15~90	21.81	0.20~0.28	2.748 1
讨赖河地区	35~151.13	38.04	0.20~0.28	6.455 7
双泉地区	30~253	46.77	0.14~0.19	8.773 7
合计	11.4~253	194.30	0.14~0.28	27.514 6

实质上,勘察区作为西盆地的一部分,又处在最东段的排泄区,盆地的储存资源也可以认为是水源地的总储备资源。这是因为地下水作为一种流动的液体,在山前地带水力坡度较大的条件下,水源地开采产生水位下降后的一定时期内服从于流体静力学规律,盆地西南部高水位带的一部分储存资源将转化为水源地的补给资源,从而实现新的补排平衡。

3.地下水允许开采量及水位降深预测

1)设计开采方案

酒钢讨赖河水源地设计开采量为 10.37 万 m³/d(1.20 m³/s)。其中,讨赖河水源地水 1 开采 1.60 万 m³/d,水 2、水 3、水 6 各开采 1.50 万 m³/d,水 5、水 10 各开采 1.40 万 m³/d,水 4 开采 1.10 万 m³/d,水 9 开采 0.37 万 m³/d,共开采 8 眼井,水 7、水 8 作为备用井。

根据水源地水文地质条件,抽水试验成果、地下水动态长期观测资料及成井的技术条件,按水源地抽水试验水位降深 6~8 m,年内水位变幅 2~3 m,区域多年水位变幅 2~3 m 计算,水源地动水位不超过 10~14 m 时,完全可以正常运行,设计水位最大降深取其平均值即 12 m。

2)非稳定流干扰井群法地下水位预报

采用非稳定流干扰井群法进行水位预报,预报时间为 2012~2030 年。其中,讨赖河水源地预报北 12 号水位观测点降深,嘉峪关水源地预报 15 号水位观测点降深,黑山湖水源地预报向 1 号水位观测点降深。预报结果见表 5-18。

由表 5-18 可知,讨赖河水源地至 2030 年水位降深 5.95 m,抽水井最大降深 8.76 m;2012~2015 年水位平均降速为 0.11 m/a,2015~2030 年水位平均降速为 0.02~0.03 m/a,地下水位已基本稳定。

表 5-18　　各水源地非稳定流干扰井群水位降深预报结果一览表

水源地	年份	开采方案	
		降深(m)	降速(m/a)
讨赖河水源地 北 11 号孔	2015	5.62	0.11
	2020	5.77	0.03
	2030	5.95	0.02
	抽水井最大降深(m)	8.76	

3)地下水允许开采量确定

依据前面的计算分析结果,讨赖河水源地按 3 785 万 m^3/a 运行 20 年后,水源地中心地带水位最大降深仅为 5.62 m,地下水位已趋于稳定,不产生区域地下水位大幅度下降现象,因此讨赖河水源地地下水设计开采量可作为地下水的允许开采量,即允许开采量为 3 785 万 m^3/a。

酒泉西盆地基本无人类居住,经济活动薄弱,地面为第四系硬质砾石戈壁,没有分布以地下水为依存的天然植被(林地、草地),也无大面积的人工绿洲区分布,地下水开采引起的地下水位下降对现有的生态与环境不产生影响。

据干扰抽水试验结果,平均水位干扰削减系数为 0.068,平均涌水量干扰系数为 0.067,群孔抽水总涌水量干扰系数为 0.067,说明讨赖河水源地地下水资源丰富,抽水井之间干扰很小,井距、井深、井径的布设经济合理,技术上可行,现有井群可直接用于酒钢生产供水。

与讨赖河水源地处于同一地带的嘉峪关市傍河水源地、火车站水源地,由于建模时已经设计了其比较稳定的开采量,且产生的降落漏斗是上述 3 个水源地共同开采所致,运行至 2030 年,嘉峪关市傍河水源地水位降深 5 ~ 7 m,火车站水源地水位降深 6 ~ 8 m,小于设计降深 12 m,因而不会产生供水井涌水量减少和吊泵等现象。

综上所述,讨赖河水源地按 10.369 万 m^3/d (1.20 m^3/s)开采至 2030 年,开采区最大水位降深小于设计允许降深 12 m,地下水位下降对酒泉西盆地生态环境基本无影响,对市傍河水源地、火车站水源地、双泉水源地影响甚微。因此,讨赖河水源地地下水 10.369 万 m^3/d (1.20 m^3/s)开采量在技术上可行、经济上合理。

5.2.2.4　地下水水质分析

根据讨赖河水源地水质监测资料,按照《地下水质量标准》(GB/T 14848—1993),选择色、嗅和味、浊度、肉眼可见物、pH、总硬度、溶解性总固体、硫酸盐、氯化物、铁、锰、硝酸盐、亚硝酸盐、氨氮、氟化物等化学指标作为评价因子,选取各项检测值的最大值,进行地下水质量综合评价,评价结果见表 5-19。

由表 5-19 评价结果可知,讨赖河水源地地下水为优良(Ⅰ类)水,适用于集中式生活饮用水水源及工农业用水。

表 5-19　讨赖河水源地水质综合评价结果

点位	5 号井		10 号井		2 号井		9 号井		8 号井	
	检测值	F_i	检测值	F_i	检测值	F_i	检测值	F_i	检测值	F_i
色(度)	<5	I	<5	I	<5	I	<5	I	<5	I
嗅和味	无	I	无	I	无	I	无	I	无	I
浊度	<3	I	<3	I	<3	I	<3	I	<3	I
肉眼可见物	无	I	无	I	无	I	无	I	无	I
pH	7.7	I	7.9	I	7.8	I	7.8	I	7.4	I
总硬度(以 $CaCO_3$ 计)(mg/L)	201.7	II	206.2	II	194.7	II	202.2	II	199.7	II
溶解性总固体(mg/L)	220	I	273	I	268	I	250	I	234	I
硫酸盐(mg/L)	52.4	II	57.6	II	54.3	II	50	I	53.3	II
氯化物(mg/L)	9.2	I	12.8	I	9.6	I	8.9	I	5.7	I
铁(mg/L)	0.2	II	0.19	II	0.18	II	0.03	I	0.09	I
锰(mg/L)	0.46	I	0.62	I	0.68	I	0.67	I	0.89	I
硝酸盐(以 N 计)(mg/L)	3.2	II	3.9	II	3.53	II	2.84	II	3.36	II
亚硝酸盐(以 N 计)(mg/L)	0.005	II	0.004	II	0.004	II	0.002 7	II	<0.002	II
氨氮(mg/L)	<0.02	I	<0.02	I	<0.02	I	<0.02	I	<0.02	I
氟化物(mg/L)	0.21	I	0.22	I	0.23	I	0.2	I	0.23	I
F 平均值	0.3		0.3		0.3		0.2		0.3	
F	0.74		0.74		0.74		0.72		0.74	
水质级别	优良(I 类)		优良(I 类)		优良(I 类)		优良(I 类)		优良(I 类)	

5.2.2.5　取水可靠性和可行性分析

1. 取水可靠性分析

讨赖河水源地地处酒泉西盆地东段地下水的总排泄口,地下水主要来源于西部侧向潜流流入和讨赖河河水渗漏补给;水源地面积为 4.4 km²,地下水属潜水类型,含水层为中上更新统的圆砾、砾砂和卵石,厚度为 68.77 ~ 151.13 m;地下水流向为自西向东,水力坡度为 4‰ ~ 25‰;含水层富水性为 5 000 ~ 15 000 m³/d(管径 630 mm,降深 5 m)富水区。

讨赖河水源地的地下水补给量为 24.635 6 万 m³/d,远大于其允许开采量(10.369 万 m³/d);允许开采量占地下水补给量的 42.1%。讨赖河地下水位多年动态资料显示,地下水位呈逐年下降趋势,总体幅度较小;经非稳定流干扰法验证,预测期实际水位降深小于设计最大降深,可形成稳定的降落漏斗,地下水允许开采量保证程度较高。

讨赖河水源地地下水水质优良,适用于集中式生活饮用水水源及工农业用水,水质保证程度较高。

讨赖河水源地为酒钢所有,现许可水量为 5 050 万 m³/a(取水(甘嘉)字〔2008〕第 23

号~第 32 号)。2010 年开采讨赖河水源地水量为 3 034 万 m^3,2011 年为 3 213 万 m^3,在允许开采量 10.369 万 m^3/d(3 785 万 m^3/a)内,未超出许可水量取水。项目实施后,钢铁部分取用地下水量为 1 492 万 m^3,比现状大幅度降低,符合《钢铁企业节水设计规范》要求,讨赖河水源地可采水量完全能够满足项目建成后用水需求。

据干扰抽水试验结果,讨赖河水源地平均水位干扰削减系数为 0.068,平均涌水量干扰系数为 0.067,群孔抽水总涌水量干扰系数为 0.067,说明讨赖河水源地地下水资源丰富,抽水井之间干扰很小,井距、井深、井径的布设经济合理,技术上可行,现有井群可直接用于酒钢生产供水。

综上,本项目取水保证程度较高,水质较好,取水可靠。

2. 取水可行性分析

在分析项目取水可靠性基础上,结合其他章节结论,分析本项目取水的可行性。

酒钢循环经济和结构调整项目符合国家产业政策,用水指标均符合国家相关规定,项目实施后,在总用水量基本不变的情况下,增大中水回用力度,减少地下水源的取水量,无须新增取水指标,实现了增产减水,符合《钢铁企业节水设计规范》提出的"现有钢铁企业已利用地下水作为主要生产水水源的,应逐步开发地表水、非传统水源取代地下水"要求。

讨赖河水源地按开采方案开采至 2030 年,开采区最大水位降深小于设计允许降深 12 m,并已形成稳定的降落漏斗,对酒泉西盆地生态环境基本无影响,对市傍河水源地、火车站水源地、双泉水源地影响甚微。

综上分析,该区域地下水资源可以保障项目取水。

5.2.3　中水取水水源分析

酒钢是国内大型钢铁联合企业之一,随着近年来规模的不断扩大,生产用水量逐渐增加,同时排出大量的废水。酒钢综合污水处理厂对集团本部的工业废水和生活污水进行处理后回用,不仅可以减少污染、改善周围环境,且有效解决了酒钢发展对水资源的部分需求。

本节将从酒钢综合污水处理厂工程的规模、收纳废污水水量水质、污水处理工艺及回用水水量水质等方面进行分析,论证污水处理厂处理后的中水对本项目取用的可靠性与可行性。

5.2.3.1　酒钢综合污水处理厂概况

酒钢综合污水处理厂位于酒钢尾矿坝南侧,污水的来源为酒钢生产废水、生活污水和嘉峪关市北区生活排水,占地面积 5.94 万 m^2。酒钢综合污水处理厂卫星图片见图 5-17。

酒钢综合污水处理厂是 2009 年国家促进内需的 4 万亿国债项目,被列为国家发展改革委的高技术产业化重大示范工程,是酒钢公司目前投资最大的水资源循环利用项目,总投资约 1.4 亿元,日处理规模 16 万 m^3。

酒钢综合污水处理厂 2009 年 7 月完成设计选型,2009 年 8 月正式动工建设,2011 年 6 月建成试运行,2001 年 6 月 1 日通过了甘肃省环保厅竣工环保验收(甘环函发〔2011〕124 号)。目前,酒钢综合污水处理厂接纳了酒钢本部生产、生活排水和嘉峪关市城北的生活污水,污水处理工艺采用"强化混凝沉淀 + 过滤",目前出水部分回用于酒钢本部二热电、三热电、炼钢等生产环节。

图 5-17　酒钢综合污水处理厂卫星图片

5.2.3.2 污水收集量分析

1. 设计污水处理规模

酒钢综合污水处理厂工程建设规模为日处理污水能力 16 万 m³ 及回用设施,包括引水渠(管)、预处理、混合配水、高效澄清池、V 型滤池、回用水池及泵站、加药间、泥处理间及其他附属设施。

2. 现状污水排放量分析

根据《酒泉钢铁(集团)有限责任公司污水处理及回用工程(变更)环境影响报告书》,酒钢综合污水处理厂污水来源为酒钢本部厂区工业废水、生活污水和嘉峪关市北区生活污水。根据酒钢提供的资料,此三部分污水 2010 年、2011 年、2012 年的排放数据统计见表 5-20,酒钢综合污水处理厂收水范围示意图见图 5-18。

表 5-20　2010 年、2011 年、2012 年污水排放数据统计　（单位:万 m³）

时间		酒钢本部厂区工业废水	酒钢本部厂区生活污水	嘉峪关市北区生活污水	合计
2010 年	1 月	210.4	40.9	65.2	316.5
	2 月	211.0	39.9	65.3	316.2
	3 月	216.5	42.9	65.9	325.3
	4 月	216.0	41.5	68.5	326.0
	5 月	207.4	42.0	69.3	318.7
	6 月	214.8	42.7	70.7	328.2
	7 月	209.0	43.4	70.4	322.8
	8 月	204.9	43.6	70.1	318.6
	9 月	206.0	42.2	69.5	317.7
	10 月	208.5	42.9	69.2	320.6
	11 月	204.1	41.9	65.7	311.7
	12 月	217.9	40.4	65.6	323.9
小计		2 526.5	504.3	815.4	3 846.2
2011 年	1 月	201.8	40.8	66.0	308.6
	2 月	209.4	42.0	66.9	318.3
	3 月	207.4	42.4	67.7	317.5
	4 月	207.9	42.0	68.3	318.2
	5 月	219.3	42.5	69.1	330.9
	6 月	216.7	43.2	70.5	330.4
	7 月	219.9	43.9	71.2	335.0
	8 月	215.8	44.1	70.9	330.8
	9 月	216.1	43.4	70.3	329.8
	10 月	210.1	42.6	70.1	322.8
	11 月	204.0	42.4	67.4	313.8
	12 月	208.9	40.9	66.3	316.1
小计		2 537.3	510.2	824.7	3 872.2
2012 年	1 月	210.1	40.9	65.6	316.6
	2 月	206.2	42.0	66.1	314.3
	3 月	211.0	41.7	66.8	319.5
小计		627.3	124.6	198.5	950.4

图 5-18　酒钢综合污水处理厂收水范围示意图

3. 酒钢综合污水处理厂现状污水收集量统计

酒钢综合污水处理厂于2011年6月建成试运行,2001年7月水质基本稳定达到设计标准。论证收集了2011年7月至2012年3月9个月的酒钢综合污水处理厂进水口、出水口、回用水水量数据,参见表5-21、表5-22,逐日进水、出水、回用水量示意图见图5-19。

由表5-21、表5-22可知,酒钢综合污水处理厂2011年7月到2012年3月,月均收水量为315.1万 m³,日均收水量为10.4万 m³;月均出水量为304.5万 m³,日均出水量为10.0万 m³;月均回用量为59.0万 m³,日均回用量为1.9万 m³;月均剩余中水量为245.5万 m³,日均剩余中水水量为8.1万 m³。

酒钢综合污水处理厂处理能力按16万 m³/d 设计,目前完全能够满足酒钢本部废污水及嘉峪关市北区生活污水的处理需求。

4. 规划污水收集量分析

根据项目可研及《酒钢集团"十二五"发展规划》,酒钢近期将建设铁合金和五热电等产业,预计到2015年酒钢本部用水量将达到9 580万 m³,废污水年排放量将达到3 047万 m³。另外,考虑嘉北生活污水量将达到1 033万 m³(根据嘉峪关市水务局测算成果),则2015年酒钢综合污水处理厂可收集总污水量将达到4 080万 m³,日产生污水量为11.18万 m³,详见表5-23。

表 5-21　酒钢综合污水处理厂进水、出水、回用水量统计简表　　(单位:万 m³)

统计时段	2011 年7 月	2011 年8 月	2011 年9 月	2011 年10 月	2011 年11 月	2011 年12 月	2012 年1 月	2012 年2 月	2012 年3 月	平均
污水处理厂收水范围内排放总量	335.0	330.8	329.8	322.8	313.8	316.1	316.6	314.3	319.5	322.0
污水处理厂进口收水总量	327.7	325.2	321.4	314.8	307.6	309.5	309.2	308.1	312.6	315.1
污水处理厂进口日均收水量	10.6	10.5	10.7	10.2	10.3	10.0	10.0	11.0	10.1	10.4
污水处理厂出口出水总量	316.2	313.8	311.2	304.5	297.0	298.6	298.9	298.3	302.4	304.5
污水处理厂出口日均出水量	10.2	10.1	10.4	9.8	9.9	9.6	9.6	10.7	9.8	10.0
中水回用于生产用水总量	52.0	53.4	56.6	58.7	61.6	62.3	62.9	62.5	61.0	59.0
中水回用日均量	1.7	1.7	1.9	1.9	2.1	2.0	2.0	2.2	2.0	1.9
污水处理厂中水剩余总量	264.2	260.4	254.6	245.8	235.4	236.3	236.0	235.8	241.4	245.5
污水处理厂中水剩余日均量	8.5	8.4	8.5	7.9	7.8	7.6	7.6	8.5	7.8	8.1

表 5-22　酒钢综合污水处理厂 2011 年 7 月～2012 年 3 月进水、出水、回用水量统计

（单位:m³）

日期 (月-日)	进水量	出水量	回用量	日期 (月-日)	进水量	出水量	回用量	日期 (月-日)	进水量	出水量	回用量
07-01	101 936	97 393	17 372	08-01	105 340	100 636	17 311	09-01	103 679	100 259	15 074
07-02	104 526	100 976	17 467	08-02	104 939	101 304	16 479	09-02	102 085	98 535	17 863
07-03	98 853	94 396	17 398	08-03	100 969	96 392	17 290	09-03	105 463	102 788	20 275
07-04	108 058	104 854	17 361	08-04	103 452	98 803	16 580	09-04	109 628	105 860	20 624
07-05	108 677	105 767	17 400	08-05	99 269	93 685	14 899	09-05	104 660	102 102	18 755
07-06	115 666	112 871	19 045	08-06	105 766	103 163	16 960	09-06	103 255	99 672	18 128
07-07	111 253	106 662	19 161	08-07	101 024	96 446	17 115	09-07	98 921	95 154	16 911
07-08	97 072	93 110	19 234	08-08	106 308	103 689	17 574	09-08	107 317	104 371	17 450
07-09	116 064	113 609	6 401	08-09	106 955	104 317	18 158	09-09	102 218	98 664	16 988
07-10	107 317	104 797	6 397	08-10	105 413	101 764	16 607	09-10	106 401	102 416	17 700
07-11	102 162	97 427	10 049	08-11	96 571	92 124	15 564	09-11	104 605	102 991	17 533
07-12	110 201	106 705	10 008	08-12	101 186	96 757	13 565	09-12	113 002	108 783	17 476
07-13	108 499	105 417	18 033	08-13	104 582	98 966	15 410	09-13	110 998	107 459	19 246
07-14	104 981	101 594	17 395	08-14	102 434	98 933	17 830	09-14	109 168	104 750	22 936
07-15	103 660	100 755	19 649	08-15	107 736	105 384	16 412	09-15	114 573	110 619	22 401
07-16	110 079	106 685	23 433	08-16	110 572	106 657	17 245	09-16	108 978	105 943	23 009
07-17	108 391	105 508	13 098	08-17	110 447	106 958	17 495	09-17	112 483	108 900	17 715
07-18	114 467	110 773	18 419	08-18	110 108	106 630	17 164	09-18	114 875	110 602	19 046
07-19	113 049	109 570	17 649	08-19	105 999	104 447	17 656	09-19	115 940	111 947	17 189
07-20	109 310	106 248	16 418	08-20	101 820	99 333	17 357	09-20	106 549	102 518	17 172
07-21	105 120	101 864	17 753	08-21	101 269	97 741	18 129	09-21	105 434	101 747	21 231
07-22	100 618	97 356	16 536	08-22	108 063	104 645	16 797	09-22	104 900	100 918	24 759
07-23	100 860	93 440	17 138	08-23	110 685	107 043	18 174	09-23	106 881	103 906	20 651
07-24	105 297	102 348	19 837	08-24	106 087	103 475	18 156	09-24	110 499	107 526	21 565
07-25	96 746	92 969	19 072	08-25	106 879	104 244	19 612	09-25	108 086	104 497	16 959
07-26	103 842	101 243	19 024	08-26	97 758	93 276	16 957	09-26	106 105	103 329	17 605
07-27	102 454	97 948	18 207	08-27	101 316	97 503	17 730	09-27	99 849	97 564	17 634
07-28	99 748	96 508	16 949	08-28	109 910	105 359	18 892	09-28	106 046	102 516	17 145
07-29	98 556	95 040	17 541	08-29	113 039	108 110	17 875	09-29	101 610	98 519	17 087
07-30	102 479	99 056	18 069	08-30	100 505	97 092	18 603	09-30	110 168	107 335	17 940
07-31	104 324	99 581	19 843	08-31	105 814	103 231	18 668	合计	3 214 376	3 112 190	566 067
合计	3 274 265	3 162 470	521 356	合计	3 252 215	3 138 107	534 264				

续表5-22

日期 (月-日)	进水量	出水量	回用量	日期 (月-日)	进水量	出水量	回用量	日期 (月-日)	进水量	出水量	回用量
10-01	102 619	99 801	18 944	11-01	99 219	95 673	16 601	12-01	100 887	97 862	20 117
10-02	102 532	98 992	18 074	11-02	97 694	94 028	19 673	12-02	100 802	97 069	19 194
10-03	101 294	96 800	18 923	11-03	100 926	98 087	22 329	12-03	99 585	94 919	20 095
10-04	102 343	98 808	19 322	11-04	104 912	101 018	22 714	12-04	100 616	96 888	20 519
10-05	103 724	100 272	18 779	11-05	100 158	97 432	20 655	12-05	101 974	98 324	19 942
10-06	100 504	97 022	19 316	11-06	98 813	95 113	19 965	12-06	98 808	95 137	20 513
10-07	103 813	100 358	17 722	11-07	94 666	90 802	18 625	12-07	102 061	98 408	18 820
10-08	97 160	93 574	19 421	11-08	102 701	99 597	19 218	12-08	95 520	91 756	20 624
10-09	94 762	93 243	18 776	11-09	97 821	94 151	18 709	12-09	93 163	91 431	19 939
10-10	101 878	98 051	18 332	11-10	101 824	97 732	19 494	12-10	100 159	96 146	19 468
10-11	103 572	100 421	18 855	11-11	100 105	98 280	19 310	12-11	101 824	98 470	20 023
10-12	100 067	96 598	19 257	11-12	108 141	103 807	19 247	12-12	98 378	94 721	20 450
10-13	107 145	103 471	18 436	11-13	106 223	102 544	21 196	12-13	105 337	101 461	19 578
10-14	107 067	103 291	18 582	11-14	104 472	99 959	25 260	12-14	105 260	101 284	19 733
10-15	100 610	97 085	19 410	11-15	109 645	105 559	24 671	12-15	98 912	95 199	20 612
10-16	102 592	99 142	19 693	11-16	104 290	101 097	25 341	12-16	100 861	97 216	20 913
10-17	102 575	98 934	18 337	11-17	107 644	103 919	19 510	12-17	100 844	97 012	19 473
10-18	101 502	98 563	18 951	11-18	109 934	105 543	20 976	12-18	99 789	96 648	20 125
10-19	101 090	98 469	18 374	11-19	110 953	106 827	18 931	12-19	99 384	96 556	19 512
10-20	97 598	93 782	19 377	11-20	101 966	97 829	18 912	12-20	95 951	91 960	20 577
10-21	99 849	97 142	18 584	11-21	100 899	97 093	23 382	12-21	98 164	95 255	19 735
10-22	100 687	98 690	18 702	11-22	100 388	96 302	27 268	12-22	98 988	96 772	19 860
10-23	105 145	102 274	18 768	11-23	102 283	99 154	22 744	12-23	103 371	100 287	19 931
10-24	104 576	101 855	19 089	11-24	105 746	102 608	23 750	12-24	102 811	99 876	20 271
10-25	101 523	98 144	18 725	11-25	103 437	99 717	18 677	12-25	99 810	96 237	19 885
10-26	97 453	93 713	19 042	11-26	101 541	98 603	19 389	12-26	95 808	91 892	20 222
10-27	99 718	95 912	18 286	11-27	95 554	93 102	19 421	12-27	98 035	94 048	19 419
10-28	98 408	94 947	19 513	11-28	101 484	97 827	18 882	12-28	96 747	93 102	20 722
10-29	104 306	101 633	20 549	11-29	97 239	94 013	18 818	12-29	102 546	99 658	21 822
10-30	101 801	98 272	18 936	11-30	105 429	102 426	19 758	12-30	100 083	96 363	20 109
10-31	100 025	96 108	19 723	合计	3 076 107	2 969 842	623 426	12-31	98 337	94 241	20 945
合计	3 147 938	3 045 367	586 798					合计	3 094 815	2 986 198	623 148

续表 5-22

日期（月-日）	进水量	出水量	回用量	日期（月-日）	进水量	出水量	回用量	日期（月-日）	进水量	出水量	回用量
01-01	100 798	97 967	20 304	02-01	110 977	107 187	22 755	03-01	101 917	99 104	19 331
01-02	100 713	97 172	19 372	02-02	112 474	108 776	22 116	03-02	101 831	98 300	18 444
01-03	99 497	95 021	20 282	02-03	108 983	105 250	22 748	03-03	100 601	96 124	19 310
01-04	100 527	96 992	20 709	02-04	112 571	108 869	20 871	03-04	101 643	98 118	19 717
01-05	101 884	98 429	20 127	02-05	105 357	101 510	22 872	03-05	103 015	99 571	19 163
01-06	98 721	95 239	20 703	02-06	102 756	101 151	22 112	03-06	99 817	96 344	19 711
01-07	101 971	98 513	18 995	02-07	110 473	106 366	21 589	03-07	103 103	99 657	18 084
01-08	95 436	91 854	20 815	02-08	112 310	108 937	22 205	03-08	96 496	92 920	19 818
01-09	93 081	91 529	20 124	02-09	108 509	104 790	22 679	03-09	94 114	92 592	19 160
01-10	100 071	96 249	19 648	02-10	116 184	112 246	21 712	03-10	101 181	97 366	18 707
01-11	101 735	98 575	20 209	02-11	116 099	112 051	21 884	03-11	102 864	99 719	19 241
01-12	98 292	94 822	20 640	02-12	109 098	105 318	22 859	03-12	99 383	95 923	19 651
01-13	105 244	101 569	19 760	02-13	111 247	107 550	23 192	03-13	106 412	102 748	18 813
01-14	105 168	101 392	19 916	02-14	111 229	107 324	21 595	03-14	106 335	102 569	18 962
01-15	98 825	95 301	20 804	02-15	110 065	106 922	22 318	03-15	99 922	96 407	19 807
01-16	100 772	97 320	21 107	02-16	109 618	106 820	21 639	03-16	101 890	98 449	20 096
01-17	100 755	97 116	19 654	02-17	105 832	101 735	22 820	03-17	101 874	98 243	18 712
01-18	99 701	96 751	20 312	02-18	108 273	105 380	21 886	03-18	100 808	97 874	19 339
01-19	99 297	96 659	19 693	02-19	109 181	107 059	22 025	03-19	100 399	97 781	18 750
01-20	95 867	92 058	20 768	02-20	114 015	110 947	22 103	03-20	96 931	93 127	19 773
01-21	98 078	95 356	19 918	02-21	113 398	110 493	22 481	03-21	99 166	96 463	18 964
01-22	98 901	96 876	20 045	02-22	110 088	106 467	22 052	03-22	99 998	98 001	19 085
01-23	103 280	100 394	20 116	02-23	105 674	101 660	22 425	03-23	104 426	101 560	19 152
01-24	102 721	99 983	20 460	02-24	108 131	104 046	21 535	03-24	103 861	101 143	19 479
01-25	99 722	96 340	20 070	02-25	106 710	102 999	22 980	03-25	100 829	97 458	19 108
01-26	95 724	91 990	20 409	02-26	113 106	110 252	24 200	03-26	96 787	93 058	19 431
01-27	97 949	94 149	19 599	02-27	110 389	106 606	22 300	03-27	99 036	95 242	18 660
01-28	96 662	93 202	20 914	02-28	108 463	104 259	23 227	03-28	97 735	94 284	19 912
01-29	102 455	99 765	22 024	合计	3 081 210	2 982 970	625 180	03-29	103 593	100 923	20 969
01-30	99 995	96 466	20 296					03-30	101 105	97 585	19 323
01-31	98 250	94 341	21 139					03-31	99 341	95 437	20 126
合计	3 092 092	2 989 390	628 932					合计	3 126 413	3 024 090	598 798

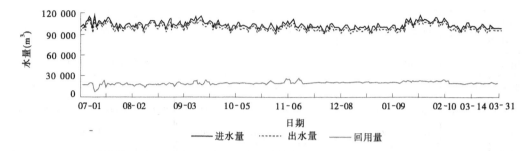

图 5-19　酒钢综合污水处理厂 2011 年 7 月至 2012 年 3 月进水、出水、回用水量示意图

表 5-23　设计水平年酒钢综合污水处理厂污水收集量　　　（单位:万 m³）

年份	酒钢生产和生活污水量	嘉北生活污水量	年产生污水量	日产生污水量	污水处理厂收集量
2015	3 047	1 033	4 080	11.18	10.94

　　酒钢综合污水处理厂处理能力按 16 万 m³/d 设计,完全能够满足酒钢本部废污水及嘉峪关市北区生活污水的处理需求。

5.2.3.3　中水可供水量分析

1. 可供水量分析

　　酒钢厂区的污水成分复杂,其特点是随着各生产工序的生产节奏不同,水质不稳定,冲击负荷高,主要污染物以无机成分为主,主要污染物是 COD、SS、油类、重金属离子等。根据污水处理厂建成运行后的水质统计数据来看,进入污水处理厂的污水硬度及电导率指标较高,进水硬度一般为 500～600 mg/L,最大为 800 mg/L;进水电导率一般为 1 000～1 200 mg/L。由于污水处理厂采用的是物化处理工艺,对硬度的去除能力有限,导致污水处理厂出水硬度指标不达标,影响中水用户的使用,现状对中水的使用主要是新水掺混中水降低硬度后使用。

　　为保证供水水质,酒钢计划在 2015 年之前分别在热电区、冶金区域分别建设中水深度处理设施。根据设计方案,深度处理设施由预处理、脱盐装置、水泵间、控制室及附属设施等组成。建设深度处理设施对中水来水的 30% 进行深度处理后,与其余 70% 中水进行掺混,供给各生产单位一般工业用水(满足间冷开式循环冷却水水质要求)。

　　按照上述污水处理方案,论证对现状污水收集量、设计水平年污水收集量分别进行分析,以得出酒钢综合污水处理厂的可供水量(出水满足工业用水水质要求),分析结果见表 5-24。

表 5-24　酒钢综合污水处理厂可供水量分析(满足工业用水水质要求)　　（单位:万 m³/d）

水平年	酒钢污水收集量	污水预处理出水量	深度处理量	深度出水量	可供水量(掺混水)
现状年	10.4	10.0	3.0	2.2	9.2
设计 2015 年	10.9	10.5	3.1	2.3	9.7

经了解,酒钢综合污水处理厂处理后的中水现状用水户包括厂区的二热电、三热电、炼钢以及绿化、花海农场灌溉等。经表 5-21、表 5-22 分析,酒钢综合污水处理厂 2011 年 7 月到 2012 年 3 月,月均回用于工业生产水量为 59.0 万 m^3,日均回用量为 1.9 万 m^3,剩余水量排至酒钢花海农场或用于绿化。

按照国家要求和酒钢中水回用计划,设计水平年 2015 年酒钢二热电、三热电将全部使用中水,正在开展前期工程的四热电(2×350 MW)上马后其水源也为中水,总用水量为 2 080 万 m^3/a(掺混水);根据用水合理性分析,2015 年本项目实施后本部钢铁产业链的中水用量为 1 251 万 m^3/a(掺混水);合计设计水平年中水用水量为 3 331 万 m^3/a(掺混水),对现状污水处理厂可供水量、设计水平年污水处理厂可供水量进行分析,均可以满足设计水平年中水用量,即本项目使用中水水量有保证。

因中水为非常规水源,其预测存在一定的不准确性,从供水安全角度考虑,论证认为,中水可供本项目钢铁部分的水量可按照现状实际较稳定的可供水量 9.2 万 m^3/d 进行分析,则考虑到二热电、三热电、四热电日用水量约为 5.7 万 m^3,剩余约 3.5 万 m^3/d 中水量可供本项目使用。在设计水平年,如中水可供水量较现状增加,则中水可回用于本项目或者其他项目,以减少常规水源的用水量。

2. 供水保证程度分析

受各用水户用水时间、生产负荷、污水收集管网条件等多种因素影响,排水水量及中水出水水量存在一定的波动情况,这势必对各中水用户用水产生较大影响。根据《酒钢"'十二五'及远景发展规划"给排水系统设施完善报告》,酒钢拟在热电区和钢铁产业区分别建设 5 万 m^3 中水调蓄水池各 1 处,用于调蓄中水,满足各生产单位稳定用水需求。

根据经验,污水处理厂在运行过程中可能存在来水水质超标、处理后水质不达标、污水来水量不稳定、管网故障、中水设备检修和停电等意外情况而无法向各中水用户供水。酒钢本部现状各类水源的供水管网配套情况较好,业主已建立有完善的应急供水方案和措施应对此类情况。因此论证认为,本项目采用中水水源无需专门备用水源,现有其他稳定水源及供水管网均可以向各中水用户提供应急供水,项目的供水保证程度可以得到满足。

5.2.3.4　中水水质保证程度分析

1. 酒钢综合污水处理厂工艺

根据《酒泉钢铁(集团)有限责任公司污水处理及回用工程环境影响报告书》(2011),酒钢综合污水处理厂处理工艺为"强化混凝沉淀 + 过滤",设计出水水质满足《城镇污水处理厂污染物排放标准》(GB 181918—2002)一级 B 标准,并按《城市污水再生利用　工业用水水质》(GB/T 19923—2005)中敞开式循环冷却补充水标准设计出水水质。酒钢综合污水处理厂设计出水水质标准见表 5-25。

表 5-25　酒钢综合污水处理厂设计出水水质标准

序号	基本控制项目		《城镇污水处理厂污染物排放标准》一级 B 标准	《城市污水再生利用　工业用水水质》		
				敞开式循环冷却补充水标准	锅炉补给水水质标准	工艺与产品用水水质标准
1	化学需氧量(COD,mg/L)	≤	60	60	60	60
2	生化需氧量(BOD$_5$,mg/L)	≤	20	10	10	10

续表 5-25

序号	基本控制项目		《城镇污水处理厂污染物排放标准》一级 B 标准	《城市污水再生利用 工业用水水质》		
				敞开式循环冷却补充水标准	锅炉补给水水质标准	工艺与产品用水水质标准
3	悬浮物(SS,mg/L)	≤	20	—	—	—
4	动植物油(mg/L)	≤	3	—	—	—
5	石油类(mg/L)	≤	3	1	1	1
6	阴离子表面活性剂(mg/L)	≤	1	0.5	0.5	0.5
7	总氮(以 N 计,mg/L)	≤	20	—	—	—
8	氨氮(以 N 计,mg/L)	≤	8(15)	10	10	10
9	总磷(mg/L)	≤	1	1	1	1
10	色度(度)	≤	30	30	30	30
11	pH		6~9	6.5~8.5	6.5~8.5	6.5~8.5
12	粪大肠菌群数(个/L)	≤	10 000	2 000	2 000	2 000
13	浊度(NTU)	≤	—	5	5	5
14	铁(mg/L)	≤	—	0.3	0.3	0.3
15	锰(mg/L)	≤	—	0.1	0.1	0.1
16	氯离子(mg/L)	≤	—	250	250	250
17	二氧化硅(SiO_2)	≤	—	50	30	30
18	总硬度(以 $CaCO_3$ 计,mg/L)	≤	—	450	450	450
19	总碱度(以 $CaCO_3$ 计,mg/L)	≤	—	350	350	350
20	硫酸盐(mg/L)	≤	—	250	250	250
21	溶解性总固体(mg/L)	≤	—	1 000	1 000	1 000
22	六价铬(mg/L)	≤	0.05	—	—	—

　　具体处理流程如下:污水经排水河道重力流至污水处理厂,经进水总闸板,进入预处理,通过粗、细格栅处理后,由潜污泵提升至混合配水构筑物,在混合配水构筑物实现比例配水,并投加相应药剂,采用机械搅拌进行混合反应后,进入高效澄清池,经沉淀分离后,再经后混凝并进行 pH 调整后,进入 V 型滤池进行过滤,同时滤后投加二氧化氯消毒,然后进入回用贮水池,最后由两组回用水泵送往回用水管网。高效澄清池的底流污泥通过泥浆泵送往厢式压滤机进行脱水,脱水后的泥饼含水率小于 50%,用汽车运输集中统一消纳。酒钢综合污水处理厂污水处理工艺流程见图 5-20。

　　2. 现状污水处理厂出水水质

　　论证收集了酒钢综合污水处理厂 2011 年 7 月至 2012 年 3 月的逐日出水水质监测数据,并对各月数据的最大值、最小值、平均值进行调选、统计整理(见表 5-26),按照表 5-25 中所列标准进行分析,分析结果见表 5-27。

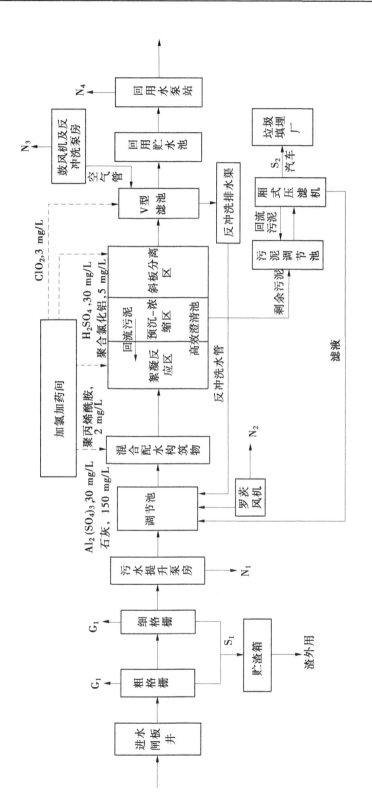

图 5-20 酒钢综合污水处理厂污水处理工艺流程

表5-26　酒钢综合污水处理厂2011年7月至2012年3月出水水质汇总

月份	项目	pH	悬浮物 (mg/L)	COD$_{Cr}$ (mg/L)	总磷(以P计, mg/L)	六价铬 (mg/L)	油 (mg/L)	总硬度(以CaCO$_3$计, mg/L)	总碱度(以CaCO$_3$计, mg/L)	氯化物 (mg/L)	总溶解物 (mg/L)	总铁 (mg/L)	电导率 (μS/cm)	SO$_4^{2-}$ (mg/L)	浊度 (mg/L)	永久硬度 (mg/L)	暂时硬度 (mg/L)
7	最大值	8.63	18.00	59.23	0.59	0.05	3.35	505.00	134.40	172.34	1 268.00	0.54	2 120.00	196.92	3.83	438.12	127.20
	最小值	7.63	3.60	12.00	0	0	0.25	385.00	50.40	78.01	502.00	0.04	935.00	100.86	0.21	277.60	48.00
	平均值	8.09	11.72	35.17	0.25	0.01	1.08	450.22	83.90	118.13	669.96	0.31	1 243.70	155.08	1.25	361.47	82.83
8	最大值	8.78	10.00	59.23	0.91	0.05	4.02	560.00	127.20	181.55	1 268.00	5.74	2 120.00	196.92	4.82	486.00	145.33
	最小值	7.02	4.80	6.00	0.17	0.02	1.40	325.00	24.00	38.00	458.49	0.05	828.00	106.32	0.59	53.90	17.51
	平均值	8.05	8.52	31.89	0.40	0.01	2.68	453.61	70.71	111.40	650.80	0.77	1 144.37	154.96	2.56	324.22	66.20
9	最大值	8.48	10.00	54.36	0.84	0.01	3.35	505.00	151.20	136.17	675.00	0.50	1 391.00	196.92	1.80	427.90	151.20
	最小值	7.25	3.60	12.00	0.10	0	0	330.00	36.00	60.99	401.00	0.04	781.00	114.09	0.51	186.00	31.20
	平均值	7.97	8.13	29.59	0.29	0	1.25	424.17	97.50	105.50	573.63	0.28	1 115.38	152.00	1.10	320.76	97.67
10	最大值	8.63	9.60	65.88	0.40	0.01	4.69	575.00	151.20	139.00	781.00	0.44	1 520.00	235.35	3.83	447.80	156.00
	最小值	7.61	2.40	15.94	0.07	0	0.67	350.00	52.00	68.94	475.00	0.13	856.00	124.88	0.56	201.20	48.00
	平均值	8.05	8.01	38.03	0.20	0	1.47	457.50	104.66	104.65	614.60	0.26	1 142.36	162.03	1.65	349.75	103.65
11	最大值	8.83	9.60	48.38	0.67	0.04	2.68	440.00	112.80	184.39	825.00	1.00	1 480.00	192.12	7.18	368.00	112.80
	最小值	7.67	6.40	11.90	0.03	0	0.67	305.00	60.00	66.66	361.00	0.05	660.00	86.45	0.59	192.20	60.00
	平均值	8.22	8.37	25.85	0.23	0	1.43	394.00	83.36	124.96	603.73	0.41	1 108.07	152.74	3.23	310.48	82.72
12	最大值	8.66	16.00	58.58	0.17	0	2.68	620.00	384.00	262.24	1 491.00	1.62	2 280.00	201.73	12.60	545.60	455.20
	最小值	6.61	6.40	20.92	0.01	0	0.67	285.00	21.60	56.03	396.00	0.14	707.00	88.86	0.76	64.80	21.60
	平均值	8.08	9.58	37.58	0.08	0	1.49	478.59	90.86	215.01	710.34	0.53	1 211.38	157.56	3.93	389.75	94.67
1	最大值	8.76	10.40	63.49	0.62	0.01	0.67	680.00	160.80	177.30	867.00	2.14	1 444.00	292.98	4.28	582.40	160.80
	最小值	7.12	5.00	15.50	0.01	0	0.61	360.00	43.20	98.58	569.00	0.09	937.00	105.67	0.47	273.60	43.20
	平均值	8.09	8.70	32.29	0.11	0	0.67	481.67	93.23	138.07	697.33	0.43	1 141.85	175.32	2.29	389.78	92.49
2	最大值	7.97	9.60	48.19	0.08	0	1.34	625.00	168.00	177.30	879.00	0.57	1 585.00	216.13	3.38	555.40	168.00
	最小值	6.61	4.80	12.82	0	0	0.34	390.00	29.20	99.29	553.00	0.08	827.00	120.07	0.74	315.00	38.40
	平均值	7.32	7.52	34.01	0.05	0	0.70	492.93	83.66	132.31	650.90	0.29	1 124.69	159.16	1.20	410.47	82.28
3	最大值	8.39	15.60	62.72	0.16	0	1.34	540.00	156.00	175.88	887.00	4.32	1 547.00	192.12	2.76	467.60	156.00
	最小值	6.95	5.20	15.94	0.03	0	0.67	320.00	28.80	96.45	564.00	0.10	934.00	129.68	0.89	129.60	28.80
	平均值	7.53	9.03	29.25	0.08	0	0.80	451.29	82.19	127.10	692.21	0.57	1 235.31	159.60	1.46	365.82	78.51

由表5-27可知,酒钢综合污水处理厂现状情况下出水水质基本上满足《城镇污水处理厂污染物排放标准》(GB 181918—2002)一级B标准要求,仅在个别时段石油类轻微超标;但现状出水水质尚不能满足《城市污水再生利用　工业用水水质》(GB/T 19923—2005)敞开式循环冷却补充水的水质标准要求,主要的超标因子为总铁、总硬度、石油类等。

表5-27　酒钢综合污水处理厂2011年7月至2012年3月的出水水质分析结果

月份	按照《城镇污水处理厂污染物排放标准》一级B标准分析	按照《城市污水再生利用　工业用水水质》敞开式循环冷却补充水标准分析
7	所监测因子平均值、最小值全部符合标准要求,最大值中仅有石油类轻微超标	最小值均符合标准,平均值中石油类、总硬度、总铁超标,最大值中pH、石油类、总硬度、总溶解物、总铁超标
8	所监测因子平均值、最小值全部符合标准要求,最大值中仅有石油类轻微超标	最小值均符合标准,平均值中石油类、总硬度、总铁超标,最大值中pH、石油类、总硬度、总溶解物、总铁超标
9	所监测因子平均值、最小值全部符合标准要求,最大值中仅有石油类轻微超标	最小值均符合标准,平均值中石油类超标,最大值中石油类、总硬度、总铁超标
10	所监测因子平均值、最小值全部符合标准要求,最大值中仅有COD_{Cr}、石油类轻微超标	最小值均符合标准,平均值中石油类、总硬度超标,最大值中pH、COD_{Cr}、石油类、总硬度、总铁超标
11	所监测因子最大值、平均值、最小值全部符合标准要求	最小值均符合标准,平均值中石油类、总铁超标,最大值中pH、石油类、总铁、浊度超标
12	所监测因子最大值、平均值、最小值全部符合标准要求	最小值均符合标准,平均值中石油类、总硬度、总铁超标,最大值中pH、石油类、总硬度、总碱度、氯化物、总铁超标
1	所监测因子平均值、最小值全部符合标准要求,最大值中仅有COD_{Cr}、石油类轻微超标	平均值、最大值中总硬度超标,最大值中总铁超标
2	所监测因子最大值、平均值、最小值全部符合标准要求	平均值、最大值中总硬度超标,最大值中总铁超标
3	所监测因子平均值、最小值全部符合标准要求,最大值中仅有COD_{Cr}、石油类轻微超标	平均值、最大值中总硬度超标,最大值中总铁超标

3. 中水水质保证程度分析

根据前述分析,酒钢综合污水处理厂出水水质不能满足各生产单位的一般回用水水质标准,需进一步深度处理。

根据化学部分设计说明书,鉴于酒钢综合污水处理厂采用投加石灰、高密度沉淀池及V型滤池的处理工艺,在考察济钢相同处理工艺的基础上,中水深度处理系统采用如下处理工艺:酒钢综合污水处理厂出水→生水箱→生水泵→生水加热器→卧式双介质过滤器→叠片过滤器→超滤装置→超滤产水箱→反渗透给水泵→反渗透装置→淡水箱→淡水泵→各用户。超滤装置及反渗透装置均采用并联连接方式;超滤膜、反渗透膜采用抗污染膜。

30%的中水经深度处理系统处理后,与另外70%的酒钢综合污水处理厂中水的混合水水质符合《城市污水再生利用　工业用水水质》标准,可以满足本项目一般工业用水水质需要。根据酒钢综合污水处理厂2011年7月至2012年3月出水水质数据,结合中水经深度处理系统设计出水水质标准,论证给出了正常工况下掺混水给水水质(见表5-28)。

表5-28　论证估算的正常工况下掺混水给水水质

序号	项目	指标
1	pH	7 ~ 8.2
2	硬度(mg/L)	≤310
3	铁(mg/L)	≤0.29
4	电导率(μS/cm)	≤813
5	浊度(NTU)	≤3
6	石油类(mg/L)	≤1
7	COD(mg/L)	≤33

综上分析,本项目采用中水水源在水质上是有保证的。

5.2.3.5　中水取水工程合理性分析

根据《酒泉钢铁(集团)有限责任公司污水处理及回用工程初步设计》并结合现场勘察,酒钢综合污水处理厂内设有回用水泵房,回用水泵房内共设两组泵,分别供给酒钢的中水一干线、中水二干线,并预留有一组泵位(性能基本同二干线)。泵站设计总供水能力为7 329 m^3/h。其中,一干线设计供水量为4 569 m^3/h,$H=78.4$ m,管径为DN900,主要供给对象为冶金厂区;二干线设计供水量为2 760 m^3/h,$H=50$ m,管径为DN900,主要供给对象为二热电、三热电、苗圃、草坪、行道树等绿化用水。各泵组性能为:

中水一干线选用5台水泵,3用2备,采用恒压变频控制;单台$Q=1$ 523 m^3/h。

中水二干线选用3台水泵,2用1备,采用恒压变频控制;单台$Q=1$ 380 m^3/h。

预留泵组,按3台泵位置预留。

酒钢综合污水处理厂回用水泵房实景图见图5-21。

经调查,目前中水一干线、二干线已经铺设并实现局部通水;中水一干线末端的深度处理系统及中水缓冲池已开始设计选址;二干线末端的深度处理系统及中水缓冲池已开始动工建设。项目实施后,将在中水一干线末端的深度处理系统处取水,通过泵房升压后供给各用水点。

图 5-21　酒钢综合污水处理厂回用水泵房实景图

鉴于酒钢中水回用配套管网建设良好,且水质、水量得到保证,因此本项目中水取水工程可以保证项目取用中水的要求。

5.2.3.6　中水水源可靠性与可行性分析

因中水为非常规水源,其预测存在一定的不准确性,从供水安全角度考虑,论证认为,中水可供本项目钢铁部分的水量可按照现状实际较稳定的可供水量 9.2 万 m³/d 进行分析,则考虑到二热电、三热电、四热电用水量约为 5.7 万 m³/d,剩余约 3.5 万 m³/d 中水量可供本项目使用。在设计水平年,如中水可供水量较现状增加,则中水可回用于本项目或者其他项目,以减少常规水源的用水量。

酒钢综合污水处理厂出水水质不能完全满足项目用水标准,在中水深度处理系统建成投入运行的情况下,本项目的中水用水水质可以得到保证。

通过建立完善的应急供水方案和建设中水调蓄水池,可以实现本项目稳定用水,项目的供水保证程度可以得到满足。

目前,酒钢综合污水处理厂中水一干线、二干线已经铺设并实现局部通水,项目实施后,将在中水一干线末端的深度处理系统处取水,通过泵房升压后供给各用水点,取水口位置设置合理。

项目取水符合《中共中央国务院关于加快水利改革发展的决定》提出的"大力推进污水处理回用,积极开展海水淡化和综合利用,高度重视雨水、微咸水利用"精神,也符合《钢铁企业节水设计规范》提出的"现有钢铁企业已利用地下水作为主要生产水水源的,应逐步开发地表水、非传统水源取代地下水"要求,是推进污水资源化、解决酒钢和嘉峪关市水资源供需矛盾、实现经济可持续发展战略的需要,有利于区域水资源优化配置和水资源利用效益与效率的提高。

综上分析,本项目取用酒钢综合污水处理厂中水作为生产用水水源是可靠且可行的。

第6章　取退水影响分析

6.1　取水影响分析

6.1.1　矿山部分取水影响分析

经用水合理性分析核定,项目实施后,镜铁山矿的取水量为 26.38 万 m³/a,其中讨赖河地表水 23.08 万 m³/a,矿井涌水 3.03 万 m³/a。根据取水情况,结合区域水资源配置和管理要求,对项目取水的影响进行分析。

6.1.1.1　对区域水资源的影响分析

1.取用矿井涌水对区域水资源的影响

项目所处区域水资源紧缺,生态脆弱,镜铁山矿通过回用矿井涌水,将自身水质较差的矿井涌水再生利用于生产,既节约了水资源,提高了水资源的利用效率,也避免了矿井涌水中污染物对讨赖河水环境的影响,对区域水资源的优化配置有积极的作用。

2.取用地表水对区域水资源的影响

根据《嘉峪关市城市环境功能区划达标方案》的相关内容,讨赖河及大草滩水库均为Ⅲ类功能区,执行《地表水环境质量标准》(GB 3838—2002)Ⅲ类标准。嘉峪关市水系分布图见图 6-1。

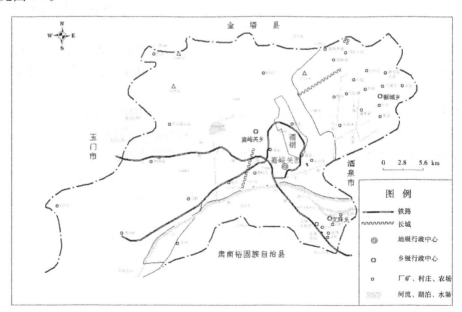

图 6-1　嘉峪关市水系分布图

项目地表取水点所处河段位于二级水功能区,即讨赖河肃南、嘉峪关、金塔工业、农业用水区,项目取水符合水功能区管理要求。

项目实施后,镜铁山矿年取讨赖河地表水量 23.08 万 m^3/a,占讨赖河取水口处多年平均、$P=75\%$、$P=97\%$ 来水量的 0.43‰、0.50‰、0.54‰,对讨赖河水资源配置、河流水文情势、水功能区纳污能力等的影响甚微。

6.1.1.2　对其他用水户的影响分析

经现场查勘,目前镜铁山矿周边基本没有居民,项目取用自身矿井涌水对其他用水户没有影响。

经调查,镜铁山矿讨赖河下游地表水开发仅有冰沟水电站发电用水,本项目取水量很小,对其基本上没有影响。

6.1.2　钢铁部分取水影响分析

6.1.2.1　对区域水资源的影响分析

1. 取用地表水对区域水资源的影响分析

1)对区域水资源的配置影响分析

经论证分析,项目实施前,钢铁部分取用地表水量为 2 043 万 m^3/a;项目实施后,钢铁部分取用地表水量为 1 672 万 m^3/a,均在许可给酒钢的讨赖河 4 500 万 m^3/a 地表取水指标之内取水。项目实施后,钢铁部分无须新增讨赖河地表取水指标,对区域水资源的配置没有影响。

本项目钢铁部分取水口所处河段一级水功能区为讨赖河肃南、嘉峪关、肃州、金塔开发利用区,二级水功能区为讨赖河肃南、嘉峪关、金塔工农业用水区,上、下控制断面均为镜铁山、金塔断面,河长 130 km,水质目标Ⅲ类。酒钢持有的讨赖河 4 500 万 m^3/a 地表取水指标用途为工农业用水,取水符合水功能区管理要求。

2)对讨赖河水文情势和水功能区纳污能力的影响

酒钢持有 4 500 万 m^3/a 的讨赖河取水指标,分别占讨赖河取水口处多年平均、$P=75\%$、$P=97\%$ 来水量的 8.2%、9.5%、10.3%。项目实施前,钢铁部分取用讨赖河地表水量 2 043 万 m^3/a,占讨赖河取水口处多年平均、$P=75\%$、$P=97\%$ 来水量的 3.7%、4.3%、4.7%;项目实施后,钢铁部分取用讨赖河地表水量 1 672 万 m^3/a,占讨赖河取水口处多年平均、$P=75\%$、$P=97\%$ 来水量的 3.0%、3.5%、3.8%。从以上分析可知,项目实施后,钢铁部分对讨赖河水文情势的影响比实施前有一定程度的降低,同时因项目取水占讨赖河来水比例相对较小,故对讨赖河的水文情势和水功能区纳污能力的影响较小。

2. 取用地下水对区域水资源的影响分析

1)对区域水资源配置的影响分析

讨赖河水源地为酒钢所有,现许可水量为 5 050 万 m^3/a(取水(甘嘉)字〔2008〕第 23 号~第 32 号)。2010 年开采讨赖河水源地水量为 3 034 万 m^3,2011 年为 3 213 万 m^3,在允许开采量 10.369 万 m^3/d(3 785 万 m^3/a)范围之内,未超出许可水量取水。项目实施后,钢铁部分取用地下水量为 1 492 万 m^3,比现状大幅度降低,无须增加地下水开采量,对区域水资源的配置没有影响。

2)对地下水位的影响分析

2010年均衡时段内的水均衡计算结果表明,均衡期内勘察区内地下水补给量略大于排泄量,均呈正均衡状态。

1995年至2008年讨赖河水源地地下水位动态资料表明,讨赖河水源地地下水位呈逐年下降趋势。其中,北10号井年平均水位下降0.392 m,北11号、北12号井2000～2008年年平均水位分别下降0.204 m、0.125 m,总体水位下降幅度较小。

经非稳定流干扰法验证:讨赖河水源地在最大允许开采量情况下,预测期内实际水位降深小于设计最大降深,可形成稳定的降落漏斗,不会出现水位持续下降状况。

3)对地下水质的影响分析

据甘肃省地矿局第四地质矿产勘查院对酒泉西盆地内讨赖河水源地、黑山湖水源地、嘉峪关水源地的水质动态监测资料显示,盆地内各水源地地下水质多年动态变化趋于稳定,其中讨赖河水源地矿化度、总硬度及各种离子含量以枯水期3～5月较高,丰水期6～9月较低,显示出河水入渗后对地下水的淡化作用,矿化度年变幅0.148～0.258 g/L,水化学类型以 $HCO_3^- - Mg^{2+} - Ca^{2+}$ 为主。

4)对生态与环境的影响分析

酒泉西盆地基本无人类居住,经济活动薄弱,地面为第四系硬质砾石戈壁,没有分布以地下水为依存的天然植被(林地、草地),也无大面积的人工绿洲区分布,地下水开采引起的地下水位下降对现有的生态与环境不产生影响。

3.取用中水对区域水资源的影响分析

嘉峪关地处水资源紧缺地区,项目取用中水是推进污水资源化、解决酒钢和嘉峪关市水资源供需矛盾、实现经济可持续发展战略的需要,有利于区域水资源优化配置、水资源利用效益和效率的提高。项目取用中水符合《钢铁企业节水设计规范》提出的"现有钢铁企业已利用地下水作为主要生产水水源的,应逐步开发地表水、非传统水源取代地下水"要求,是落实《中共中央国务院关于加快水利改革发展的决定》提出的"大力推进污水处理回用,积极开展海水淡化和综合利用,高度重视雨水、微咸水利用"精神的具体体现。

6.1.2.2　对其他取用水户的影响分析

1.取用地表水对区域其他取用水户的影响分析

现行讨赖河流域分水制度没有直接确定分配给各用水户的总水量,而是通过取水时间控制分水,即"定时不定量",只有酒钢年引水量4 500万 m^3/a 在规定时段内按量供给。多年来,酒钢严格按照规定时段引水,没有超指标引水,取水行为符合讨赖河流域分水制度;本项目实施之前、实施之后,钢铁部分的取水指标在酒钢4 500万 m^3/a 讨赖河取水指标之内,不新增取水指标,因此本项目取水对讨赖河下游其他用水户没有影响。

本项目现状钢铁部分年用地表水量为2 043万 m^3/a ,设计水平年项目实施后,钢铁部分年用地表水量为1 672万 m^3/a ,未超出现状用水水量,相较现状节约了地表水量371万 m^3/a ,因此本项目取水对企业内部其他用水户没有影响。

2. 取用地下水对区域其他取用水户的影响分析

经前分析,与讨赖河水源地处于同一地带的嘉峪关市傍河水源地、火车站水源地,由于建模时已经设计了其比较稳定的开采量,且产生的降落漏斗是上述 3 个水源地共同开采所致,运行至 2030 年,嘉峪关市傍河水源地水位降深 5~7 m,火车站水源地水位降深 6~8 m,小于设计降深 12 m,因而不会产生供水井涌水量减少和吊泵等现象。

本项目实施后,取用讨赖河水源地地下水量在允许开采量范围之内,不新增取水指标,且项目实施后地下水用量比现状有所下降,没有增加整个盆地的地下水开采量,因此对其他用水户基本没有影响。

3. 取用中水对区域其他取用水户的影响分析

经第 5 章分析,按照国家要求和酒钢中水回用计划,设计水平年 2015 年酒钢二热电、三热电将全部使用中水,正在开展前期工作的四热电(2×350 MW)上马后,其水源也为中水,总用水量为 2 080 万 m³/a;本项目实施后,钢铁部分中水用水量为 1 251 万 m³/a,合计中水用水量为 3 331 万 m³/a。对现状污水处理厂可供水量、设计水平年污水处理厂可供水量进行分析,中水可供水量可以满足设计水平年各用水户的中水用量需求,即本项目使用中水对其他用水户没有影响。

6.2　退水影响分析

6.2.1　矿山部分退水影响分析

6.2.1.1　退水系统组成

本项目废污水主要来源为矿井涌水和生活污水。经论证分析,在正常工况下,项目实施后,镜铁山矿桦树沟矿产生的矿井水经处理后用于桦树沟井下降尘补水,全部回用不外排;生活污水等经收集后送至污水处理站处理,处理后的出水作为降尘用水;在矿井涌水突然增大情况下,无法回用的矿井涌水经处理达标后通过现有排放口临时排放。

6.2.1.2　退水总量、主要污染物排放浓度和排放规律

经论证核定,结合调研所得,确定项目的退水总量、主要污染物排放浓度和排放规律见表 6-1。

6.2.1.3　退水处理方案和达标情况

1. 矿井涌水处理方案及达标情况

矿井涌水收集后,经泵打至地面矿井水处理站,经过计量泵压力投药→微涡管式混合→微涡折板絮凝→高效复合斜板沉淀→稀土瓷砂 V 型滤池过滤净化工艺处理后,出水水质符合《煤矿井下消防、洒水设计规范》(GB 50383—2006)附录 B 要求,回用于桦树沟矿区井下喷洒、除尘和爆破降尘用水。

2. 生活污水等处理方案及达标情况

经用水合理性分析可知,镜铁山矿生活污水产生量共计 139 m³/d,主要是来自浴室、食堂、单身公寓、办公楼卫生间及招待所等建筑的排水;锅炉排水 24 m³/d。现有的污水处理站处理规模为 200 m³/d,完全可以满足废水处置要求。

表 6-1　项目退水总量、主要污染物排放浓度和排放规律

退水种类	退水总量	主要污染物及排放浓度	退水排放规律	退水去向及用途
矿井涌水	$100 \ m^3/d$	总硬度:433.46 mg/L; SS:620 mg/L	连续排放	进入矿井水处理系统处理后回用
	突然增大			进入矿井水处理系统处理达标后排放
生活污水	$139 \ m^3/d$	COD_{Cr}:150～400 mg/L;BOD_5:100～250 mg/L;SS:150～300 mg/L;NH_3-N:≤45 mg/L		进入污水处理站处理后全部回用
锅炉排水	$24 \ m^3/d$	SS,溶解性、非溶解性固体,盐分等		
合计	$263 \ m^3/d$	—	—	正常工况退水零排放

　　根据调研,镜铁山矿现有污水处理站处理流程为:办公生活区内的生活污水经化粪池简单处理,食堂排水经隔油池隔油,锅炉排污经降温池降温,汇集其他建筑排放的废污水由室外排水管网排入办公生活区内的污水处理站处理,首先进入污水调节池,经污水提升泵提升至地埋式一体化污水处理装置,然后经沉淀、消毒等流程处理后,出水水质能够满足《污水综合排放标准》中一级排放标准要求,作为矿区降尘补水回用。

6.2.1.4　退水对区域水环境及第三方影响分析

1. 正常工况下退水影响分析

在正常工况下,项目废污水全部回用不外排,不会对区域水环境造成影响。

2. 非正常工况下退水影响分析

非正常工况下退水是指矿井及污水处理系统出现风险事故时的退水,主要包括以下几个方面:

(1)矿井涌水量突然增大。

(2)矿井涌水处理系统检修或发生事故不能进行正常处理。

(3)污水处理站等出现事故不能进行正常运行。

为防止以上风险事故的发生,业主单位应建立完善的水务管理制度和事故应急处理体系,建议业主按照矿井涌水处理站与污水处理站同时发生事故时的状况设置一定容积的事故污水缓冲水池,用于储存矿井涌水处理站和污水处理站事故状况下的退水,进入缓冲水池的污水经处理后应充分回用,回用不及时,应处理达标后排放,以节约新水量。缓冲水池必须做好防渗处置工作。

综上分析,在采取相关风险保障措施的前提下,项目的退水不会对区域水环境和第三方产生影响。

6.2.1.5　固体废弃物对区域水环境及第三方影响分析

本项目原料部分镜铁山矿固体废弃物主要由矿山开采所产生的废石、锅炉产生的粉煤灰及生活垃圾组成。目前,黑沟矿区开采产生的废石等排入黑沟矿南部的排土场内,桦树沟矿区开采产生的废石等排入桦树沟废石场;锅炉产生的粉煤灰用于矿山路面布设;生活垃圾由汽车运往嘉峪关市处理。

目前,黑沟矿区、桦树沟矿区在排土场(废石场)外均设置有截水沟,防止地表水流入场内浸泡、冲刷边坡;在排土场(废石场)坝下最低处均设置有废石淋溶水沉淀池,用于储存可能的淋溶水。

根据可研,黑沟矿区排土场、桦树沟废石场现有容积完全能够满足项目实施后镜铁山矿的废石储存要求,不再新建;粉煤灰、生活垃圾处理方式仍沿用现有处理方式。论证认为,本项目原料部分镜铁山矿固体废弃物采取的上述处置措施合理可行,可将固体废弃物对区域水环境的影响降到最低。在排土场(废石场)服务期满后应对排土场(废石场)及时进行覆土绿化,最大限度地降低本项目对生态环境的影响。

6.2.2 钢铁部分退水影响分析

6.2.2.1 退水系统及组成

本项目钢铁部分在设计中充分考虑了节约用水、一水多用和循环利用,厂区排水系统按清污分流的原则设计和建设,钢铁部分各工序的生产和生活排放的废污水原则上独立处理,生产排水部分处理回用,部分达标排入厂区排水管网;各工序生活用水排放的污水经过化粪池处理后排入排水管网;公司厂区排水管网采用雨污分流制,排放的废污水通过厂区排污管道排入酒钢综合污水处理厂,经处理后作为新水回用于生产。根据可研,本项目钢铁部分的主要排水类型如下:

(1)净循环水系统排放的废水,由于其主要污染物是盐类,水质较好,可以满足浊循环系统冷却水用水水质要求,所以大部分排水回用于浊循环水系统,如煤气洗涤用水、冲渣用水,少量排入厂区污水管网。

(2)浊循环水系统排放的废水大部分循环利用而消耗,少量经处理后排入厂区污水管网。

(3)大部分工业用水和其他生产用水按质用水,经处理后重复使用,少量排入厂区污水管网。

(4)生活污水经化粪池处理后,排入厂区污水管网。

可研对非正常工况下可能产生的严重污染排污环节设置有事故缓冲池,如炼焦工序的酚氰污水等废水,均设置废水储存槽暂时储存,设备运行正常后重新处理后回收利用;对污染轻微的排污水,直接排入污水管网,最终排入酒钢综合污水处理厂。

6.2.2.2 退水水量、主要污染物和处理回用情况

本项目实施后,钢铁部分退水水量、主要污染物及处理回用情况见表6-2。

经用水合理性分析,本项目实施后,钢铁部分共排水 1 535 万 m^3/a,进入酒钢综合污水处理厂处理。另外,酒钢综合污水处理厂还接纳了嘉峪关市区生活污水和酒钢热电厂排污水等,其设计处理能力为 16 万 m^3/d,处理能力完全满足;酒钢综合污水处理厂中水中有 30% 经深度处理系统处理后与另外 70% 的中水来水混合后作为新水供给酒钢二热电、三热电、四热电及本项目钢铁部分;深度处理系统处理后的浓盐水外送至酒钢花海农场作为景观用水。

表 6-2 本项目完成后主要退水处理回用情况一览表

序号	工序	废水名称	排放方式	退水量(万 m³/a)	主要污染因子	处理方式	排水去向
1	选矿	板框压滤机废水	连续	455.64	SS	沉淀池	回用于选矿浊循环系统
		尾矿带走	连续	195.27	SS	澄清池	排入酒钢综合污水处理厂
2	焦化	蒸氨废水	连续	199.98	COD、氨氮、酚、氰等	酚氰废水处理站	回用于高炉冲渣系统
		洗苯、脱苯工序废水	连续	12.84	COD、氨氮、酚、氰等	酚氰废水处理站	
		化产循环系统排水	连续	71.4	盐分	主要作为酚氰废水的配水进入酚氰废水处理站	
		备煤炼焦排水	连续	12.39	COD、氨氮、酚、氰等	酚氰废水处理站	
3	烧结	烧结设备冷却及余热锅炉排水	连续	79.57	盐分	—	排入酒钢综合污水处理厂
4	炼铁	现有 1#、2#高炉净循环系统排水	连续	126	盐分	—	排入酒钢综合污水处理厂
		现有 5#、6#高炉净循环系统排水	连续	19	盐分	—	排入酒钢综合污水处理厂
		现有 7#高炉和新建高炉净循环系统排水	连续	108.8	盐分	—	作为炼钢浊循环系统补充水、外排进入酒钢综合污水处理厂
5	炼钢	二炼钢净循环系统排水	连续	82.98	盐分	—	二炼钢浊循环系统补充水
		二炼钢浊循环系统排水	连续	579.05	石油类、SS	二炼钢污水处理系统	处理循环水量的 20%后继续回用
		一炼钢净循环系统排水	连续	73	盐分	—	一炼钢浊循环系统补充水
		OG 法烟气浊循环系统排水	连续	774.28	石油类、SS	沉淀+斜板	经处理后,外排 50.4 万 m³/a进入酒钢综合污水处理厂
		板坯方坯净循环系统排水	连续	223.62	盐分	—	作为板坯方坯浊循环系统补充水

续表 6-2

序号	工序	废水名称	排放方式	退水量（万 m³/a）	主要污染因子	处理方式	排水去向
5	炼钢	板坯方坯浊循环系统排水	连续	1 244.2	石油类、SS	旋流井 + 斜板沉淀	经处理后，外排 148.02 万 m³/a 进入酒钢综合污水处理厂
		不锈钢净循环系统排水	连续	333.2	盐分	—	作为不锈钢工序浊循环系统补充水
		不锈钢浊循环系统排水	连续	1 694	石油类、SS	旋流井 + 斜板沉淀	经处理后，外排 198.4 万 m³/a 进入酒钢综合污水处理厂
6	轧钢	线棒生产线浊循环系统排水	连续	5.6	石油类、SS	浊水旋流沉淀池 + 平流池	经处理后，外排进入酒钢综合污水处理厂
		高线生产线浊循环系统排水	连续	8.9	石油类、SS	旋流沉淀池 + 平流池	经处理后，外排进入酒钢综合污水处理厂
		棒材生产线浊循环系统排水	连续	8.4	石油类、SS	旋流沉淀池 + 平流池	经处理后，外排进入酒钢综合污水处理厂
		中板生产线浊循环系统排水	连续	12.3	石油类、SS	旋流沉淀池 + 斜板沉淀池	经处理后，外排进入酒钢综合污水处理厂
		CSP 薄板生产线浊循环系统排水	连续	5.14	石油类、SS	平流沉淀池 + 过滤器	经处理后，外排进入酒钢综合污水处理厂
		炉卷生产线浊循环系统排水	连续	7.6	石油类、SS	平流沉淀池 + 过滤器	经处理后，外排进入酒钢综合污水处理厂
		碳钢冷轧排水	连续	44.4	pH、石油类、SS 和重金属	酸碱废水处理站、含油废水处理站、含铬废水处理站	经处理后，外排进入酒钢综合污水处理厂
		不锈钢热轧生产线排水	连续	35	石油类、SS	平流沉淀池 + 过滤器	经处理后，外排进入酒钢综合污水处理厂
		不锈钢冷轧生产线排水	连续	68.9	pH、石油类、SS 和重金属	酸碱废水处理站、含油废水处理站、含铬废水处理站	经处理后，外排进入酒钢综合污水处理厂
		2 250 mm 热连轧排水	连续	166.5	石油类、SS	平流沉淀池 + 过滤器	经处理后，外排进入酒钢综合污水处理厂

续表 6-2

序号	工序	废水名称	排放方式	退水量（万 m³/a）	主要污染因子	处理方式	排水去向
7	职工生活	生活污水	连续	510	SS、COD、氨氮等	化粪池	外排进入酒钢综合污水处理厂
8	酒钢综合污水处理厂	深度处理后浓盐水	连续	329	盐分		进入花海农场作为景观用水

6.2.2.3 废污水处理装置工艺及效果分析

1. 焦化工序酚氰废水处理站

焦化污染废水主要是蒸氨后的剩余氨水、脱苯塔外排的粗苯分离水和苯精制塔外排的精苯分离水、煤气管道的水封水等，统称焦化酚氰废水。焦化酚氰废水含有大量的有毒、有害成分，本项目完成后将采用 A²/O 酚氰废水处理站处理焦化废水，焦化酚氰废水经 A²/O 工艺处理后，各污染物浓度均能满足《钢铁工业水污染物排放标准》（GB 13456—2012）表 3 中所列的二级标准要求，处理后的废水全部回用，不外排。酚氰废水处理站工艺流程如图 6-2 所示。

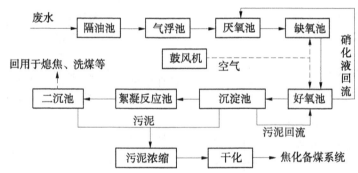

图 6-2 酚氰废水处理站工艺流程

2. 炼铁工序煤气洗涤水处理系统

高炉煤气净化废水自流至辐射沉淀池处理，沉淀后，澄清水经冷却后循环使用。辐射沉淀池下部污泥至沉淀池沉淀，沉淀污泥经脱水系统脱水，脱水后的泥饼的主要成分是铁的氧化物和焦炭粉，定期收集后送烧结系统作为原料回收利用。高炉煤气净化浊循环水系统处理工艺流程如图 6-3 所示。

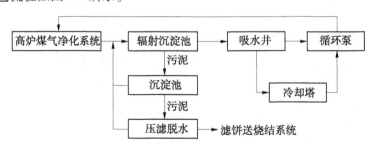

图 6-3 高炉煤气净化浊循环水系统处理工艺流程

3. 炼钢工序转炉煤气洗涤水处理系统

转炉煤气洗涤水都采用二文一塔洗涤处理装置,转炉煤气洗涤水进 VC 沉淀池处理,澄清水经冷却后循环使用。沉淀池底泥经板框压滤机压滤,滤饼送烧结系统作为原料回收利用。转炉煤气净化浊循环水系统处理流程见图 6-4。

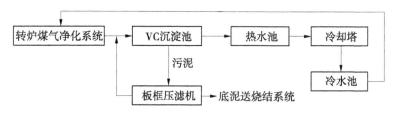

图 6-4　转炉煤气净化浊循环水系统处理流程

4. 炼钢工序连铸废水处理系统

连铸机二冷床直接冷却水中含铁皮、铁渣及泥,直接冷却水经氧化铁皮沟自流至旋流沉淀池,经初步沉淀除去大块铁皮,并经撇油器除去部分浮油后,一部分加压返回车间循环使用,剩余送化学除油器进一步除去细小铁皮和油,沉淀除油后的水送高速过滤器过滤,然后送冷却塔冷却后回到冷水池,再经循环水泵加压送至连铸机二冷床作为喷淋冷却水循环使用,少量外排。炼钢连铸浊循环水系统处理流程见图 6-5。

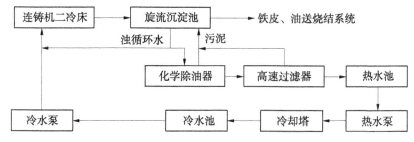

图 6-5　炼钢连铸浊循环水系统处理流程

5. 轧钢工序热轧浊循环水系统

轧钢工序废水先经旋流沉淀池沉淀,然后进二次平流沉淀池,去除氧化铁皮和油,再经过滤机过滤,澄清水经冷却后循环使用。过滤器反冲洗水返回二次平流沉淀池,沉淀池的底泥经过滤机脱水,滤饼送烧结系统作为原料回收利用,轧钢浊循环水系统处理流程见图 6-6。

6. 轧钢工序冷轧工序水处理系统

轧钢工序产生废水主要在冷轧工序,冷轧各机组产生的废水有三种,分别为含乳化液/油废水、含铬废水、含酸碱废水。根据不同废水水质和出水水质的要求,废水处理站设含乳化液/油废水处理系统、含铬废水处理系统和含酸碱废水处理系统三个部分。冷轧废水处理站处理流程见图 6-7。

7. 酒钢综合污水处理厂

酒钢综合污水处理厂为国家发展改革委高技术产业化重大示范工程,位于酒钢尾矿坝南侧。酒钢综合污水处理厂已于 2011 年 6 月建成试运行,目前接纳酒钢生产、生活排水和嘉峪关市城北的生活污水。酒钢综合污水处理厂设计处理能力为 16 万 m³/d,目前

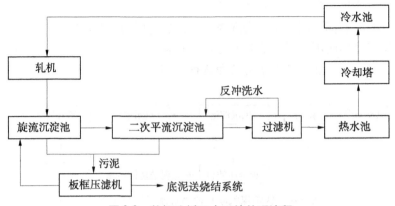

图 6-6　轧钢浊循环水系统处理流程

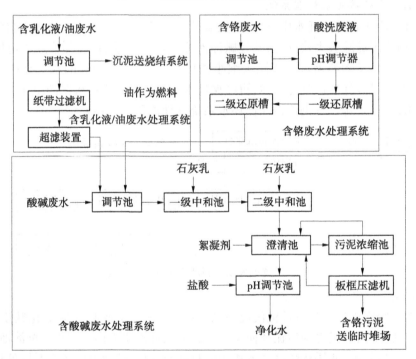

图 6-7　冷轧废水处理站处理流程

处理后的中水部分回用于酒钢二热电、三热电和现有钢铁产业链的炼钢等环节。酒钢综合污水处理厂污水处理工艺流程见图 5-20。酒钢综合污水处理厂设计出水水质满足《城镇污水处理厂污染物排放标准》(GB 181918—2002)一级 B 标准,并按《城市污水再生利用　工业用水水质》(GB/T 19923—2005)中敞开式循环冷却补充水标准设计出水水质。

经论证分析,酒钢综合污水处理厂现状情况下,出水水质基本上满足《城镇污水处理厂污染物排放标准》一级 B 标准要求,仅在个别时段石油类轻微超标;但现状出水水质尚不能满足《城市污水再生利用　工业用水水质》中敞开式循环冷却补充水的水质标准要求,作为一般工业用水尚需进一步处理。酒钢综合污水处理厂 2011 年 7 月至 2012 年 3 月出水水质汇总表见表 5-26。

8.中水深度处理系统

酒钢综合污水处理厂出水水质不能满足各生产单位的一般回用水水质标准,需进一步进行深度处理。可研设计30%的中水经深度处理系统处理后,与另外70%的酒钢综合污水处理厂中水掺混后作为新水向企业供水,该水质符合《城市污水再生利用　工业用水水质》标准,可以满足本项目一般工业用水水质需要。产品水与污水处理厂中水的掺混水给水水质详见表5-28。

根据可研,中水深度处理系统采用如下处理工艺:酒钢综合污水处理厂出水→生水箱→生水泵→生水加热器→卧式双介质过滤器→叠片过滤器→超滤装置→超滤产水箱→反渗透给水泵→反渗透装置→淡水箱→淡水泵→各用户。超滤装置及反渗透装置均采用并联连接方式;超滤膜、反渗透膜采用抗污染膜。中水深度处理系统产品水水质一览表见表6-3,排水水质一览表见表6-4。

表6-3　中水深度处理系统产品水水质一览表

序号	项目	指标
1	TOC(μg/L)	≤200
2	硬度(μmol/L)	≈0
3	二氧化硅(μg/L)	≤10
4	溶解氧(μg/L)	30～150
5	铁(μg/L)	≤5
6	铜(μg/L)	≤2
7	钠(μg/L)	≤3
8	pH(25 ℃)	7.0～8.5
9	电导率(离子交换后,25 ℃)(μS/cm)	≤0.15

表6-4　中水深度处理系统排水水质一览表

序号	项目	指标
1	pH	7～9
2	硬度(mg/L)	1 476
3	铁(mg/L)	1.38
4	电导率(μS/cm)	3 871
5	浊度(NTU)	5
6	石油类(mg/L)	1.5
7	COD(mg/L)	60

可研设计,中水深度处理后的浓排水送至酒钢花海农场作景观用水。因为表6-4中所列监测因子中仅有pH、浊度、石油类3项在《城市污水再生利用　景观环境用水水质》(GB/T 18921—2002)中有浓度标准,其中石油类超标。所以,论证认为,中水处理系统投

运后,应按照《城市污水再生利用 景观环境用水水质》所列监测因子对中水处理系统排水进行监测,确保排水水质符合景观用水水质标准。

6.2.2.4 退水对区域水环境影响分析

1. 正常工况下退水影响分析

1)对地表水的影响分析

本项目实施后,钢铁部分外排废水为中水深度处理系统排水,该排水进入酒钢花海农场用于观赏性景观环境用水,其余均回用到生产工序。正常工况下,本项目钢铁部分退水不会对区域水环境及第三方造成影响。

2)对地下水的影响分析

根据对废污水处理工艺分析,对地下水可能产生影响的为污水处理厂排水渠、新建焦煤料场及 $7^{\#}$、$8^{\#}$ 焦炉、化产项目污水处理站和新建冷轧项目污水处理站等。

a. 污染物溶质运移特征及数学模型

(1)溶质运移特征及边界条件。

①溶质运移特征。模拟区三维非稳定流地下水流系统中,铁和总硬度的运移符合对流—弥散原理,且弥散作用符合费克定律。模拟区地下水中铁和总硬度浓度较低,其吸附符合平衡等温线性吸附。

②边界条件。根据污染源、地下水水质监测及室内模拟试验结果,在水流模型边界条件及源汇项的基础上,确定地下水中铁和总硬度运移模型的初始浓度与参数。

侧向边界:模拟区溶质运移模型的边界主要是通量边界,分别对应于水流模型的流量边界,溶质浓度随时间的变化而变化。

垂向边界:对应于水流模型的垂向边界。溶质量由水位差、溶质浓度差、反应项以及弱透水层在垂向上的渗透系数和厚度所决定。

污水处理厂排水渠:根据水流模型中渠系与地下水水力联系情况,并结合渠中铁和总硬度浓度,将其概化为定浓度线源补给边界。

(2)数值模拟模型。

①数学模型。

主要考虑对流和弥散作用。运移的数学模型为:

$$
\begin{cases}
R\dfrac{\partial(\theta C^k)}{\partial t} = \nabla \cdot (D\nabla \cdot C^k - VC^k) + q_s C_s^k & t > 0 \\
C^k(x,y,z,t)\big|_{t=0} = C_0^k(x,y,z) & x,y,z \in \Omega \\
C^k(x,y,z,t) = C^k(x,y,z,t) & x,y,z \in \Gamma_1 \quad t \geq 0 \\
(VC^k - DgradC^k)\cdot \overrightarrow{n}\big|_{\Gamma_2} = g(x,y,z,t) & x,y,z \in \Gamma_2 \quad t \geq 0
\end{cases}
$$

式中 R——迟滞系数;

C^k——k 组分的溶解相浓度,M/L^3;

t——时间,T;

x,y,z——空间位置坐标,L;

D——水动力弥散系数张量,L^2/T;

V——地下水流速度,L/T;

q_s——源或汇,1/T;

C_s^k——源或汇水流中 k 组分的浓度,M/L^3;

$C_0^k(x,y,z)$——已知的初始深度分布;

Ω——整个模型区域;

Γ_1——定浓度边界(Dirichlet 边界);

Γ_2——通量(Neuman 边界);

$\vec{n}$——Γ 上的外单位法向量;

$g(x,y,z,t)$——已知函数,表示对流弥散通量。

②化学参数。

孔隙度:孔隙度对迁移计算的影响有两个方面,决定渗透速度,渗流速度控制着对流迁移;还决定着模型单元中储存溶质的孔隙体积大小。项目所在地主要以粗颗粒的砂卵砾石为主,根据经验常数,总孔隙度选为 0.3。

弥散度:多孔介质中的弥散是指污染物的散播区域超出仅通过地下水平均流速而预期的扩展范围。项目所在地为砂卵砾石。在模型预测中,采用保守参数进行赋值,选择最大值以得到对污染物运移最大的影响程度。本次弥散系数取值:纵向弥散系数为 10 m^2/d,横向弥散系数为 2.0 m^2/d(见表 6-5)。

表 6-5　弥散系数参考表

含水层土质类型	纵向弥散系数(m^2/d)	横向弥散系数(m^2/d)
细砂	0.05 ~ 0.5	0.005 ~ 0.01
中粗砂	0.2 ~ 1.0	0.05 ~ 0.1
砂砾	1 ~ 5	0.2 ~ 1.0
砂卵砾石	2 ~ 10	0.4 ~ 2.0

b. 综合污水处理厂排水渠对下水环境影响分析

(1)现状条件下综合污水处理厂花海农场排水渠对下水环境影响分析。

①污染因子的选取。

根据酒钢综合污水处理厂 2011 年 7 月至 2012 年 3 月出水水质和项目所在地地下水水质监测资料对比可知:现状污水处理厂水中的铁和总硬度浓度超过《地下水质量标准》(GB/T 14848—93)中Ⅲ类水限值,且大于地下水中的浓度。石油类在《地下水质量标准》(GB/T 14848—93)中无标准,因此采用《地表水环境质量标准》(GB 3838—2002)石油类的分级指标。

经调查,现有的排水渠底部淤泥厚 0.5 m,未进行防渗处理。由渗水试验成果可知,排水渠垂向渗透系数为 0.000 012 cm/s,在现有条件下,除铁和总硬度外,中水中其他离子进入地下水中不会造成地下水污染,因此在现有条件下影响地下水的因子主要是铁、石油类和总硬度。

根据调查,区域内酒钢污水收水渠已进行防渗处理,渗透系数 $<10^{-7}$ cm/s,酒钢综合污水处理厂至钢厂花海农场距离为 9 816 m,渠宽为 60 ~ 100 m,未进行防渗,但是因为多

年的排水,底部已形成 0.5 m 厚底泥。

因此,本次分析主要选取铁离子、石油类和总硬度作为预测因子。

②演化趋势预测。

浓度选择:根据地下水环境现状监测结果和污水处理厂监测结果,距离项目最近监测井地下水中铁离子浓度为 0.21 mg/L、地下水中总硬度为 311 mg/L、石油类浓度为 0 mg/L,污水处理厂处理后中水以监测的月平均值监测值在模型中动态赋值,污水处理厂处理后中水穿透底层淤泥后入渗进入地下水中。

模拟预测:本次模拟采用选取的水动力场和源、汇强度,对铁离子、总硬度和石油类运移进行模拟,预测中水入渗地下水中铁离子、总硬度和石油类的演化趋势,预测期为 2013 年至 2032 年,计算 2032 年地下水中铁离子、总硬度和石油类浓度分布和影响范围。预测结果见图 6-8。

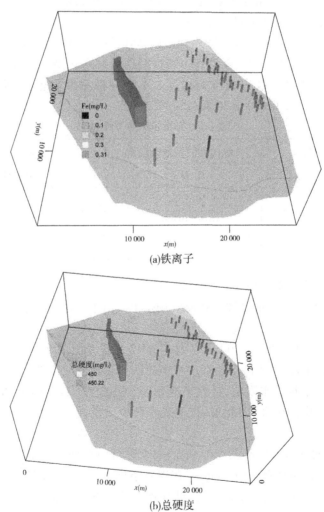

(a)铁离子

(b).总硬度

图 6-8　预测 2013～2032 年铁离子、总硬度及石油类浓度立体分布示意图(20 年)

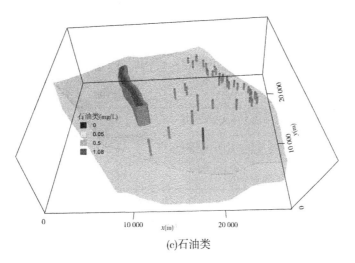

(c)石油类

续图 6-8

③结果分析。

对地下水环境影响分析:预测结果表明,2013～2032 年区域内潜水含水层局部地铁离子、总硬度和石油类浓度有所升高,升高幅度较大的区域位于中水排水渠的下游地区。其中,铁离子最大影响距离为 1 043 m(见表 6-6),浓度最大值出现在排水渠周围,最大值为 0.31 mg/L,大于《地下水质量标准》(GB/T 14848—93)中Ⅲ类要求,运行 20 年对地下水环境超标最大面积为 8.50 km²;总硬度最大影响距离为 709 m(见表 6-6),浓度最大值出现在排水渠周围,最大值为 450.22 mg/L,略大于《地下水质量标准》(GB/T 14848—93)中Ⅲ类要求,运行 20 年对地下水环境超标最大面积为 4.17 km²;石油类最大影响距离为 1 279 m(见表 6-6),浓度最大值出现在排水渠周围,最大值为 1.08 mg/L,大于《地下水质量标准》(GB/T 14848—93)中Ⅲ类要求,运行 20 年对地下水环境超标最大面积为 12.30 km²。因此,在现有的中水水质状况下,排水渠对地下水造成了污染。

表 6-6　综合污水处理厂至钢厂花海农场排水渠中不同水平年污染物对地下水环境影响程度

	污染因子	5 年	10 年	15 年	20 年
铁离子	排水渠长度(m)	9 816	9 816	9 816	9 816
	影响距离(m)	476	690	839	1 043
	地下水中铁离子超标距离(m)	311	552	705	866
	超标线与最近敏感点距离(m)	4 503	4 344	4 135	4 012
	超标面积(km²)	3.05	5.42	6.92	8.50
总硬度	排水渠长度(m)	9 816	9 816	9 816	9 816
	影响距离(m)	437	572	625	709
	地下水中总硬度超标距离(m)	220	338	400	425
	超标线与最近敏感点距离(m)	4 745	4 384	4 175	4 123
	超标面积(km²)	2.16	3.32	3.93	4.17

续表 6-6

	污染因子	5 年	10 年	15 年	20 年
石油类	排水渠长度(m)	9 816	9 816	9 816	9 816
	影响距离(m)	678	919	1 108	1 279
	地下水中石油类超标距离(m)	627	857	1 089	1 253
	超标线与最近敏感点距离(m)	4 275	4 062	3 877	3 624
	超标面积(km²)	6.15	8.41	10.69	12.30

对敏感点影响分析：

根据图 6-8 和表 6-6 可知,与项目最近的敏感点为嘉峪关机场水源井。项目运行 20 年后,铁离子超标范围与最近敏感点距离为 4 012 m,总硬度超标范围与最近敏感点距离为 4 123 m;石油类超标范围与最近敏感点距离为 3 624 m。因此,项目运行 20 年后,对敏感点无影响,环境风险可接受。

(2)项目运行后,减少排水量及增加深度处理站后排水渠对地下水环境影响分析。

①排放中水中浓度分析。

根据现场监测与分析评价,酒钢综合污水处理厂增加深度处理和中水综合利用后,中水外排水量为 637.84 万 m^3/a,在排放的中水中 COD 浓度为 32.63 mg/L、氨氮为 5 mg/L、石油类为 1.14 mg/L。

②模拟预测。

本次模拟采用选取的水动力场和源、汇强度,对 COD、氨氮和石油类运移进行模拟,预测中水入渗地下水中 COD、氨氮和石油类的演化趋势,预测期为 2013 年至 2032 年,计算 2032 年地下水中 COD、氨氮和石油类浓度分布和影响范围。预测结果见图 6-9。

③结果分析。

对地下水环境影响分析：

预测结果表明:2013~2032 年区域潜水含水层局部地 COD、氨氮和石油类浓度有所升高,升高幅度较大的区域位于中水排水渠的下游地区。其中,COD 最大影响距离为 789 m(见表 6-7),浓度最大值出现在排水渠周围,最大值为 10.0 mg/L,大于《地下水质量标准》(GB/T 14848—93)中Ⅲ类要求,运行 20 年对地下水环境超标最大面积为 7.39 km²;氨氮最大影响距离为 841 m(见表 6-7),浓度最大值出现在排水渠周围,最大值为 2.0 mg/L,略大于《地下水质量标准》(GB/T 14848—93)中Ⅲ类要求,运行 20 年对地下水环境超标最大面积为 7.88 km²;石油类最大影响距离为 817 m(见表 6-7),浓度最大值出现在排水渠周围,最大值为 0.60 mg/L,大于《地下水质量标准》(GB/T 14848—93)中Ⅲ类要求,运行 20 年对地下水环境超标最大面积为 7.67 km²。因此,在现有的中水水质状况下,排水渠对地下水造成了污染。

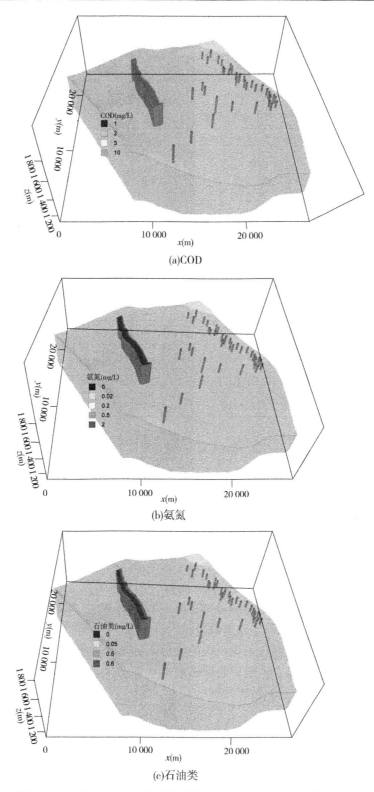

(a)COD

(b)氨氮

(c)石油类

图 6-9 预测 2013～2032 年 COD、氨氮及石油类浓度立体分布示意图(20 年)

表6-7　综合污水处理厂至钢厂花海农场排水渠中不同水平年污染物对地下水环境影响程度

污染因子		5 年	10 年	15 年	20 年
COD	排水渠长度(m)	9 816	9 816	9 816	9 816
	影响距离(m)	334	480	646	789
	地下水中 COD 超标距离(m)	317	452	621	753
	超标线与最近敏感点距离(m)	4 415	4 324	4 128	3 987
	超标面积(km^2)	3. 11	4. 44	6. 10	7. 39
氨氮	排水渠长度(m)	9 816	9 816	9 816	9 816
	影响距离(m)	375	539	693	841
	地下水中氨氮超标距离(m)	342	516	678	803
	超标线与最近敏感点距离(m)	4 357	4 109	3 896	3 733
	超标面积(km^2)	3. 36	5. 07	6. 66	7. 88
石油类	排水渠长度(m)	9 816	9 816	9 816	9 816
	影响距离(m)	383	539	685	817
	地下水中石油类超标距离(m)	324	508	646	781
	超标线与最近敏感点距离(m)	4 428	4 207	4 036	3 874
	超标面积(km^2)	3. 18	4. 99	6. 34	7. 67

c. 焦煤料场及 7#、8# 焦炉、化产项目对地下水环境影响分析

(1)污染源分析。

在焦化工序中,主要排污风险出现在洗煤工序和焦化生产工序,造成原因主要是设备故障、停产检修和停电事故等。洗煤工序主要是浓缩机事故的预防。浓缩机事故会导致大量煤泥水产生,为此,工程配备了 2 台浓缩机,1 用 1 备,以应对浓缩机事故出现;压滤机事故中检修时间短,且煤泥水压滤是阶段性生产,仅产生少量含水分较高的煤泥,而煤泥回用,所以不会对环境产生影响。焦化生产工序风险有两种情况:一种是由于生产紧张而导致小时产污量增加,这种情况下增加量一般为 $1 \sim 2$ m³/h,设备检修过程有 $2 \sim 4$ m³/h 废污水排放,这在蒸氨和生化处理设计时均予以考虑,不会产生风险;另一种是由于蒸汽量和压力没有达到要求导致蒸氨废水污染物偏高,从而对生化处理设施造成大冲击,导致出水达不到要求,这时应采用设置的大容积的氨水贮槽、生化进水调节池及事故槽,以应对废污水的储存和调节,避免超标排放。从以上分析可知,在焦化工序中,对地下水环境影响较大的是焦化厂的污水处理站。

(2)预测情景设置。

①工况一:采取防渗措施条件的正常工况。

预测目的:分析采取水泥混凝土防渗,使其渗透系数达到 $10^{-9} \sim 10^{-12}$ cm/s,发生点源渗漏叠加对地下水环境的影响。

预测因子:氰化物、COD、挥发酚、石油类和氨氮。

预测情景:有防渗措施条件下,由于存在缺陷渗漏孔,缺陷渗漏孔面积取 0.12 cm²,预测污染物对地下水的影响。

源强计算:焦化厂污水处理站未防渗污染物源强计算结果见表 6-8。

表 6-8　焦化厂污水处理站未防渗污染物源强计算结果 （单位:mg/L）

污染物	COD	挥发酚	氰化物	石油类	氨氮
浓度	5 026.67	839.67	4.74	34.27	792.53

对工况一,有防渗措施条件下,污染物质穿透防渗层的时间按下列公式计算。

渗水通道:

$$q = k\frac{d + h}{d}$$

穿透时间:

$$T = \frac{d}{q}$$

其中,q 为渗水通透量;T 为污染物质穿过防渗层的时间;k 为防渗层的渗透系数;d 为防渗层的厚度;h 为防渗层上面的积水高度。

假设防渗层积水高度为 1 m,防渗层厚度为 0.5 m,计算防渗层的穿透时间为 46 年,即在防渗层上持续积水为 1 m 的情况下,经过 528 年的污染物可以穿过防渗层。可见,有合格的防渗设施,可渗透的污染物质非常少,工程对地下水污染的可能性比较小。

因此,焦化厂污水处理站在防渗条件下对地下水环境无污染。

②工况二:防渗层开裂等污染地下水工况。

预测目的:论证焦化厂污水处理站防渗层开裂等条件下对地下水环境的影响。

预测因子:选择污染影响大的氰化物、COD、挥发酚、石油类和氨氮。

预测时段:20 年。

预测情景:焦化厂污水处理站防渗层开裂等情境下,由于重力作用入渗,污染物进入地下水而造成地下水污染。

预测源强:污染物源强计算成果见表 6-9,污水渗漏量按 1% 渗漏推算为 180.93 万 t/a。

工况二的预测结果见表 6-9、图 6-10。可以看出,20 年后氰化物、COD、挥发酚、石油类和氨氮超标范围分别达到 2.58 km²、3.63 km²、5.22 km²、3.24 km² 和 3.78 km²,由于氰化物属于剧毒污染物,影响范围相对较大,对地下水环境造成了污染。

表 6-9　焦化厂污水处理站工况二条件下污染物污染范围

污染因子		5 年	10 年	15 年	20 年
氰化物	纵向最大长度(m)	1 284.65	1 690	2 046	2 376
	横向最大长度(m)	1 263.4	1 673	1 931	2 156
	超标范围(km²)	0.83	1.44	2.07	2.58
	距最近敏感点距离(m)	7 822	7 639	7 405	7 218

续表6-9

	污染因子	5年	10年	15年	20年
COD	纵向最大长度(m)	1 412.4	1 805.7	2 126.4	2 465.3
	横向最大长度(m)	1 397.4	1 784.2	2 096.5	2 438.1
	超标范围(km²)	1.25	2.04	2.84	3.63
	距最近敏感点距离(m)	7 589	7 394	7 238	7 029
挥发酚	纵向最大长度(m)	1 617	2 087	2 473	2 834
	横向最大长度(m)	1 608	2 058	2 365	2 615
	超标范围(km²)	1.87	3.02	4.10	5.22
	距最近敏感点距离(m)	7 725	7 401	7 026	6 821
石油类	纵向最大长度(m)	1 317	1 638	1 950	2 245
	横向最大长度(m)	1 263	1 601	1 855	2 030
	超标范围(km²)	1.26	1.99	2.63	3.24
	距最近敏感点距离(m)	7 899	7 655	7 335	7 172
氨氮	纵向最大长度(m)	1 462	1 834	2 167	2 491
	横向最大长度(m)	1 446	1 812	2 137	2 479
	超标范围(km²)	1.31	2.15	3.00	3.78
	距最近敏感点距离(m)	7 538	7 363	7 206	7 012

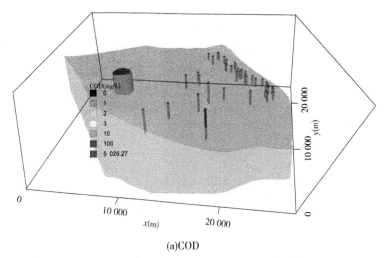

(a)COD

图6-10　焦化厂污水处理站工况二条件下污染物COD、挥发酚、石油类、氰化物及
氨氮运移20年污染范围

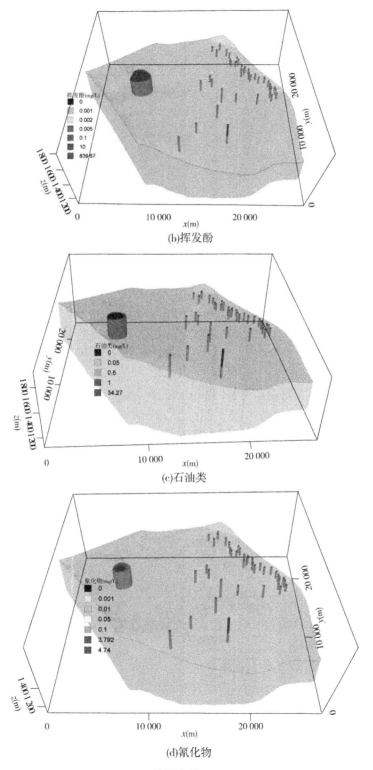

(b)挥发酚

(c)石油类

(d)氰化物

续图 6-10

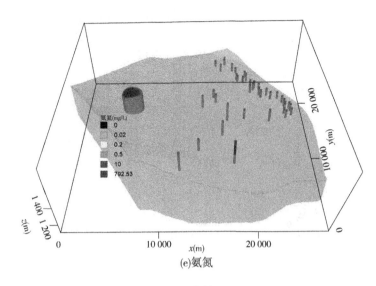

(e)氨氮

续图 6-10

对敏感点影响分析:

根据表 6-9、图 6-10 可知,与项目最近的敏感点为机场水源井,项目运行 20 年后,超标范围与机场水源井最近距离为 6 821 m。因此,项目运行 20 年对敏感点无影响,环境风险可接受。

从以上分析可知,在防渗层开裂、渗漏条件下,项目运行 20 年后对敏感点无污染,但会对区域地下水环境造成污染。

d. 轧钢工序冷轧工序水处理系统对地下水环境影响分析

(1)项目用水分析。

根据项目用水合理性分析,在项目实施后,冷轧工序总用水量为 11 256.48 万 m³/a,新鲜水用量为 277.30 万 m³/a,循环水用量为 10 979.18 万 m³/a,向综合污水处理厂排水量为 58.76 万 m³/a(见表 6-4)。其中,新建不锈钢冷轧项目总用水量为 3 968.51 万 m³/a,新鲜水用量为 81.00 万 m³/a,循环水用量为 3 887.51 万 m³/a,向酒钢综合污水处理厂排水量为 18.06 万 m³/a。

(2)预测情景设置。

①工况一:有防渗条件的正常工况。

预测目的:分析采取水泥混凝土防渗,使其渗透系数达到 $10^{-9} \sim 10^{-12}$ cm/s,发生点源渗漏叠加工况的影响。

预测因子:铁离子、Cr^{6+} 和石油类。

预测情景:有防渗措施条件下,由于存在缺陷渗漏孔,缺陷渗漏孔面积取 0.12 cm²,预测污染物对地下水的影响。

源强计算:污染物源强计算成果见表 6-10。

对工况一,在有防渗措施条件下,污染物质穿透防渗层的时间按下列公式计算。

渗水通道:

$$q = k \frac{d+h}{d}$$

穿透时间：
$$T = \frac{d}{q}$$

其中，q 为渗水通透量；T 为污染物质穿过防渗层的时间；k 为防渗层的渗透系数；d 为防渗层的厚度；h 为渗层上面的积水高度。

假设防渗层积水高度为 1 m，防渗层厚度为 0.5 m，计算防渗层的穿透时间为 46 年，即在防渗层上持续积水为 1 m 的情况下，经过 528 年的污染物可以穿过防渗层。可见，有合格的防渗设施，可渗透的污染物质非常少，工程对地下水污染的可能性比较小。

因此，新建不锈钢冷轧项目污水处理站在防渗条件下对地下水环境无污染，影响很小，风险可接受。

②工况二：防渗层渗漏的非正常工况。

预测目的：论证新建不锈钢冷轧项目污水处理站防渗层渗漏非正常工况下对地下水环境的影响。

预测因子：选择污染影响大的铁离子、Cr^{6+} 和石油类。

预测时段：20 年。

预测情景：新建不锈钢冷轧项目污水处理站未做防渗的情境下，由于重力作用入渗，污染物进入地下水而造成地下水污染。

预测源强：污染物源强选用废水的进水水质监测成果，来源于酒泉钢铁（集团）有限责任公司动力厂唐志龙等在《工业水处理》上发表的《不锈钢冷轧废水处理生产运行分析》（见表 6-10），污水渗漏量按 1% 渗漏推算为 8 760 t/a。

表 6-10　新建不锈钢冷轧项目污水处理站未防渗源强一览表

污染物	铁离子	Cr^{6+}	石油类
浓度（mg/L）	4 970	420	462.50

工况二的预测结果见表 6-11、图 6-11。可以看出，20 年后铁离子、Cr^{6+} 和石油类超标范围分别达到 2.37 km²、2.48 km² 和 2.02 km²，由于 Cr^{6+} 属于地下水质量标准中的毒理学指标，对人体有毒，且影响范围相对较大，对地下水环境造成污染。因此，新建不锈钢冷轧项目污水处理站防渗是必要的。

表 6-11　新建不锈钢冷轧项目污水处理站工况二条件下污染物污染范围

污染因子		5 年	10 年	15 年	20 年
铁离子	纵向最大长度（m）	1 342	1 740	2 066	2 331
	横向最大长度（m）	1 024	1 237	1 347	1 408
	超标范围（km²）	0.91	1.39	1.78	2.37
	距最近敏感点距离（m）	3 125	2 781	2 527	2 288
Cr^{6+}	纵向最大长度（m）	1 346	1 764	2 098	2 386
	横向最大长度（m）	1 030	1 251	1 426	1 647
	超标范围（km²）	0.95	1.43	1.89	2.48
	距最近敏感点距离（m）	3 027	2 693	2 467	2 135

续表 6-11

污染因子		5 年	10 年	15 年	20 年
石油类	纵向最大长度(m)	1 206	1 594	1 857	2 154
	横向最大长度(m)	952	1 031	1 181	1 208
	超标范围(km²)	0.74	1.15	1.57	2.02
	距最近敏感点距离(m)	3 194	2 879	2 657	2 418

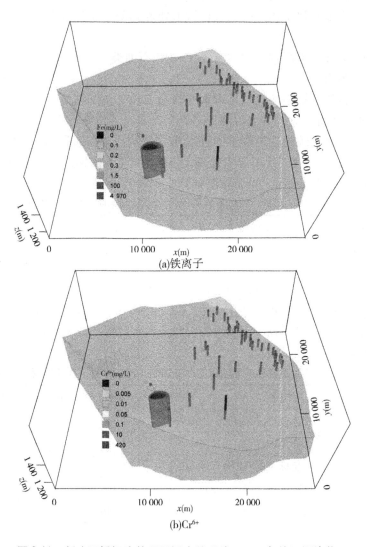

图 6-11　新建不锈钢冷轧项目污水处理站工况二条件下污染物
铁离子、Cr^{6+} 及石油类运移 20 年污染范围

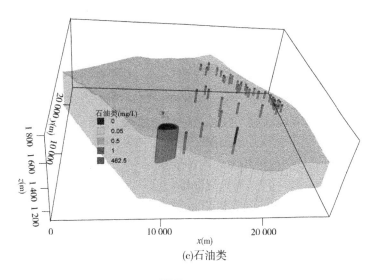

(c)石油类

续图 6-11

对敏感点影响分析:

根据表 6-11、图 6-11 可知,与项目最近的敏感点为 22 号水源井,项目运行 20 年后,超标范围最近距离为 2 135 m。因此,项目运行 20 年对敏感点无影响,环境风险可接受。

从以上分析可知,在防渗层渗漏条件下,项目运行 20 年后对敏感点无污染,但会对区域地下水环境造成污染。

2. 非正常工况下退水影响分析

1)排污风险分析

a. 焦化工序

在焦化工序中,主要排污风险出现在洗煤工序和焦化生产工序,其原因主要是设备故障、停产检修和停电事故等。洗煤工序主要是浓缩机事故的预防。浓缩机事故会导致大量煤泥水产生,为此,工程配备了 2 台浓缩机,1 用 1 备,以应对浓缩机事故出现;压滤机事故中检修时间短,且煤泥水压滤是阶段性生产,仅产生少量含水分较高的煤泥,而煤泥回用,所以不会对环境产生影响。焦化生产工序风险有两种情况:一种是由于生产紧张而导致小时产污量增加,这种情况下增加量一般为 1 ~ 2 m³/h,设备检修过程有 2 ~ 4 m³/h 废污水排放,这在蒸氨和生化处理设计时均予以考虑,不会产生风险;另一种是由于蒸汽量和压力没有达到要求导致蒸氨废水污染物偏高,从而对生化处理设施造成大冲击,导致出水达不到要求,这时应采用设置的大容积的氨水贮槽、生化进水调节池及事故槽,以应对废污水的储存和调节,避免超标排放。

b. 炼铁工序

炼铁工序主要生产设备是烧结机和高炉及附属设施。用水工序主要有原料场、烧结车间和高炉车间,用水系统主要有净循环冷却水系统、煤气洗涤用水系统、冲渣用水系统和其他工业生产用水系统。生产排污水主要作为喷洒、压尘和地面冲洗用水,净循环水系统排污水用于煤气洗涤和冲渣,煤气洗涤系统排污水经过处理后用于冲渣,冲渣系统用水循环利用,循环系统不排放污水,只有少量生产排污水。整个生产过程不存在排放事故风险。煤气洗涤排污水处理后产生的瓦斯泥经过带式压滤机脱水后运往烧结车间,带式压滤机出现事故,检修简单、所需时间较短,短时间事故仅会使瓦斯泥含水分较高,不会影响使用。

　　c.炼钢工序

炼钢工序主要有石灰窑、转炉、连铸环节和制氧机等配套工程。用水工序主要有转炉、制氧机、石灰窑,用水系统主要有净循环冷却水系统、浊循环水系统和少量生产用水系统。除尘、冲洗等生产用水排放废水回用于本工序浊循环水系统作为补充水。产生事故风险主要是浊循环系统产生故障增加污水排放量,排入污水处理厂后可由调节池缓冲解决,不会造成大的环境问题。转炉煤气洗涤排污水处理后产生的煤泥经过带式压滤机脱水后运往烧结系统,存在风险同样是带式压滤机出现事故,其情况类似高炉系统,短时间事故仅会使煤泥含水分多些,不影响使用。

　　d.轧钢工序

轧钢工序分棒材和线材,用水系统主要是间接冷却水系统和直接冷却水系统,间接冷却水系统中循环系统为了保证水质,采取旁滤产生少量排污水,回用于直接冷却水循环系统;直接循环水采用沉淀和除油处理循环利用,不排放污水,不存在排放事故风险情况。

　　e.酒钢综合污水处理厂

酒钢综合污水处理厂本身设置有调节池,对接纳的生产、生活污水进行缓冲调节,使后续污水处理工艺正常进行。同时,污水处理厂各工艺的生产设备均有备用设备,这就保证了污水处理能够连续稳定进行,保证污水处理厂不产生外排污水情况。

　　2）影响分析

经以上论证分析,本项目实施后,钢铁部分有毒有害废水主要产生工序为焦化生产工序,论证建议焦化生产工序应设置事故废水储池,容积不小于 5 000 m³ 以便储存焦化酚氰废水。在采取相关风险保障措施的前提下,项目的退水不会对区域水环境和第三方产生影响。

6.2.2.5　固体废弃物对区域水环境影响分析

　　1.固体废弃物种类

本项目钢铁部分具有工序多、流程长、设备规模大、资源密集、能源消耗大、对环境有影响等特点,每吨钢产生的固体废弃物相对较多,是资源消耗和废弃物产生的大户。项目实施后钢铁部分各生产单元产生的固体废弃物种类详见表6-12。

表6-12　项目实施后钢铁部分各生产单元产生的固体废弃物种类

序号	生产单元	固体废弃物种类	特性
1	选矿	尾矿	一般固体废弃物
2	原料场	除尘灰	一般固体废弃物
3	焦化	除尘灰	一般固体废弃物
		焦油渣、沥青渣、生化污泥	危险废物

续表 6-12

序号	生产单元	固体废弃物种类	特性
4	烧结	除尘灰	一般固体废弃物
5	球团	除尘灰	一般固体废弃物
6	炼铁	高炉渣、除尘灰、残铁	一般固体废弃物
7	炼钢	钢渣	一般固体废弃物
		尘泥	一般固体废弃物
		废钢	一般固体废弃物
8	热轧	氧化铁皮、废钢	一般固体废弃物
		水处理污泥	一般固体废弃物
		废油	危险废物
9	冷轧	废酸、废乳化液、废油	危险废物
		水处理污泥	一般固体废弃物
		切头、切尾	一般固体废弃物

2. 固体废弃物产生与循环利用情况

根据可研,本项目实施后,钢铁部分将配套建设一批固体废弃物循环利用子项目,以提高钢铁渣、尘泥和尾矿等综合利用水平。项目实施后钢铁部分固体废弃物产生与循环利用情况详见表 6-13。

表 6-13　项目实施后钢铁部分固体废弃物产生与循环利用情况

序号	固体废弃物	产生量（万 t/a）	利用量（万 t/a）	利用率（%）	用途
1	选矿尾矿	484.04	62.7	12.95	其余排入尾矿坝
	其中:生产缓释肥及土壤改良剂		50.0		100 万 t 可控缓释肥及土壤改良剂项目
	水泥配料		12.7		送宏达公司作水泥配料
2	高炉渣	329.7	329.7	100	
	其中:生产水泥		120.0		送宏达公司作水泥熟料生产配料
	矿渣微粉		58.5		60 万 t 矿渣微粉项目
	混凝土建筑砌块		1.0		5 万 m³ 混凝土建筑砌块项目
			110.0		用于附近水泥厂作水泥熟料生产配料
	其余		40.2		处理后,用作铺路或其他建筑材料的生产原料

续表 6-13

序号	固体废弃物	产生量（万 t/a）	利用量（万 t/a）	利用率（%）	用途
3	钢渣	119.6	119.6	100	
	碳钢钢渣	87.5	87.5	100	
3.1	其中:回收粒铁粉		14.4		送烧结系统配料
	尾渣		73.1		送吉瑞公司生产钢渣微粉
	不锈钢钢渣	32.1	32.1	100	对不锈钢渣进行综合利用
3.2	其中:矿热炉冶炼回收铬铁		2.5		不锈钢电炉配料
	尾渣		29.6		用于铺路料
4	尘泥及除尘灰	75.4	75.4	100	
4.1	原料场除尘灰	13.4	13.4	100	返回原料场,自循环
4.2	烧结除尘灰	20.9	20.9	100	返回烧结系统配煤,自循环
4.3	炼铁除尘灰	18.9	18.9	100	返回烧结系统配料
4.4	高炉煤气除尘灰	6.1	6.1	100	返回烧结系统配料
4.5	碳钢炼钢尘泥	11.5	11.5	100	
	压球		3		做炼钢冷却剂
			8.5		送烧结系统配料
4.6	不锈钢炼钢尘泥	4.6	4.6	100	造球后送电炉冶炼还原,获得的金属作冶炼 300 系列不锈钢的原料之一
5	废钢	52.2	52.2	100	
5.1	高炉残铁	1.7	1.7	100	加工后返回炼钢作炉料
5.2	碳钢废钢	27.6	27.6	100	回收加工后返回碳钢炼钢作炉料
5.3	不锈钢废钢	22.9	22.9	100	回收加工后返回不锈钢炼钢作炉料
6	氧化铁皮	11.79	11.79	100	
	碳钢氧化铁皮	8.85	8.85	100	
6.1	其中:生产还原铁粉		1.8		氧化铁皮综合利用项目(1.2 万 t/a)
	生产冶金粉末产品		2.8		粉末冶金项目(2 万 t/a)
			4.25		送烧结配料或压球后作炼钢冷凝剂
6.2	不锈钢氧化铁皮	2.94	2.94	100	造球后送电炉冶炼还原,获得的金属作冶炼 300 系列不锈钢的原料之一

续表 6-13

序号	固体废弃物	产生量 （万 t/a）	利用量 （万 t/a）	利用率 （%）	用途
7	氧化铁粉	2.47	2.47	100	
7.1	碳钢氧化铁粉	0.9	0.9	100	
	其中：生产氧化铁红		0.8		氧化铁粉综合利用项目（8 000 t/a）
	粉末冶金		0.1		粉末冶金项目（2 万 t/a）
7.2	不锈钢氧化铁粉	1.57	1.57	100	造球后送电炉冶炼还原，获得的金属作冶炼 300 系列不锈钢的原料之一
8	焦化含煤除尘灰及各类残渣	2.2	2.2	100	返回焦化配料，自循环
9	废耐火材料	3.1	3.1	100	加工后由耐火材料生产厂家回收重新制成耐火材料
10	其他工业垃圾	1.3	—	0	填埋处置
	含尾矿合计	1 113.90	691.26	62.06	
11	不含尾矿合计	629.86	628.56	99.79	

由表 6-13 可知，本项目实施后，钢铁部分不含尾矿的固体废弃物产生量为 629.86 万 t/a，利用量为 628.56 万 t/a，利用率为 99.79%；含尾矿的固体废弃物产生量为 1 113.90 万 t/a，利用量为 691.26 万 t/a，利用率为 62.06%。根据可研，与项目实施前比较，含尾矿的固体废弃物利用率提高 42 个百分点。其中，选矿尾矿利用率由项目实施前的 1.41% 提高 37.65%，各生产单元除尘灰、高炉渣、钢渣、废钢、氧化铁皮、氧化铁粉、粉煤灰、锅炉渣等一般固体废弃物均 100% 回收利用。上述各项固体废弃物综合利用率超过了国家要求的重点大中型企业应达到的指标。

3. 固体废弃物对区域水环境的影响

经前分析，本项目实施后，钢铁部分除 1.3 万 t/a 的工业垃圾做填埋处置、421.34 万 t/a 的选矿尾矿进入尾矿坝堆放处置外，其余均做到了 100% 回用。

酒钢尾矿坝坝基及坝体均做过防渗处置，坝上建有洒水降尘环网，运行多年来，坝基未发生沉降，坝体周边地区地下水水质未发生明显变化，说明酒钢尾矿坝运行状况良好，因此本项目钢铁部分选矿尾矿进入尾矿坝堆放对区域水环境影响甚微。

根据可研，项目实施后，将在尾矿坝周边选择位置作为工业垃圾填埋场，填埋场将按照《危险废物填埋污染控制标准》（GB 18598—2001）设计和建造，可以确保工业垃圾填埋后对区域水环境不造成影响。

6.3　小　结

（1）镜铁山矿通过回用矿井涌水，有利于节约用水，提高水资源的利用效率，同时也避免了矿井涌水对讨赖河水环境的影响，对区域水资源的优化配置有积极的作用，对其他用水户没有影响。

在各保证率来水条件下,镜铁山矿取用讨赖河地表水占取水点处来水的比例最大不超过0.54‰,对讨赖河水资源配置、河流水文情势、水功能区纳污能力等的影响甚微,对其他用水户基本没有影响。

(2)项目实施后,钢铁部分取用讨赖河地表水仅占引水枢纽处97%保证率下来水量的3.8%,比实施前有一定的降低;因项目取水占讨赖河来水比例相对较小,故对讨赖河的水文情势和水功能区纳污能力的影响较小。

多年来,酒钢严格按照规定时段引水,没有超指标引水,本项目取水指标在酒钢讨赖河取水指标之内,不新增取水指标,因此对讨赖河下游其他用水户没有影响;酒钢讨赖河地表水取水指标完全能够满足本项目用水量要求,取用地表水不会对企业内其他用户造成影响。

(3)项目实施后,钢铁部分取用讨赖河水源地地下水比实施之前有了大幅度降低,且在允许开采量和许可水量之内用水,对区域水资源配置没有影响;讨赖河水源地在最大允许开采量情况下,预测期内实际水位降深小于设计最大降深,可形成稳定的降落漏斗,不会出现水位持续下降状况,引起的泉水溢出量减少对酒泉西盆地生态环境基本无影响,对市傍河水源地、火车站水源地、双泉水源地影响甚微;经分析,勘察区内各水源地地下水质多年动态变化趋于稳定,项目取水不会对水源地水质造成影响。

(4)本项目钢铁部分采用酒钢综合污水处理厂中水作为部分生产水源,是推进污水资源化、解决酒钢和嘉峪关市水资源供需矛盾、实现经济可持续发展战略的需要,有利于区域水资源优化配置、水资源利用效益和效率的提高。

(5)本项目原料部分镜铁山矿在正常工况下,废污水全部回用不外排,不会对区域水环境造成影响。在采取相关风险保障措施和完善的固体废弃物处置措施的前提下,非正常工况下,镜铁山矿退水以及产生的固体废弃物对区域水环境和第三方影响甚微。

(6)本项目实施后,钢铁部分最终的外排废水为中水深度处理系统排水,该排水送至酒钢花海农场用于观赏性景观环境用水。正常工况下,本项目钢铁部分退水不会对地表水产生影响,多年后对地下水产生一定的影响;经对本项目钢铁部分各环节进行排污风险分析,论证建议焦化工序应设置事故废水储池,容积不小于5 000 m³,以便储存焦化酚氰废水。同时,整个钢铁产业链应建立起完善的风险应急和保障措施,确保非正常工况下钢铁部分退水不会对区域水环境和第三方产生影响;在严格实施可研设计的固体废弃物处置方案的情况下,本项目实施后钢铁部分固体废弃物可以得到妥善处置,对区域水环境造成的影响甚微。

第 7 章　循环经济与清洁生产分析

7.1　概　述

　　钢铁企业发展循环经济是通过对相应装备、工艺流程进行升级改造和结构调整,实现减量化、再利用和资源化。实施循环经济需要依托结构调整。

　　实施结构调整后,企业生产效率提高、产品档次提升、装备水平提高,生产过程中资源、能源消耗量减少,产生的废物减少。高效钢材性能好、使用寿命长,使用高效钢材可实现社会消费减量化,间接减少资源、能源消耗和废物产生。结构调整能促进循环经济的发展。

　　因此,循环经济和结构调整是相互促进、相互关联的,二者相辅相成。酒钢以结构调整为手段,将循环经济理念贯穿全部生产流程,按照"3R"原则(the rules of 3R,即减量化(Reducing)、再利用(Reusing)和再循环(Recycling))统筹规划,通过"三流"(物质流、能量流、水资源流)的减量、再用和循环,施以结构调整,实现全流程的节能降耗和清洁生产,使得技术经济指标、节能减排指标和清洁生产指标基本达到国内一流水平。用循环经济的科学理念做指导,通过采用先进工艺技术装备淘汰落后生产设备,优化产品结构和生产工艺流程,提高资源利用效率,使资源得到充分、合理、高效利用,减少污染物排放,实现"少投入、多产出、低污染、零排放、高效益"的目标,实现经济效益和社会效益双丰收。

　　为了反映本项目实施后酒钢的铁素资源、水资源、能源等各种资源的循环利用水平,对本项目实施后循环经济进行了综合评述,分析了清洁生产工艺与技术,结合清洁生产标准进行了评述。

7.2　循环经济

7.2.1　铁素资源循环利用

　　本项目最大限度可持续地利用各种可再生资源(包括冶炼渣、废钢和含铁粉尘等),实现废物资源化。铁素资源循环利用主要有三种途径:工序内循环、工序间循环和社会循环。酒钢循环经济和结构调整项目实施后,铁素资源的循环利用途径有所调整,具体如下。

7.2.1.1　工序内循环
　　原料场、烧结等工序产生的除尘灰均返回各自的原料系统。

7.2.1.2　工序间循环
　　炼铁工序高炉煤气净化系统收集的瓦斯灰、炼钢工序煤气净化系统产生的 OG 泥,以及各除尘系统收集的除尘灰送烧结系统作为配料使用;轧钢工序产生的切头、切尾及轧废钢返回炼钢系统炼钢;连铸、轧钢工序产生的氧化铁皮全部收集送至烧结系统作为生产原料。

建设碳钢综合利用项目,碳钢钢渣采用钢渣滚筒法粒化处理工艺、湿法浸泡工艺、格栅冷却工艺等技术,进行渣铁分离(粒铁回收)、磁选、筛分等处理,分离出含铁量较高的粒铁粉,全部送烧结系统做配料。其余钢渣尾渣送至吉瑞钢渣微粉生产线。

建设不锈钢钢渣综合利用项目,不锈钢转炉渣及电炉/精炼渣经"空冷 + 喷淋"处理后由卡车运输到处理场,炉渣原料先在原料车间分类堆放、降低水分,而后分别投入主生产线进行加工处理。经处理后的各类金属和渣钢全部返回炼钢厂使用,各类尾渣和滤饼临时存放在尾渣堆场,用于铺路。

7.2.1.3　企业—社会间循环

建设全价元素可控缓释肥生产线,年利用 55 万 t 尾矿,项目实施后,年产 100 万 t 缓释肥及 2 万 t 可降解缓释剂。

建设氧化铁皮及氧化铁粉综合利用项目,该项目包括氧化铁皮综合利用项目、氧化铁粉综合利用项目以及粉末冶金项目三个子项目,氧化铁皮综合利用项目以碳钢轧钢氧化铁皮为主要原料,年产还原铁粉 1.2 万 t;氧化铁粉综合利用项目主要由一条年产 8 000 t 氧化铁红提纯生产线构成,利用碳钢冷轧酸洗干燥污泥 8 000 t,生产高品质氧化铁红;粉末冶金项目利用轧钢铁鳞资源,年产 2 万 t 以上的粉末冶金制品和粉末冶金铁粉。还原铁粉、氧化铁红、粉末冶金制品和粉末冶金铁粉外卖。

建设矿渣微粉项目、工业废渣生产新型墙材项目。

7.2.1.4　利用效果

酒钢各生产工序产生的铁金属资源均可以得到充分利用,并在厂内和社会之间循环,同时消纳社会废钢资源,生产过程中铁素资源可得到有效利用。

7.2.2　水资源循环利用

7.2.2.1　利用措施和途径

本项目生产用水取自大草滩水库及讨赖河水源地。为了最大限度地节约用水,采取分质供应、串级冷却、合理分级使用、提高循环水浓缩倍数等措施,提高用水效率。同时,建有酒钢综合污水处理厂,以实现污水资源化,并代替部分新水。

1. 工序内部循环

炼钢设备净循环水系统排污水作为连铸浊循环水系统的补充水,串级利用。

热轧净循环水系统排污水作为轧机直接冷却水系统的补充水,串级使用。

各生产工序产生的工业废水首先在各工序进行一级处理后循环使用,少量废水排放到酒钢综合污水处理厂。

2. 工序间循环

酒钢生产废水经过酒钢综合污水处理厂处理后,作为循环水系统补充水及厂区绿化用水。

7.2.2.2　利用效果

按照循环经济的理念和清洁生产的要求,最大程度地减少取水量,并尽可能延长生产过程中水的使用周期,使废水得到了全部处理,实现水资源化再生循环利用。本项目实施后,生产水取水量为 3.48 m³/t 钢,水重复利用率为 96.86%。

7.2.3　能源循环利用

本项目实施后,通过回收利用煤气、工业炉窑烟气余热、高炉煤气余压等各种余能余热,最大限度地回收二次能源,实现能源的循环利用。

7.2.3.1　工序内循环

炼铁采用小块儿焦回收技术,提高焦炭利用率,降低焦比。

热风炉设置余热回收装置,预热助燃空气和煤气,节省能耗。

采用热风炉烟气预热干燥煤粉技术,实现废气余热再利用。

7.2.3.2　工序间循环

1. 煤气循环利用

采用大型高炉煤气干法布袋除尘回收高炉煤气,设置转炉煤气回收、净化装置净化并全量回收煤气,回收的煤气用于烧结、炼铁、炼钢、轧钢、锅炉等各工序,其余煤气用于发电或外供。

高炉煤气、转炉煤气的产量分别为 1 122 499 万 m³/a、31 184.43 万 m³/a。其中,高炉煤气 83.58% 用于生产系统及外供,1.39% 用于热电掺烧;转炉煤气 69.86% 用于生产系统及外供,29.10% 用于热电掺烧。

2. 余热发电

烧结采用余热回收系统,1#、2#烧结机设 1 台余热锅炉,3#烧结机、2#锅炉蒸汽与炼钢、轧钢产生的 100 t/h 余热蒸汽并汽,配套建设 1 台 15 MW 发电机组;4#烧结机分别设置 1 台锅炉,配套建设 1 台 7.5 MW 发电机组;新建 5#、6#烧结机设 2 台余热锅炉,配套建设 2 台 7.5 MW 发电机组,利用高效换热器生产蒸汽送蒸汽管网进行回收利用或发电。

1#、2#焦炉配套 1×15 MW 干熄焦发电装置,新建 2×55 孔、5.5 m 捣固焦炉配套建设 1×20 MW 干熄焦发电装置。

3. 余压发电

采用高炉煤气余压发电技术,1#、2#、8#、9#高炉配套建设高炉煤气余压透平发电装置(TRT),回收高炉煤气余压发电作为企业生产用电。

7.2.3.3　企业—社会间循环

回收的煤气除用于企业生产生活外,富余煤气外供大友公司,以及用于城市民用煤气,充分利用二次能源。

7.2.4　其他资源循环利用

加热炉修砌产生的废耐火材料,回收其中的可利用部分,其余的可送耐火材料厂作为骨料使用或用于填坑铺路。

石灰 – 石膏法烧结烟气脱硫系统产生的脱硫渣主要为脱硫石膏 $CaSO_4 \cdot 2H_2O$ 和未完全反应的吸收剂 $Ca(OH)_2$、CaO 等,送脱硫石膏综合利用项目,生产水泥缓凝剂和建筑石膏粉。

7.2.5　循环经济分析评述

将本项目实施后酒钢的各主要技术经济指标与国内重点大中型钢铁企业平均水平和国内同类型企业进行对比,并以代表我国大型不锈钢先进企业水平的安阳钢铁集团有限公司(简称安阳钢铁)、新余钢铁集团有限公司(简称新余钢铁)、济钢集团有限公司(简称济钢)、本溪钢铁(集团)有限责任公司(简称本钢)、太原钢铁(集团)有限公司(简称太钢)作对比,对本项目实施后酒钢的循环经济水平进行评述。

7.2.5.1　资源循环利用指标对比

本项目实施后,酒钢各主要技术经济指标与国内同类型企业对比情况见表7-1。

表 7-1　2010 年国内钢铁联合企业循环经济(资源)指标对比情况

项目	钢铁料消耗 (kg/t)	综合成材率 (%)	吨铁产渣量 (kg/t)	高炉渣利用率 (%)	转炉钢渣利用率(%)	含铁尘泥利用率(%)
国内重点平均	1 072(电炉 1 029)	96.10	224.34	97.63	93.64	99.57
安阳钢铁	1 045	96.60	320.56	100	100	100
新余钢铁	1 085	94.82	337.13	100	100	100
济钢	1 078	—	311.32	100	100	100
本钢	1 086	96.04	364.50	100	100	100
太钢	1 072(不锈钢 707)	—	267.82	100	100	100
酒钢(本项目实施后)	1 062(不锈钢 643)	—	376.20	100	100	100

注:钢铁料消耗为转炉钢铁料消耗。

由表 7-1 可知,本项目实施后,酒钢除吨铁产渣量外,各项指标均优于国内重点平均水平,高炉渣、转炉钢渣和含铁尘泥利用率均达到 100%;吨铁产渣量较高主要是由于酒钢入炉矿品位较低,产渣量大。

7.2.5.2　水资源循环利用指标对比

本项目实施后,酒钢与国内同类型钢铁企业循环经济(水资源)指标对比情况见表7-2。

由表 7-2 可知,本项目实施后,酒钢吨钢取水量、吨钢排水量、水重复利用率处于国内同类型企业先进水平和国内重点平均水平。

7.2.5.3　能源循环利用指标对比

本项目实施后,酒钢与国内同类型钢铁企业循环经济(能源)指标对比情况见表 7-3。

表 7-2 2010 年国内钢铁联合企业循环经济(水资源)指标对比情况

项目	吨钢取水量(m³/t)	吨钢排水量(m³/t)	水重复利用率(%)
国内重点平均	4.11	1.31	97.20
安阳钢铁	4.12	1.40	96.68
新余钢铁	5.11	3.57	96.77
济钢	3.37	0.83	97.94
本钢	3.42	1.09	97.24
太钢	1.91	0.49	98.65
酒钢(本项目实施后)	3.48	0.63	98.06

表 7-3 2010 年国内钢铁联合企业循环经济(能源)指标对比情况

项目	综合能耗(kgce/t 钢)	入炉焦比(kg/t)	高炉喷煤比(kg/t)	连铸比(%)	高炉煤气回收利用率(%)	转炉煤气回收利用率(%)
国内重点平均	604.60	369	149	99.47	95.60	88.84
安阳钢铁	651.39	371	148	100	90.33	29.78
新余钢铁	614.09	374	152	100	97.33	85.97
济钢	588.69	374	157	100	95.62	100
本钢	678.72	381	112	99.88	94.93	61.34
太钢	553.51	325	171	97.76	98.63	93.25
酒钢(本项目实施后)	565.80	364.13	173	100	97.50	97.40

注:kgce/t 为千克标准煤/吨,标准煤也称标煤,下同。

由表 7-3 可知,本项目实施后,酒钢各指标均优于国内重点平均水平,综合能耗、高炉喷煤比、转炉煤气回收利用率优于国内同类型企业。

由此可见,本项目的工程设计均遵循了循环经济的发展理念,项目实施后,在减量化、再利用和再循环方面将能取得明显的效果,为全面提高企业的竞争力、向环境友好渐进、实现企业的可持续发展奠定了基础。

7.3 清洁生产分析

7.3.1 采用的清洁生产技术

7.3.1.1 原料场

(1)原料场建设防风抑尘网,以减少无组织排放。

(2)采用先进的含铁原料混匀系统,充分保证含铁原料的混匀效果与精度,减少烧结燃料消耗。

(3)露天料场、堆取料机作业点、汽车受料槽等采用喷水抑尘措施。

7.3.1.2 焦化

(1)采用 5.5 m 捣固焦炉,与传统焦炉相比,降低了工序能耗。

(2)采用干熄焦工艺,使焦炭强度 M40 提高 3~8 个百分点,M10 改善 0.3~0.8 个百分点,有利于降低炼铁工序的燃料消耗。同时,配备干熄焦余热发电装置,从赤热焦炭中回收热能,产生蒸汽用于发电。

(3)焦化污水采用 A^2/O^2 生化处理工艺,出水用于高炉冲渣等。

(4)1#~6# 焦炉共用 3 套干熄焦系统,焦化干熄焦项目是国家重点推广节能减排技术。从焦炉出来的红焦炭(950~1 050 ℃)所含显热相当于炼焦生产消耗总热量的35%~40%。采用干法熄焦可回收红焦显热的80%,吨焦可产生 3.9 MPa 的蒸汽 0.45 t(最先进的可达 0.6 t),可降低焦化工序能耗 60~68 kgce/t。此外,与湿熄焦相比,干熄焦具有对环境污染小、焦炭质量高的优点。

7.3.1.3 球团

(1)球团采用先进、成熟的链箅机回转窑球团生产工艺。该工艺对原料的适应性强,球团焙烧均匀、质量好,能耗较低,各项技术经济指标达到国际先进水平。

(2)采用国外引进的高压辊磨机和立式强力混合机,以提高混匀效率。

(3)链箅机炉罩的供热主要利用回转窑和环冷机的载热废气。

7.3.1.4 烧结

(1)采用低温厚料层烧结工艺,提高烧结矿的还原性能,有效降低燃料消耗。

(2)采用厚料层、高碱度、降低点火温度、减小混合料粒度、烧结料预热、热风烧结、改进混合料制粒技术等,可降低烧结工序煤炭消耗,提高烧结矿品质。

(3)降低烧结矿中氧化铁含量,从而降低高炉冶炼需消耗的焦炭,节约了煤炭资源。

(4)烧结生产时,在烧结机尾部及溜槽部分,烧结矿热料温度可达 700~800 ℃,除热废气外,料品还以辐射形式向外界散发热量。这部分高品位热量可通过余热锅炉回收,产生蒸汽。烧结机配套建设余热回收装置,烧结工序每年可回收余热蒸汽 183.02 万 GJ,全部用于发电。

7.3.1.5 炼铁

(1)高炉煤气 100% 回收,经净化后作为二次能源循环使用,主要供自备电厂发电、制成混合煤气供轧钢加热炉使用等,节约能源。

(2)高炉均设有炉顶煤气余压透平发电装置,可回收高炉鼓风机能耗的30%;与湿法工艺相比,采用干法工艺,高炉余压发电装置的发电量可增加约30%。经干法净化后的净煤气温度比湿法温度高约100 ℃、水分含量低,热风炉或其他炉窑使用这样的煤气,可节省能源,降低燃料消耗。

(3)高炉采用高风温、脱湿、富氧、煤粉大喷吹、高压炉顶技术,改变高炉炼铁用能结构,少用焦炭,由于焦化工序能耗一般为 120~166 kgce/t,喷吹煤粉工序能耗为 20~35 kgce/t,多喷吹煤粉代替焦炭,改变高炉炼铁用能结构,实现节能目的。

(4)回收热风炉烟道废气余热,设置高效换热器预热煤气和助燃空气,可提高热风炉的热能利用效率5%,降低能源消耗。

(5)大型风机采用交流变频节电技术调节风机运行转速,以满足不同工艺操作时的系统风量,减少不必要的浪费,节约运行电能。

7.3.1.6　炼钢

(1)采用高炉–铁水罐–炼钢的紧凑连接工艺,减少铁水温降。

(2)采用喷吹脱硫铁水预处理工艺,脱硫效率高,铁水温降小。

(3)转炉采用副枪、炉气分析以及计算机控制科学炼钢,提高炼钢效率和冶炼命中率,简洁、协调、高效。

(4)采用100%精炼,提高钢水质量,精确控制钢水温度,降低钢水过热度。

(5)连铸采用保护浇铸、漏钢预报等先进技术,提高铸坯质量,与轧钢合理衔接形成热送热装,降低轧钢能耗。连铸坯热送热装技术是指在400 ℃以上温度装炉或先放入保温装置,协调连铸与轧钢生产节奏,待机装入加热炉,可大幅度降低加热炉燃耗,减少烧损量、提高成材率、缩短产品生产周期。

(6)转炉吨钢可回收转炉煤气 101 m^3/t 钢,煤气显热回收蒸汽 95 kg/t 钢,使回收热能得到充分利用,实现负能炼钢。

7.3.1.7　热轧

(1)采用热轧步进梁式加热炉汽化冷却装置,可将原来工业水带走的不可利用的热量用以产生蒸汽,供钢铁厂使用,从而减少钢铁厂热力锅炉的燃料用量,回收余热蒸汽。年回收汽化冷却产生蒸汽 155.04 万 GJ,折标煤 5.3 万 t。

(2)采用 CSP 薄板坯连铸连轧工艺技术,流程短、效率高,薄板坯连铸机和热轧机之间配置均热炉,补充较少热量,实现对高温连铸坯显热的充分利用。此外,CSP 连铸坯厚度减薄到合理的临界区域,省去传统热轧板带轧机组中的粗轧机架,高效节能。在节能及环保方面有明显的优势。

7.3.1.8　冷轧

(1)轧机采用先进的计算机控制系统,对生产进行全面自动控制,提高轧制精度,减少产品单位能耗。

(2)退火炉利用废气余热将辐射管内燃烧空气自身预热到400 ℃。

(3)退火炉利用废气余热加热保护气体,再用热保护气体喷射预热带钢,将带钢预热到 200 ℃。

(4)退火炉大量采用陶瓷纤维内衬材料,减少炉子热损失。

7.3.1.9　发电

(1)建有煤、气混烧自备电厂,机组锅炉燃用煤气及煤粉,将自产剩余煤气利用。锅炉掺烧煤气,可回收低热值燃料,减少煤气放散量。与全燃煤锅炉相比,还可大大降低污染物排放量,有利于环境保护。

(2)利用干法熄焦余热发电技术。干法熄焦余热发电技术是通过惰性气体热交换将熄焦过程中产生的热量回收利用,所产生蒸汽用来发电。该技术可改变传统的湿法熄焦技术中的余热资源浪费以及含尘和有毒、有害物质的烟气对大气环境严重污染的状况。

(3)TRT 装置是利用高炉炉顶煤气中的压力能及热能经透平膨胀做功来驱动发电机

发电,回收了原来在减压阀门中白白流失的能量。这种发电方式既不消耗任何燃料,也不产生环境污染。

7.3.2 主要生产工序技术经济指标对比

7.3.2.1 焦化工序

本项目实施后,酒钢焦化工序与国内焦化工序主要技术经济指标对比(2010年)见表7-4。

表7-4 国内焦化工序主要技术经济指标对比(2010年)

企业名称	设备情况	冶金焦灰分(%)	冶金焦硫分(%)	吨焦耗煤(t/t)
国内重点平均	—	12.66	0.72	1.378
安阳钢铁	452孔/10座	12.98	0.69	1.388
新余钢铁	318孔/6座	13.17	0.77	1.435
济钢	377孔/7座	12.81	0.88	1.472
本钢	425孔/8座	12.29	0.68	1.373
太钢	270孔/4座	12.22	0.70	1.347
酒钢(本项目实施后)	460孔/8座	12.45~12.50	0.60~0.68	1.300

由表7-4可知,本项目实施后,酒钢冶金焦灰分、冶金焦硫分、吨焦耗煤优于国内重点平均水平,其中冶金焦硫分、吨焦耗煤优于国内同类型企业。

7.3.2.2 烧结工序

本项目实施后,酒钢烧结工序与国内烧结工序主要技术经济指标对比(2010年)见表7-5。

表7-5 国内烧结工序主要技术经济指标对比(2010年)

企业名称	设备情况	利用系数 (t/(m²·h))	品位 (%)	固体燃料消耗(kg/t)	合格率 (%)	工序能耗 (kgce/t)
国内重点平均	—	1.324	55.53	54	94.15	52.65
安阳钢铁	1 175 m²/8台	1.239	44	60	83.48	50.16
新余钢铁	1 096 m²/7台	1.412	55.57	46	97.74	43.37
济钢	1 330 m²/14台	1.331	55.15	53	89.86	48.23
本钢	1 265 m²/8台	1.267	57.41	57	99.14	*
太钢	640 m²/8台	1.340	57.87	47	99.91	45.56
酒钢(本项目实施后)	1 185 m²/6台	1.118	≥54	52	90.00	49.74

注:*指未收集到相关资料,下同。

由表7-5可知,本项目实施后,酒钢工序能耗和固体燃料消耗均优于国内重点平均水平,利用系数优于国内同类型企业;烧结矿品位较低,与国内同类型企业还有一定差距,主要是由于酒钢矿石品位较低。

7.3.2.3　高炉炼铁工序

本项目实施后,酒钢高炉炼铁工序与国内高炉炼铁工序主要技术经济指标对比(2010 年)见表 7-6。

表 7-6　国内高炉炼铁工序主要技术经济指标对比(2010 年)

企业名称	设备情况	品位 (%)	入炉焦比 (kg/t)	喷煤比 (kg/t)	利用系数 (t/(m³·d))	风温 (℃)	工序能耗 (kgce/t)
国内重点平均	—	57.41	369	149	2.589	1 160	407.76
安阳钢铁	10 200 m³/14 座	57.22	371	148	2.839	1 075	383.53
新余钢铁	6 990 m³/8 座	57.14	374	152	2.716	1 137	363.25
济钢	10 910 m³/18 座	56.40	374	157	2.687	1 125	414.16
本钢	12 150 m³/4 座	59.39	381	112	2.214	1 160	404.40
太钢	11 276 m³/6 座	59.35	325	171	2.468	1 218	365.58
酒钢(本项目实施后)	10 160 m³/7 座	57.10	364	174	2.380	1 190～1 210	412.01

由表 7-6 可知,本项目实施后,酒钢烧结工序入炉焦比、喷煤比、风温优于国内重点平均水平,喷煤比、风温优于大多数同类企业;利用系数低、工序能耗较高是由于酒钢高炉入炉矿品位不高所致。

7.3.2.4　炼钢工序

本项目实施后,酒钢炼钢工序与国内炼钢工序主要技术经济指标对比(2010 年)见表 7-7。

表 7-7　国内炼钢工序主要技术经济指标对比(2010 年)

企业名称	转炉设备情况	电炉设备情况	转炉钢铁料消耗 (kg/t)	电炉钢铁料消耗 (kg/t)	炉衬寿命 (炉)	氧气消耗 (Nm³/t)	转炉工序能耗 (kgce/t)	电炉工序能耗 (kgce/t)
国内重点平均	—	—	1 072	1 029	10 427	55	-0.16	73.98
安阳钢铁	760 t/10 座	—	1 045	—	15 405	48	0.30	—
新余钢铁	360 t/6 座	80 t/2 座	1 085	1 104	8 680	57	0.42	52.21
济钢	230 t/5 座	—	1 078	—	13 547	58	-0.91	—
本钢	810 t/5 座	80 t/2 座	1 086	1 060	13 684	60	-3.314	94.46
太钢	610 t/5 座	518 t/9 座	1 072	707	2 145	60	-11.25	68.66
酒钢(本项目实施后)	650 t/6 座	400 t/3 座	1 078	659	14 200	51.49	-20.88	66.79

由表 7-7 可知,本项目实施后,酒钢除转炉钢铁料消耗外,其他各项指标均优于国内重点平均水平;电炉钢铁料消耗、炉衬寿命、氧气消耗、转炉工序能耗、电炉工序能耗优于

行业多数同类企业。

7.3.3　主要生产工序能耗指标对比

本项目实施后,酒钢各主要生产工序与国内部分重点大中型钢铁联合企业工序能源消耗对比(2010 年)见表 7-8。

表 7-8　国内部分重点大中型钢铁联合企业能源消耗对比(2010 年)

企业名称	综合能耗(kgce/t 钢)	可比能耗(kgce/t 钢)	焦化工序能耗(kgce/t)	烧结工序能耗(kgce/t)	炼铁工序能耗(kgce/t)	转炉工序能耗(kgce/t)	电炉工序能耗(kgce/t)	轧钢工序能耗(kgce/t)
国内重点平均	604.60	581.14	105.89	52.65	407.76	− 0.16	73.98	61.69
安阳钢铁	651.39	572.31	94.20	50.16	383.53	0.30	—	67.18
新余钢铁	614.09	518.20	74.86	43.37	363.25	0.42	52.21	68.24
济钢	588.69	581.67	83.87	48.23	414.16	− 0.91		56.87
本钢	678.72	630.59	*	*	404.40	− 3.314	94.46	—
太钢	553.51	494	85.03	45.56	365.58	− 11.25	68.66	91.47
酒钢(本项目实施后)	565.80	557.40	128.51	49.74	412.01	− 20.88	66.79	59.58

由表 7-8 可知,本项目实施后,酒钢除焦化、炼铁工序能耗高于国内重点平均水平外,其他指标均低于国内重点平均水平,转炉工序能耗、轧钢工序能耗优于国内多数同类企业。焦化工序能耗高主要是由于 4 座捣固焦炉能耗较高;炼铁工序能耗高主要是由于酒钢入炉矿品位较低;电炉工序能耗高主要是由于酒钢电炉兑入铁水较其他企业少。

本项目实施后,酒钢各主要生产工序能耗指标达标情况见表 7-9。

表 7-9　酒钢各主要生产工序能耗指标达标情况

工序名称	单位产品能耗限额限定值(kgce/t)	单位产品能耗限额准入值(kgce/t)	单位产品能耗限额先进值(kgce/t)	酒钢能耗值(kgce/t)
烧结	≤56	≤51	≤47	49.74
高炉	≤446	≤417	≤380	412.01
转炉	≤0	≤ − 8	≤ − 20	− 20.88
电炉	≤171	≤159	≤154	66.79

从表 7-9 中可以看出,本项目实施后,酒钢烧结、高炉、转炉、电炉工序能耗均符合《粗钢生产主要工序单位产品能源消耗限额》(GB 21256—2007)表 5 中单位产品能耗限额准入值要求。

7.3.4　主要环保指标对比

本项目实施后,酒钢与国内部分重点大中型钢铁联合企业新水耗量及主要污染物排放对比(2010 年)见表 7-10。

由表 7-10 可知,本项目实施后,酒钢废气污染物、废水污染物排放均达到一定的控制效果。

表 7-10　国内部分重点大中型钢铁联合企业新水耗量及主要污染物排放对比(2010 年)

废气污染物排放情况		
企业名称	SO_2 排放量(kg/t 钢)	烟(粉)尘排放量(kg/t 钢)
国内重点平均	—	0.87
安阳钢铁	—	0.81
新余钢铁	2.01	1.06
济钢	0.99	0.64
本钢	—	1.57
太钢	—	0.36
酒钢(本项目实施后)	0.98	0.95

废水污染物排放情况					
企业名称	吨钢取水量（m³/t 钢）	排水量（m³/t）	挥发酚（kg/t）	氰化物（kg/t）	COD_{Cr}（kg/t）	氨氮（kg/t）
国内重点平均	4.11	1.31	0.000 05	0.000 056	0.055 7	0.005 0
安阳钢铁	4.12	1.40	0.000 08	0.000 278	0.134 0	0.004 1
新余钢铁	5.11	3.57	0.000 20	0.000 103	0.113 0	0.007 6
济钢	3.37	0.83	0.000 03	0.000 029	0.039 3	0.005 3
本钢	3.42	1.09	0.000 01	0.000 003	0.049 9	0.006 5
太钢	1.91	0.49	0.000 01	0.000 027	0.034 7	0.003 5
酒钢(本项目实施后)	3.48	0.63	0	0	0.020 0	0.003 1

7.3.5　清洁生产水平评述

7.3.5.1　与钢铁行业(焦化)清洁生产标准对比

酒钢现状以及项目实施后,焦化工序各项指标与《清洁生产标准　炼焦行业》(HJ/T 126—2003)标准对比结果列于表 7-11。

将焦化工序有关清洁生产指标数据与焦化行业清洁生产定性及定量指标数据进行对比,得出如下分析结果。

表 7-11　焦化工序与清洁生产标准对比

清洁生产指标		清洁生产标准　炼焦行业 指标等级			现状		项目实施后	
		一级	二级	三级	符合情况	等级	符合情况	等级
一、生产工艺与装备要求								
备煤工艺与装备	精煤储存	室内煤库或大型堆取料机械化露天煤场贮煤场设置喷洒水设施（包括管道喷洒或机上堆料时喷洒）	堆取料机机械化露天贮煤场设置喷洒水装置	小型机械露天贮煤场配喷洒水装置	一级		一级	
	精煤输送	采用带式输送机输送，密闭的输煤通廊、封闭机罩，配自然通风设施			一级		一级	
	配煤方式	采用自动化精确配煤			一级		一级	
	精煤破碎	采用新型可逆反击锤式粉碎机，配备冲击式除尘设施，除尘效率≥95%			一级		一级	
	生产规模（万 t/a）	≥100	≥60	≥40	307	一级	397	一级
	装煤	地面除尘站集气除尘设施除尘效率≥99%，捕集率≥95%，先进可靠的 PLC 自动控制系统	地面除尘站集气除尘设施除尘效率≥95%，捕集率≥93%，先进可靠的自动控制系统	高压氨水喷射无烟装煤、消烟除尘车等高效除尘设施或装煤车洗涤燃烧装置、集尘烟罩等一般性的控制设施	一级		一级	
炼焦工艺与装备	炭化室高度（m）	≥6	≥4		4.3	二级	4.3	二级
	炭化室有效容积（m³）	≥38.5	≥23.9		44.7	一级	44.7	一级
	炉门方式	弹性刀边炉门	敲打刀边炉门		一级		一级	
	加热系统控制方式	计算机自动控制	仪表控制		一级		一级	
	上升管、桥管	采用水封措施			一级		一级	
	焦炉机械化	推焦车、装煤车操作电气采用 PLC 控制系统，其他机械操作设有联锁装置	先进的机械化操作，并设有联锁装置		一级		一级	

续表 7-11

清洁生产指标		清洁生产标准　炼焦行业			现状		项目实施后	
		指标等级			符合情况	等级	符合情况	等级
		一级	二级	三级				
炼焦工艺与装备	荒煤气放散装有荒煤气自动点火装置	装有荒煤气自动点火装置				一级		一级
	炉门与炉框清扫装置	设有清扫装置,保证无焦油渣				二级		一级
	上升管压力控制方式	可靠自动调节				二级		一级
	加热煤气总流量、每孔装煤量、推焦操作和炉温监测	自动记录,自动控制	自动记录			一级		一级
	出焦过程	配备地面除尘站集气除尘设施,除尘率≥90%,先进可靠的自动控制系统	配备地面除尘集气设施,除尘效率≥99%,捕集率≥90%	配备热浮力罩等较高效除尘设施		一级		一级
	熄焦工艺	干法熄焦设施,配备袋除尘设备,除尘效率≥99%,先进可靠的自动控制系统	湿法熄焦,带折流板熄焦塔			二级		一级
	焦炭筛分、转运方式	配备袋除尘设施,除尘效率≥99%	采用冲击式或泡沫式除尘设备,除尘效率≥90%			一级		一级
煤气净化装置	工序要求	包括冷鼓、脱硫、脱氰、洗氨、洗苯、洗萘工序				一级		一级
	煤气初冷器	横管式初冷器利用,配	横管式初冷器或横管式初冷器+直接冷却器			二级		一级
	能源利用	水、蒸汽等能源梯级利用,配制冷设备	水、蒸汽等能源梯级利用或利用海水冷却			一级		一级
	脱硫工段	配套脱硫及硫回收利用设施				一级		一级
	脱氨工段	配套洗氨、蒸氨、氨分解工艺或配套硫铵工艺或无水氨工艺				一级		一级
	粗苯蒸馏方式	粗苯管式炉				一级		一级

续表 7-11

清洁生产指标		清洁生产标准　炼焦行业			现状		项目实施后	
		指标等级			符合情况	等级	符合情况	等级
		一级	二级	三级				
煤气净化装置	蒸氨后废水中氨氮浓度(mg/L)	≤200	≤200	≤200	一级	一级	一级	一级
	各工段贮槽放散管排出的气体	采用压力平衡或排气洗净塔等系统,将废气回收净化		采用呼吸阀,减少废气排放	一级	一级	一级	一级
	酚氰废水处理方式	生物脱氨,混凝沉淀处理工艺,处理后水质达到《钢铁工业水污染物排放标准》(GB 13456—2012)一级标准	生物脱氨,混凝沉淀处理工艺,处理后水质达到《钢铁工业水污染物排放标准》(GB 13456—2012)二级标准		不外排	一级	不外排	一级
二、资源与能源利用指标								
工序能耗(kg标煤/t焦)		≤150	≤170	≤180	178.81	三级	128.51	一级
吨焦耗新水量(m³/t焦)		2.5	≤3.5	≤3.5	1.66	一级	0.99	一级
吨焦耗蒸汽量(t/t焦)		≤0.20	≤0.25	≤0.40	0.19	一级	0.13	一级
吨焦耗电量(kWh/t焦)		≤30	≤35	≤40	49.64	等外	48.6	等外
炼焦耗热量(7%H₂O)(kJ/kg标煤)	焦炉煤气	≤2 150	≤2 250	≤2 350	1 250	一级	1 250	一级
	高炉煤气	≤2 450	≤2 550	≤2 650	2 510	二级	2 420	一级
焦炉煤气利用率(%)		100	≥95	≥80	100	一级	100	一级
水循环利用率(%)		≥95	≥85	≥75	94.96	二级	97.97	一级

续表 7-11

清洁生产指标		清洁生产标准　炼焦行业			现状		项目实施后	
		指标等级			符合情况	等级	符合情况	等级
		一级	二级	三级				
三、产品指标								
焦炭		粒度、强度等指标满足用户要求，产品合格率达 98%	粒度、强度等指标满足用户要求，产品合格率 95%~98%	粒度、强度等指标满足用户要求，产品合格率为 93%~95%		一级		一级
		优质的焦炭在炼铁、铸造和生产铁合金的生产过程中排放的污染物少，对环境影响很小	焦炭在使用过程中对环境影响很小	焦炭在使用过程中对环境影响较大		一级		一级
		储存、装卸、运输过程中对环境影响很小	储存、装卸、运输过程中对环境影响较小	储存、装卸、运输过程中对环境影响较小		一级		一级
焦炉煤气	用作城市煤气	$H_2S \leqslant 20$ mg/m³，$NH_3 \leqslant 50$ mg/m³，萘 $\leqslant 50$ mg/m³（冬），萘 $\leqslant 100$ mg/m³（夏）				一级		一级
	其他用途煤气	$H_2S \leqslant 200$ mg/m³	$H_2S \leqslant 500$ mg/m³			一级		一级
煤焦油		使用合格焦油罐，配脱水脱渣装置，进行机械化清渣；储存、输送采用防腐、防泄漏等措施	储存、包装、输送采用密闭的装置和管道采用			一级		一级
铵产品		储存、包装、输送采用防腐、防泄漏，罐车密闭材质，罐车密闭运输				一级		一级
粗苯		生产、储存、包装和运输过程密闭，防腐、防爆，且与人体无直接接触				一级		一级

续表 7-11

清洁生产指标				清洁生产标准　炼焦行业			现状		项目实施后	
				指标等级			符合情况	等级	符合情况	等级
				一级	二级	三级				
四、污染物产生控制指标										
污染物产生控制指标	污染物	颗粒物 (kg/t焦)	装煤	≤0.5	≤0.8	—	0.009 3	一级	0.008	一级
			推焦	≤0.5	≤1.2	—	0.03	一级	0.053	一级
		苯并(a)芘 (g/t焦)	装煤	≤1.0	≤1.5	—	0.000 000 098	一级	0.000 000 018	一级
			推焦	≤0.018	≤0.040	—	0.000 000 065	一级	0.000 000 029	一级
		SO_2 (kg/t焦)	装煤	≤0.01	≤0.02	—	—	—	—	—
			推焦	≤0.01	≤0.015	—	—	—	—	—
		焦炉烟囱		≤0.035	≤0.105	—	0.04	二级	0.039 9	二级
		焦炉废气污染物无组织泄漏	颗粒物	2.5		3.5	—	—	—	—
			苯并(a)芘	0.002 5		0.004 0	—	—	—	—
			BSO (mg/m³)	0.6		0.8	—	—	—	—
五、废物回收利用指标										
	废水	酚氰废水		处理后废水尽可能回用，剩余废水可以达标排放				一级		一级
		熄焦废水		熄焦水闭路循环，均不外排				一级		一级
		备煤工段收尘器尘煤		全部回收利用				一级		一级
		装煤、推焦收尘系统粉尘		全部回收利用				一级		一级
		熄焦、筛焦系统粉尘		全部回收利用				一级		一级
	废渣	焦油渣(含焦油罐渣)		全部不落地日配入炼焦煤或制型煤				一级		一级
		粗苯再生渣		全部不落地日配入炼焦煤或制型煤或配入焦油中				一级		一级
		剩余污泥		覆盖煤场或配入炼焦煤				一级		一级

续表 7-11

清洁生产指标		清洁生产标准　炼焦行业 指标等级			现状		项目实施后	
		一级	二级	三级	符合情况	等级	符合情况	等级
六、环境管理要求								
环境法律法规标准		符合国家和地方有关环境法律法规,污染物排放达到国家和地方排放标准,总量控制和排污许可证管理要求			一级		一级	
环境审核		按照炼焦行业审核指南的要求进行审核;按照 ISO 14001 建立并运行环境管理体系,环境管理手册、程序文件及作业文件齐备	按照炼焦行业审核指南的企业清洁生产审核的要求进行审核;环境管理制度健全,原始记录及统计数据基本齐全有效	按照炼焦行业的企业清洁生产审核指南的要求进行审核;环境管理制度,原始记录及统计数据基本齐全	一级		一级	
生产过程环境管理	原料用量及质量	规定严格的检验,计量控制措施			一级		一级	
	温度系数	$K_{均} \geq 0.95$　$K_{安} \geq 0.95$	$K_{均} \geq 0.90$　$K_{安} \geq 0.90$	$K_{均} \geq 0.85$　$K_{安} \geq 0.80$	一级		一级	
	推焦系数 K_a	$K_a \geq 0.98$	$K_a \geq 0.90$	$K_a \geq 0.85$	一级		一级	
	炉门、小炉门、装煤孔、上升管的冒烟率(分别计算)	$K_a \leq 3\%$	$K_a \leq 5\%$	$K_a \leq 8\%$	一级		一级	
	装煤、推焦、熄焦等主要工序的操作管理	运行无故障,设备完好率达 100%	运行无故障,设备完好率达 98%	运行无故障,设备完好率达 95%	一级		一级	
	岗位培训	所有岗位进行过严格培训	主要岗位进行过严格培训	主要岗位进行过一般培训	一级		一级	

续表 7-11

清洁生产指标		清洁生产标准 炼焦行业 指标等级			现状		项目实施后	
		一级	二级	三级	符合情况	等级	符合情况	等级
生产过程环境管理	生产设备的使用、维护、检修管理制度	有完备的管理制度,并严格执行	对主要设备有具体的管理制度,并严格执行	对主要设备有基本的管理制度	一级		一级	
	生产工艺用水、电、气、煤气管理	安装计量仪表,并严格考核	对主要环节进行计量,并制定定量考核制度	对主要水、电、气进行计量	一级		一级	
	事故、非正常生产状况应急		有具体应急预案		一级		一级	
环境管理	环境管理机构		建立并有专人负责		一级		一级	
	环境管理制度	健全完善并纳入日常管理	建立并纳入日常管理	较完善的环境管理制度	一级		一级	
	环境管理计划	制订近、远期计划	制订近期计划	制订日常计划	一级		一级	
	环保设施的运行管理	记录运行数据并建立环保档案	记录运行数据并建立环保档案	记录运行数据并行统计	一级		一级	
	污染源监测系统	水、气、声主要污染源手段	水、气、声主要污染源,主要污染物均具备自动监测	水、气主要污染源,主要污染物均具备监测手段	一级		一级	
	信息交流	具备计算机网络化管理系统		定期交流	一级		一级	
相关方环境管理	原辅料供应方、协作方、服务方	服务协议中要明确原辅料的包装、运输、装卸等过程中的安全要求及环保要求			一级		一级	
	有害废物转移的预防	严格按照有害废物处理要求执行,建立台账,定期检查			一级		一级	

注:表中"等外"指未达到清洁生产三级标准,下同。

1. 生产工艺与装备要求

酒钢现状:备煤工艺与装备 4 项指标均达到清洁生产一级标准要求;炼焦工艺与装备除炭化室高度、熄焦工艺 2 项指标达到二级标准要求外,其他 13 项指标均达到一级标准要求;煤气净化装置中 9 项指标均达到一级标准要求。

项目实施后:备煤工艺与装备 4 项指标均达到清洁生产一级标准要求;炼焦工艺与装备除炭化室高度 1 项指标达到二级标准要求外,其他 14 项指标均达到一级标准要求;煤气净化装置中 9 项指标均达到一级标准要求。

2. 资源与能源利用指标

酒钢现状:除炼焦耗热量(高炉煤气)为二级标准、工序能耗为三级标准外,其他 3 项指标达到一级标准要求。由于化产流程较长,因此吨焦耗电量较高。

项目实施后:工序能耗、吨焦耗新水量、炼焦耗热量、焦炉煤气利用率及水循环利用率 5 项指标达到清洁生产一级标准要求。由于化产流程较长,因此吨焦耗电量较高。炼焦耗热量(高炉煤气)由现状的二级标准达到一级标准要求。

3. 产品指标

酒钢现状以及项目实施后,产品 5 项指标中,焦炉煤气、煤焦油、铵产品及粗苯 4 项指标达到清洁生产一级标准要求;焦炭指标达到一级标准要求。

4. 污染物产生控制指标

酒钢现状以及项目实施后,污染物产生 4 项指标中,除焦炉烟囱的 SO_2 排放达到二级标准外,其他指标均达到一级标准要求。

5. 废物回收利用指标

酒钢现状以及项目实施后,废物回收利用 8 项指标均达到清洁生产一级标准要求。

6. 环境管理要求

酒钢现状以及项目实施后,19 项环境管理指标均达到清洁生产一级标准要求。

7.3.5.2　与钢铁行业(烧结)清洁生产标准对比

酒钢现状以及项目实施后,烧结工序各项指标与《清洁生产标准　钢铁行业(烧结)》(HJ/T 426—2008)标准对比结果列于表 7-12。

将烧结工序有关清洁生产指标数据与钢铁行业(烧结)清洁生产定性及定量指标数据进行对比,得出如下分析结果。

1. 生产工艺与装备要求

酒钢现状:小球烧结、厚料层操作、烧结铺底料、低温烧结工艺和各系统除尘设施 5 项指标均达到清洁生产一级标准要求。

项目实施后:小球烧结、厚料层操作、烧结铺底料、低温烧结工艺和各系统除尘设施 5 项指标均达到清洁生产一级标准要求。

2. 资源与能源利用指标

酒钢现状:7 项指标中,烧结矿显热回收、生产取水量和水重复利用率 3 项指标达到清洁生产一级标准要求,烧结矿返矿率 1 项指标达到清洁生产二级标准要求。由于矿石品位低,工序能耗、固体燃料消耗达不到清洁生产标准要求。

表7-12 烧结工序与清洁生产标准对比

清洁生产指标	清洁生产标准 钢铁行业（烧结）指标等级			现状		项目实施后	
	一级	二级	三级	符合情况	等级	符合情况	等级
一、生产工艺与装备要求							
1. 小球烧结	采用该技术			一级		一级	
2. 厚料层操作	≥700 mm	≥600 mm	≥500 mm	750 mm	一级	750 mm	一级
3. 烧结铺底料	采用该技术			一级		一级	
4. 低温烧结工艺	采用该技术			一级		一级	
5. 各系统除尘设施	配备有齐全的除尘装置,除尘设备同步运行率均达100%			一级		一级	
二、资源与能源利用指标							
1. 工序能耗（kgce/t）	≤47	≤51	≤55	62.2	等外	50.18	二级
2. 固体燃料消耗（kgce/t）	≤40	≤43	≤47	59	等外	52	等外
3. 生产取水量（m³/t）	≤0.25	≤0.30	≤0.35	0.14	一级	0.11	一级
4. 烧结矿返矿率（%）	≤8	≤10	≤15	12.54	二级	12.40	二级
5. 水重复利用率（%）	≥95	≥93	≥90	97.12	一级	97.14	一级
6. 烧结矿显热回收	采用该技术			一级		一级	
7. 烧结原料选取	控制易产生二噁英物质的原料			—		—	
三、产品指标							
1. 烧结矿品位（%）	≥58	≥57	≥56	53.5	等外	54	等外
2. 转鼓指数（%）	≥87	≥80	≥76	85.9	二级	85.9	二级
3. 产品合格率（%）	100	≥99.5	≥94.0	99.5	二级	99.5	二级

续表 7-12

清洁生产指标	清洁生产标准 钢铁行业(烧结)				现状		项目实施后		
		指标等级			符合情况	等级	符合情况	等级	
	一级	二级	三级						
四、污染物产生控制指标									
1. 烧结机头 SO₂ 产生量(kg/t)	≤0.9	≤1.5	≤3.0		3.34	等外	0.49	一级	
2. 烧结原燃料场无组织粉尘排放控制	对原燃料场无组织粉尘排放浓度进行监测,并达到行业相关标准要求				一级		一级		
	设有挡风抑尘墙和洒水抑尘措施		设有洒水抑尘措施						
五、废物回收利用指标									
烧结粉尘回收利用率(%)	100		≥99.5		一级		一级		
六、环境管理要求									
1. 环境法律法规标准	符合国家和地方有关环境法律法规,污染物排放达到国家、地方和行业现行排放标准,总量控制和排污许可证管理要求。相应的排放标准包括:GB 8978、GB 9078、GB 13456、GB 16297 等。当新的排放标准替代有关标准时,应执行新标准				一级		一级		
2. 组织机构	建立健全专门环境管理机构和专职管理人员,开展环保和清洁生产有关工作				一级		一级		
3. 环境审核	按照《钢铁企业清洁生产审核指南》的要求进行了审核;环境管理制度健全,原始记录及统计数据齐全有效		按照《钢铁企业清洁生产审核指南》的要求进行清洁生产审核;按照 ISO 14001 建立并有效运行环境管理体系,环境管理手册、程序文件及作业文件齐备		一级		一级		
4. 废物处理	用符合国家规定的废物处置方法处置废物;严格执行国家或地方规定的废物管理转移制度;对危险废物要建立危险废物管理制度,并进行无害化处理				一级		一级		

续表 7-12

清洁生产指标	清洁生产标准 钢铁行业(烧结)			现状		项目实施后	
	指标等级			符合情况	等级	符合情况	等级
	一级	二级	三级				
5. 生产过程环境管理	按照《钢铁企业清洁生产审核指南》的要求进行了审核;按照 ISO 14001 建立并有效运行环境管理体系,环境管理手册、程序文件及作业文件齐备	1. 每个生产工序要有操作规程,对重点岗位要有作业指导书;易造成污染的设备和废物产生部位要有警示牌;生产工序能力分级考核。 2. 建立环境管理制度:开停工及停工检修时的环境管理程序,新、改,扩建项目管理及验收程序,储运管理程序,环境污染系统污染控制制度,环境监测管理制度,污染事故的应急处理预案并进行演练,环境管理记录和台账	1. 每个生产工序要有操作规程,对重点岗位要有作业指导书,生产工序能力分级考核。 2. 建立环境管理制度,其中包括:开停工及停工检修时的环境管理程序,新、改,扩建项目管理及验收程序,环境监测管理制度,污染事故的应急程序	一级		一级	
6. 相关方环境管理	原材料供应方的管理,协作方、服务方的管理程序	原材料供应方的管理程序	原材料料供应方的管理程序	一级		一级	

项目实施后:7 项指标中,烧结矿显热回收、生产取水量和水重复利用率 3 项指标达到清洁生产一级标准要求,工序能耗、烧结矿返矿率 2 项指标达到清洁生产二级标准要求。由于矿石品位低,固体燃料消耗达不到清洁生产标准要求。

3. 产品指标

酒钢现状:转鼓指数和产品合格率 2 项指标达到清洁生产二级标准要求,烧结矿品位达不到清洁生产标准要求,主要由于矿石品位低。

项目实施后:转鼓指数和产品合格率 2 项指标达到清洁生产二级标准要求,烧结矿品位达不到清洁生产标准要求,主要由于矿石品位低。

4. 污染物产生控制指标

酒钢现状:2 项指标中,烧结原燃料场无组织排放控制指标达到清洁生产一级标准要求,烧结机机头 SO_2 产生量处于等外,主要是由于烧结机未采用脱硫设施。

项目实施后:2 项指标中,烧结机机头 SO_2 产生量、烧结原燃料场无组织排放控制指标均达到清洁生产一级标准要求。项目实施后,增加了脱硫设施,因此烧结机机头 SO_2 产生量减少,达到了清洁生产一级标准。

5. 废物回收利用指标

酒钢现状以及项目实施后,烧结粉尘回收利用率均为 100%,达到清洁生产一级标准要求。

6. 环境管理要求

酒钢现状以及项目实施后,环境管理 6 项指标均达到清洁生产一级标准要求。

7.3.5.3　与钢铁行业(高炉炼铁)清洁生产标准对比

酒钢现状以及项目实施后,高炉炼铁工序各项指标与《清洁生产标准　钢铁行业(高炉炼铁)》(HJ/T 427—2008)标准对比结果列于表 7-13。

将高炉炼铁有关清洁生产指标数据与钢铁行业(高炉炼铁)清洁生产定性及定量指标数据进行对比,得出如下分析结果。

1. 生产工艺与装备要求

酒钢现状:4 项指标中,高炉煤气除尘、高炉炉顶煤气余压发电、各系统除尘设施 3 项指标达到清洁生产一级标准要求,平均热风温度 1 项指标达到清洁生产二级标准要求。

项目实施后:4 项指标中,高炉煤气除尘、高炉炉顶煤气余压发电、各系统除尘设施 3 项指标达到清洁生产一级标准要求,平均热风温度 1 项指标达到清洁生产二级标准要求。

2. 资源与能源利用指标

酒钢现状:9 项指标中,生产取水量、水重复利用率、高炉煤气放散率 3 项指标达到清洁生产一级标准要求,高炉喷煤比 1 项指标达到清洁生产二级标准要求。受原料条件限制,工序能耗、入炉焦比、燃料比、入炉铁矿品位未达到清洁生产指标要求;高炉冲渣水余热回收利用技术尚未采用。

项目实施后:9 项指标中,生产取水量、水重复利用率、高炉煤气放散率 3 项指标达到清洁生产一级标准要求,工序能耗、入炉焦比、高炉喷煤比 3 项指标达到清洁生产二级标准要求,燃料比 1 项指标达到清洁生产三级标准要求。受原料条件限制,入炉铁矿品位指标未达到清洁生产指标要求;高炉冲渣水余热回收利用技术尚未采用。

表7-13 高炉炼铁工序与清洁生产标准对比

清洁生产指标	清洁生产标准 钢铁行业(高炉炼铁) 指标等级			现状		项目实施后	
	一级	二级	三级	符合情况	等级	符合情况	等级
一、生产工艺与装备要求							
1. 高炉煤气除尘	全干法	干法或湿法		一级	一级	一级	一级
2. 高炉炉顶煤气余压发电	100%装备	90%装备		一级	一级	一级	一级
3. 平均热风温度(℃)	≥1 240	≥1 130	≥1 100	1 170~1 185	二级	1 190~1 210	二级
4. 各系统除尘设施	配备有齐全的除尘装置，除尘设备同步运行率达100%			一级	一级	一级	一级
二、资源与能源利用指标							
1. 工序能耗(kgce/t)	≤385	≤415	≤430	442.67	等外	412.01	二级
2. 入炉焦比(kg/t)	≤280	≤365	≤390	402	等外	364	二级
3. 高炉喷煤比(kg/t)	≥200	≥155	≥140	158	二级	174	二级
4. 燃料比(kg/t)	≤490	≤520	≤540	560	等外	539	三级
5. 入炉铁矿产品位(%)	≥59.80	≥59.20	≥58.00	56.2	等外	57.1	等外
6. 生产取水量(m³/t)	≤1.0	≤1.5	≤2.4	0.96	一级	0.78	一级
7. 水重复利用率(%)	≥98		≥97	98.47	一级	99.14	一级
8. 高炉冲渣水余热回收利用	宜采用该技术			未采用	等外	未采用	等外
9. 高炉煤气放散率(%)	0	≤5	≤8	0	一级	0	一级
三、产品指标							
生铁合格率(%)	100	≥99.9		100	一级	100	一级
四、污染物产生控制指标							
1. 烟(粉)尘排放量(kg/t)	≤0.1	≤0.2	≤0.3	0.22	三级	0.19	二级

续表 7-13

清洁生产指标	清洁生产标准			现状		项目实施后	
	指标等级			符合情况	等级	符合情况	等级
	一级	二级	三级				
2. 高炉 SO$_2$ 产生量（kg/t）	≤0.02	≤0.05	≤0.10	0.011	一级	0.009	一级
3. 废水排放量（m³/t）	0	0		0	一级	0	一级
4. 无组织排放控制	对无组织排放源排放粉尘浓度进行监测,并达到行业相关标准要求			一级		一级	
5. 渣铁比（kg/t）	≤280	≤315	≤350	399	等外	376	等外
五、废物回收利用指标							
1. 高炉槽下采取焦丁回收措施	采用该技术			一级		一级	
2. 高炉渣回收利用率（%）	100		≥97.0	100	一级	100	一级
3. 高炉瓦斯灰/泥回收利用率（%）	100		≥99.0	100	一级	100	一级
六、环境管理要求							
1. 环境法律法规标准	符合国家和地方有关环境法律法规,污染物排放达到国家、地方和行业现行排放标准,总量控制和排污许可证管理要求。相应的排放标准包括 GB 8978、GB 9078、GB 13456、GB 16297 等。当新的排放标准替代有关标准时,应执行新标准			一级		一级	
2. 组织机构	建立健全专门环境管理机构和专职管理人员,开展环保和清洁生产有关工作			一级		一级	
3. 环境审核	按照《钢铁企业清洁生产审核指南》的要求进行了审核;按照 ISO 14001 建立并有效运行环境管理体系,环境管理手册、程序文件及作业文件齐备	1. 按照《钢铁企业清洁生产审核指南》的要求进行了审核,原始记录及统计数据齐全有效。 2. 环境管理制度健全,清洁生产审核完成		一级		一级	
4. 废物处理	用符合国家或地方规定的废物处置方法处置废物;严格执行国家或地方规定的废物转移制度,对危险废物要建立危险废物管理制度,并进行无害化处理			一级		一级	

续表 7-13

清洁生产指标	清洁生产标准 钢铁行业(高炉炼铁)			现状		项目实施后	
	指标等级			符合情况	等级	符合情况	等级
	一级	二级	三级				
5. 生产过程环境管理	按照《钢铁企业清洁生产审核指南》的要求进行了审核;按照 ISO 14001 建立并有效运行环境管理体系,环境管理手册、程序文件及作业文件齐备	1. 每个生产工序要有操作规程,对重点岗位要有作业指导书,易造成污染的设备和废物产生部位要有警示牌,生产工序能分级考核。2. 建立环境管理制度,其中包括:开停工及停工检修时的环境管理程序,新、改、扩建项目管理及验收程序,储运管理及验收程序,环系统污染控制制度,污染物监测管理制度,环境管理预案并进行应急处理预案并进行演练,环境管理记录和台账	1. 每个生产工序要有操作规程,对重点岗位要有作业指导书,生产工序能分级考核。2. 建立环境管理制度,其中包括:开停工及停工检修时的环境管理程度,新、改、扩建项目管理及验收程序,环境管理制度,污染事故的应急程序	一级		一级	
6. 相关方环境管理	原材料供应方的管理,协作方、服务方的管理程序	原材料供应方的管理程序	原材料供应方的管理程序	一级		一级	

3. 产品指标

酒钢现状以及项目实施后,生铁合格率均达到清洁生产一级标准要求。

4. 污染物产生控制指标

酒钢现状:5 项指标中,废水排放量、无组织排放源控制 2 项指标达到清洁生产一级标准要求、高炉 SO_2 产生量 1 项指标达到清洁生产一级标准要求,烟(粉)尘排放量 1 项指标达到清洁生产三级标准要求。由于矿石品位较低,因此渣铁比未达到清洁生产的要求。

项目实施后:5 项指标中,高炉 SO_2 产生量、废水排放量、无组织排放源控制 3 项指标达到清洁生产一级标准要求,烟(粉)尘排放量 1 项指标达到清洁生产二级标准要求。由于矿石品位较低,因此渣铁比未达到清洁生产的要求。

5. 废物回收利用指标

酒钢现状以及项目实施后,3 项指标中,高炉渣回收利用率和高炉瓦斯灰/泥回收利用率 2 项指标达到清洁生产一级标准要求,高炉槽下采取焦丁回收措施达到清洁生产一级标准要求。

6. 环境管理要求

酒钢现状以及项目实施后,6 项指标均达到清洁生产一级标准要求。

7.3.5.4　与钢铁行业(炼钢)清洁生产标准对比

酒钢现状以及项目实施后,转炉、电炉炼钢工序各项指标与《清洁生产标准　钢铁行业(炼钢)》(HJ/T 428—2008)标准对比结果列于表 7-14、表 7-15。

1. 转炉炼钢工序

将转炉炼钢工序有关清洁生产指标数据与钢铁行业(炼钢)清洁生产定性及定量指标数据进行对比,得出如下分析结果。

1)生产工艺与装备要求

酒钢现状及项目实施后,7 项指标中,溅渣护炉、余能回收装置、自动化控制、煤气净化装置、连铸比、各系统除尘设施 6 项指标达到清洁生产一级标准要求,炉衬寿命 1 项指标达到清洁生产二级标准要求。

2)资源与能源利用指标

酒钢现状:7 项指标中,转炉生产取水量、煤气和蒸汽回收量 2 项指标达到清洁生产一级标准要求,钢铁料消耗、氧气消耗 2 项指标达到清洁生产二级标准要求,工序能耗 1 项指标达到清洁生产三级标准要求,水重复利用率 1 项指标达不到清洁生产标准要求。

项目实施后:7 项指标中,转炉生产取水量、水重复利用率、工序能耗、煤气和蒸汽回收量 4 项指标达到清洁生产一级标准要求,钢铁料消耗、氧气消耗 2 项指标达到清洁生产二级标准要求。

3)产品指标

酒钢现状及项目实施后,转炉钢水合格率、连铸坯合格率 2 项指标均达到清洁生产一级标准要求。

表7-14　炼钢(转炉)工序与清洁生产标准对比

清洁生产指标	清洁生产标准　钢铁行业(炼钢) 指标等级			现状		项目实施后	
	一级	二级	三级	符合情况	等级	符合情况	等级
一、生产工艺与装备要求							
1. 炉衬寿命(炉)	≥15 000	≥13 000	≥10 000	14 200	二级	14 200	二级
2. 溅渣护炉	采用溅渣护炉工艺技术			一级		一级	
3. 余能回收装置	配置有煤气与蒸汽回收装置,配置率达100%			一级		一级	
4. 自动化控制	采用基础自动化和资源与生产过程管理三级等计算机管理功能	采用基础自动化,并包括部分产过程自动化和资源与能源管理三级等计算机管理功能	采用基础自动化和生产过程自动化两级计算机管理功能	一级		一级	
5. 煤气净化装置	配备干式净化装置	配备湿式净化装置		一级		一级	
6. 连铸比[①](%)	100	≥95	≥90	100	一级	100	一级
7. 各系统除尘设施	配备有齐全的除尘装置,除尘设备同步运行率100%	产尘设备同步运行率达100%		一级		一级	
二、资源与能源利用指标							
1. 钢铁料消耗(kg/t)	≤1 060	≤1 080	≤1 086	1 078	二级	1 078	二级
2. 废钢预处理	对带有涂层及含氯物质的废钢原料进行预处理,以减少二噁英物质的产生			—		—	
3. 转炉生产取水量(m³/t)	≤2.0	≤2.5	≤3.0	1.08	一级	0.49	一级
4. 水重复利用率(%)	≥98	≥97	≥96	95.83	等外	98.93	一级
5. 氧气消耗(m³/t)	≤48	≤57	≤60	52.93	二级	51	二级
6. 工序能耗(kgce/t)	≤-20	≤-8	≤0	-3.8	三级	-20.88	一级
7. 煤气和蒸汽回收量(kgce/t)	≥30			35.26	一级	37.50	一级

续表 7-14

清洁生产标准　钢铁行业（炼钢）

清洁生产指标	指标等级			现状		项目实施后	
	一级	二级	三级	符合情况	等级	符合情况	等级
三、产品指标							
1. 转炉钢水合格率（%）	≥99.9	≥99.8	≥99.7	99.93	一级	99.93	一级
2. 连铸坯合格率（%）	100	≥99.85	≥99.7	99.93	二级	100	一级
四、污染物产生控制指标							
1. 废水及污染物排放							
（1）废水排放量（m³/t）		≤1.5		0	一级	0	一级
（2）石油类排放量（kg/t）	≤0.008	≤0.015	≤0.030	0	一级	0	一级
（3）COD 排放量（kg/t）	≤0.150	≤0.225	≤0.750	0	一级	0	一级
2. 废气及污染物排放							
（1）烟粉尘排放量②（kg/t）	≤0.06	≤0.09	≤0.18	0.076	二级	0.06	二级
（2）无组织排放	达到环保相关标准规定要求			一级		一级	
五、废物回收利用指标							
1. 钢渣利用率（%）	100	≥95	≥90	100	一级	100	一级
2. 尘泥回收利用率（%）		100		100	一级	100	一级
六、环境管理要求							
1. 环境法律法规标准	符合国家和地方有关环境法律法规，污染物排放达到国家、地方和行业现行排放标准，总量控制和排污许可证管理要求。相应的排放标准包括 GB 8978、GB 9078、GB 13456、GB 16297 等。当新的排放标准替代有关标准时，应执行新标准			一级		一级	
2. 组织机构	建立健全专门环境管理机构和专职管理人员，开展环保和清洁生产有关工作			一级		一级	

续表 7-14

清洁生产指标	清洁生产标准 钢铁行业(炼钢) 指标等级			现状		项目实施后	
	一级	二级	三级	符合情况	等级	符合情况	等级
3. 环境审核	按照《钢铁企业清洁生产审核指南》的要求进行了审核;按照 ISO 14001 建立并有效运行环境管理体系,环境管理手册、程序文件及作业文件齐备	按照《钢铁审核指南》的要求进行了审核;环境管理制度健全,原始记录及统计数据齐全有效	按照《钢铁审核指南》的要求进行了审核;环境管理制度健全,原始记录及统计数据齐全有效	一级	一级	一级	一级
4. 废物处理		用符合国家规定的废物处置方法处理行业或地方规定的废物转移制度;对危险废物管理要建立危险废物管理制度,并进行无害化处理	用符合国家规定的废物处置方法处理行业或地方规定的废物转移制度;对危险废物管理要建立危险废物管理制度,并进行无害化处理	一级	一级		一级
5. 生产过程环境管理		1. 每个生产工序要有操作规程,对重点岗位要有作业指导书,生产和废物产生部位要有警示牌。生产工序工序能分级考核。 2. 建立环境管理制度,其中包括:开停工及停工检修时的环境管理程序,新、改、扩建项目管理及验收程序,环境储运系统污染控制制度,环境监测管理制度,污染事故的应急处理预案并进行演练,环境管理记录和台账	1. 每个生产工序要有操作规程,对重点岗位要有作业指导书,生产工序工序能分级考核。 2. 建立环境管理制度,其中包括:开停工及停工检修时的环境管理程序,新、改、扩建项目管理程序,污染物管理制度,监测管理制度,污染事故的应急程序	一级	一级	一级	一级
6. 相关方环境管理		原材料供应方的管理;协作方、服务方的管理程序	原材料供应方的管理程序	一级	一级		一级

注:①由国家指定生产特殊产品的企业可扣除非连铸产品产量后计算连铸产品产量比。
②含无组织排放量。

表 7-15　炼钢(电炉)工序与清洁生产标准对比

清洁生产指标	清洁生产标准　钢铁行业(炼钢)　指标等级			现状		项目实施后	
	一级	二级	三级	符合情况	等级	符合情况	等级
一、生产工艺与装备要求							
1. 电炉优化供电节电技术	采用电炉优化供电节电技术			一级		一级	
2. 自动化控制	采用基础自动化,生产过程自动化和资源与能源管理等三级计算机管理功能	采用基础自动化,过程自动化,并包括部分资源与能源管理等三级计算机管理功能	采用基础自动化和生产过程自动化两级计算机管理功能	一级		一级	
3. 余热回收	采用烟气、汽化冷却等余热回收技术			一级		一级	
4. 连铸比(%)	100①	≥95	≥90	100	一级	100	一级
5. 电炉除尘装置	采用第四孔+密封罩+屋顶罩除尘方式,除尘设备同步运行率达100%	采用第四孔+密封罩或第四孔+屋顶罩除尘方式,除尘设备同步运行率达100%	采用第四孔+密封罩或第四孔+屋顶罩除尘方式,除尘设备同步运行率达100%	一级		一级	
6. 除电炉外的各系统除尘设施	配备有齐全的除尘装置,除尘设备同步运行率达100%			一级		一级	
二、资源与能源利用指标							
1. 钢铁料消耗(kg/t)	≤1 032	≤1 061	≤1 095	656	一级	659	一级
2. 废钢预处理	对带有涂层及含氯物质的废钢原料进行预处理,以减少二噁英物质的产生					—	
3. 工序能耗(kgce/t)	≤154	≤159	≤171	102.33	二级	82.3	一级
4. 生产取水量(m³/t)	≤2.3	≤2.6	≤3.2	2.45	二级	0.4	一级
5. 水重复利用率(%)	≥98	≥96	≥94	98.73	一级	98.73	一级

续表 7-15

清洁生产指标	清洁生产标准 钢铁行业(炼钢)				现状		项目实施后	
	指标等级				符合情况	等级	符合情况	等级
	一级	二级	三级					
三、产品指标								
1. 钢水合格率(%)	≥99.9	≥99.8	≥99.7		99.82	二级	99.82	二级
2. 连铸坯合格率(%)	100	≥99.85	≥99.7		100	一级	100	一级
四、污染物产生控制指标								
1. 废水及污染物排放								
(1)废水排放量(m³/t)		≤1.2			0	一级	0	一级
(2)石油类排放量(kg/t)	≤0.006	≤0.012	≤0.024		0	一级	0	一级
(3)COD排放量(kg/t)	≤0.120	≤0.18	≤0.600		0	一级	0	一级
2. 废气及污染物排放								
(1)烟粉尘排放量[2](kg/t)	≤0.4	≤0.5	≤0.6		0.37	一级	0.3	一级
(2)无组织排放	达到环保相关标准规定要求				一级		一级	
五、废物回收利用指标								
1. 钢渣利用率(%)	100	100	≥90		100	一级	100	一级
2. 尘泥回收利用率(%)					100	一级	100	一级
六、环境管理要求								
1. 环境法律法规标准	符合国家和地方有关环境法律法规,污染物排放达到国家、地方和行业现行排放标准;总量控制和排污许可证管理要求				一级		一级	
2. 组织机构	建立健全专门环境管理机构和专职管理人员,开展环保和清洁生产有关工作				一级		一级	

续表 7-15

清洁生产指标	清洁生产标准　钢铁行业（炼钢）指标等级 一级	二级	三级	现状 符合情况	等级	项目实施后 符合情况	等级
3. 环境审核	按照《钢铁企业清洁生产审核指南》的要求进行了审核；按照 ISO 14001 建立并有效运行环境管理体系，环境管理手册、程序文件及作业文件齐备		按照《钢铁企业清洁生产审核指南》的要求进行了审核；环境管理制度健全，原始记录及统计数据齐全有效	一级	一级		一级
4. 废物处理			用符合国家规定的废物处置方法处置废物；严格执行国家或地方规定的废物转移制度；对危险废物建立危险废物管理制度，并进行无害化处理	一级	一级		一级
5. 生产过程环境管理	1. 每个生产工序要有操作规程，对重点岗位要有作业指导书，易造成污染的设备和废物产生部位要有警示牌，生产工序能分级考核。 2. 建立环境管理制度，其中包括：开停工及停工检修时的环境管理程序，新、改、扩建项目管理及验收程序，环境运输系统污染控制制度，污染监测管理制度，污染事故的应急处理预案并进行演练，环境管理记录和台账	1. 每个生产工序要有操作规程，对重点岗位要有作业指导书，易造成污染的设备和废物产生部位要有警示牌，生产工序能分级考核。 2. 建立环境管理制度，其中包括：开停工及停工检修时的环境管理程序，新、改、扩建项目管理及验收程序，环境监测管理制度的应急处理预案	1. 每个生产工序要有操作规程，对重点岗位要有作业指导书，生产工序能分级考核。 2. 建立环境管理制度	一级	一级		一级
6. 相关方环境管理		原材料供应方的管理，协作方、服务方的管理程序	原材料供应方的管理程序	一级	一级		一级

注：①由国家指定生产特殊产品的企业可扣除非连铸产品产量后计算连铸比。
②含无组织排放量。

4)污染物产生控制指标

酒钢现状及项目实施后:废水及污染物排放3项指标均达到清洁生产一级标准要求;废气及污染物排放2项指标中,烟粉尘排放量达到清洁生产二级标准要求,无组织排放达到清洁生产一级标准要求。

5)废物回收利用指标

酒钢现状及项目实施后,钢渣利用率和尘泥回收利用率2项指标均达到清洁生产一级标准要求,100%得到利用。

6)环境管理要求

酒钢现状及项目实施后,6项指标均达到清洁生产一级标准要求。

2.电炉炼钢工序

将电炉炼钢工序有关清洁生产指标数据与钢铁行业(炼钢)清洁生产定性及定量指标数据进行对比,得出如下分析结果。

1)生产工艺与装备要求

酒钢现状及项目实施后,6项指标均达到清洁生产一级标准要求。

2)资源与能源利用指标

酒钢现状:钢铁料消耗、工序能耗、水重复利用率3项指标达到清洁生产一级标准要求,生产取水量1项指标达到清洁生产二级标准要求。

项目实施后:钢铁料消耗、工序能耗、生产取水量、水重复利用率指标均达到一级水平。

3)产品指标

酒钢现状以及项目实施后,连铸坯合格率1项指标均达到清洁生产一级标准要求,钢水合格率1项指标均达到清洁生产二级标准要求。

4)污染物产生控制指标

酒钢现状以及项目实施后,废水及污染物排放中3项指标、废气及污染物排放中2项指标均达到清洁生产一级标准要求。

5)废物回收利用指标

酒钢现状以及项目实施后,钢渣利用率和尘泥回收利用率2项指标均达到清洁生产一级标准要求,100%得到利用。

6)环境管理要求

酒钢现状一级项目实施后,6项指标均达到清洁生产一级标准要求。

7.3.5.5　与钢铁行业清洁生产标准对比

酒钢现状以及项目实施后,酒钢各项指标与《钢铁联合企业清洁生产技术指标》(HJ/T 189—2006)标准对比结果列于表7-16。

将酒钢有关清洁生产指标数据与钢铁行业清洁生产定性及定量指标数据进行对比,得出如下分析结果。

1.生产工艺与装备要求

酒钢现状:9项指标中,小球烧结及厚料层操作、烧结矿显热回收、转炉溅渣护炉、连铸比、连铸坯热送热装、双预热蓄热式燃烧6项指标均达到清洁生产一级标准要求,高炉喷煤量1项指标达到清洁生产二级标准要求。高炉炉顶煤气余压发电、入炉焦比达不到清洁生产标准要求。

表 7-16　全厂与清洁生产标准对比

清洁生产技术指标	钢铁联合企业清洁生产技术指标 指标等级 一级	二级	三级	现状 符合情况	等级	项目实施后 符合情况	等级
一、生产工艺与装备要求							
1. 小球烧结及厚料层操作	料层厚≥600 mm	料层厚≥500 mm	料层厚≥400 mm	750 mm	一级	750 mm	一级
2. 烧结矿显热回收	利用余热锅炉产生蒸汽或余热发电		预热点火、保温炉助燃空气或混合料	一级		一级	
3. 高炉炉顶煤气余压发电	100%装备	80%装备	60%装备	43%装备	等外	100%装备	一级
4. 入炉焦比（kg/t 铁）	≤300	≤380	≤420	402	等外	364	二级
5. 高炉喷煤量（kg/t 铁）	≥200	≥150	≥120	158	二级	174	二级
6. 转炉溅渣护炉		采用该技术		一级		一级	
7. 连铸比（%）	100	≥95	≥90	100	一级	100	一级
8. 连铸坯热送热装	热装温度≥600 ℃，热装比≥50%		热装温度≥400 ℃，热装比≥50%	一级		一级	
9. 双预热蓄热式燃烧			中小型材、线材、中板、中宽带及窄带钢的加热炉（每小时加热能力100 t左右）	一级		一级	
二、资源与能源利用指标							
1. 可比能耗（kg 标煤/t 钢）	≤680	≤720	≤780	657.48	一级	556.39	一级
2. 炼钢钢铁料消耗（kg/t 钢）	≤1 070	≤1 080	≤1 090	1 078	二级	1 078	二级
3. 生产取水量（m³ 水/t 钢）	≤6.0	≤10.0	≤16.0	5.13	一级	3.48	一级
三、产品指标							
1. 钢材综合成材率（%）	≥96	≥92	≥90	98.00	一级	98.00	一级
2. 钢材质量合格率（%）	≥99.5	≥99.0	≥98	99.97	一级	99.97	一级
3. 钢材质量等级品率（%）	≥110	≥100	≥90	105	二级	105	二级

续表 7-16

清洁生产技术指标	钢铁联合企业清洁生产技术指标 指标等级			现状		项目实施后	
	一级	二级	三级	符合情况	等级	符合情况	等级
四、污染物产生控制指标							
绩效指标 1. 废水排放量（m³/t 钢）	≤2.0	≤4.0	≤6.0	3.60	二级	0.62	一级
2. COD 排放量（kg/t 钢）	≤0.2	≤0.5	≤0.9	0.13	一级	0.02	一级
3. 石油类排放量（kg/t 钢）	≤0.016	≤0.04	≤0.12	0.007	一级	0.0007	一级
4. 烟/粉尘排放量（kg/t 钢）	≤1.0	≤2.0	≤4.0	0.9	一级	0.96	一级
5. SO_2 排放量（kg/t 钢）	≤1.0	≤2.0	≤2.5	6.31	等外	0.98	一级
五、废弃物回收利用指标							
1. 生产水复用率（%）	≥95	≥93	≥90	97.31	一级	98.06	一级
2. 高炉煤气回收利用率（%）	≥95			100	一级	100	一级
3. 转炉煤气回收热量（kgce/t 钢）	≥23	≥21	≥18	12.3	等外	25	一级
4. 含铁尘泥回收利用率（%）	100	≥95	≥90	100	一级	100	一级
5. 高炉渣利用率（%）	100	≥95	≥90	100	一级	100	一级
6. 转炉渣利用率（%）	100	≥95	≥90	100	一级	100	一级
六、环境管理要求							
1. 环境法律法规标准	符合国家和地方有关环境法律法规，污染物排放达到国家和地方排放标准，总量控制和排污许可证管理要求。相应国家排放标准如下：《工业炉窑大气污染物排放标准》（GB 9078—1996）、《炼焦炉大气污染物排放标准》（GB 16171—1996）、《锅炉大气污染物排放标准》（GB 13271—2001）、《大气污染物综合排放标准》（GB 16297—1996）、《钢铁工业水污染物排放标准》（GB 13456—2012）、《污水综合排放标准》（GB 8978—1996）			一级		一级	
2. 组织机构	设专门环境管理机构和专职管理人员，开展环境保护和清洁生产有关工作			一级		一级	

续表 7-16

清洁生产技术指标	钢铁联合企业清洁生产技术指标			现状		项目实施后	
	一级	二级	三级	符合情况	等级	符合情况	等级
3. 环境审核		按照《钢铁企业清洁生产审核指南》的要求进行了审核;环境管理制度健全,原始记录及统计数据齐全有效		一级		一级	
4. 废物处理		1. 用符合国家规定的废物处置方法处置废物;2. 严格执行国家或当地规定的废物转移制度;3. 对危险废物要建立危险废物管理制度,并进行无害化处理		一级		一级	
5. 生产过程环境管理	按照《钢铁企业清洁生产审核指南》的要求进行了审核;按照 ISO 14001 建立并运行环境管理体系,环境管理手册、程序文件及作业文件齐备	1. 每个生产工序要有操作规程,对重点岗位要有作业指导书,易造成污染和废物产生的部位要有警示牌,生产工序能分级考核。2. 建立环境管理制度,其中包括:开停工及停工检修时的环境管理程序、新、改、扩建项目管理及验收程序,环境监测管理制度,污染事故的应急处理预案并进行演练,环境管理记录和台账	1. 每个生产工序要有操作规程,对重点岗位要有作业指导书,生产工序能分级考核。2. 建立环境管理制度,其中包括:开停工及停工检修时的管理程序,新、改、扩建项目管理及验收程序,环境监测管理制度,污染事故的应急程序	一级		一级	
6. 相关方环境管理		原材料供应方管理,生产方、协作方环境管理的管理程序	原料供应方管理的管理程序	一级		一级	

项目实施后:9 项指标中,小球烧结及厚料层操作、烧结矿显热回收、高炉炉顶煤气余压发电、转炉溅渣护炉、连铸比、连铸坯热送热装、双预热蓄热式燃烧 7 项指标均达到清洁生产一级标准要求,入炉焦比和高炉喷煤量 2 项指标达到清洁生产二级标准要求。

2.资源与能源利用指标

酒钢现状以及项目实施后,3 项指标中,可比能耗和生产取水量 2 项指标达到清洁生产一级标准要求,炼钢钢铁料消耗 1 项指标达到清洁生产二级标准要求。

3.产品指标

酒钢现状以及项目实施后,3 项指标中,钢材综合成材率和钢材质量合格率 2 项指标达到清洁生产一级标准要求,钢材质量等级品率达到清洁生产二级标准要求。

4.污染物产生控制指标

酒钢现状:5 项指标中,COD 排放量、石油类排放量、烟/粉尘排放量 3 项指标均达到清洁生产一级标准要求。废水排放量达到清洁生产二级标准要求;由于未采用脱硫设施,SO_2 排放量达不到清洁生产标准要求。

项目实施后:5 项指标中,废水排放量、COD 排放量、石油类排放量、烟/粉尘排放量、SO_2 排放量 5 项指标均达到清洁生产一级标准要求。

5.废物回收利用指标

酒钢现状:除转炉煤气回收热量达不到清洁生产标准外,其他 5 项指标均全部达到清洁生产一级标准要求。

项目实施后:6 项指标均全部达到清洁生产一级标准要求。

6.环境管理要求

酒钢现状以及项目实施后,6 项指标均达到清洁生产一级标准要求。

7.3.5.6　酒钢清洁生产水平评述

钢铁行业清洁生产标准中,可统计出定量、定性清洁生产指标共 32 项。

现状酒钢 27 项指标全部达到清洁生产一、二级标准要求。其中,达到一级标准要求的指标为 24 项,占可统计指标总数的 75%;达到二级标准要求的指标为 4 项,占可统计指标总数的 12.5%。

项目实施后,酒钢 32 项指标全部达到清洁生产一、二级标准要求,其中达到一级标准要求的指标为 28 项,占可统计指标总数的 87.5%;达到二级标准要求的指标为 4 项,占可统计指标总数的 12.5%。

综上所述,本项目实施后,酒钢具有较高的清洁生产水平。

7.4　小　结

综上所述,通过对本项目实施后酒钢的循环经济分析可以看出,酒钢在生产和工程设计中遵循了循环经济的发展理念,按照建设节能、环保、高效的生产要求,遵循循环经济理念,通过采用先进的清洁生产工艺,如 TRT、烧结余热回收发电、余能回收,采用大型化、连续化的生产设备组织生产等,从源头上减少污染物的产生。采用资源、能源在公司内部和社会中的再利用、再循环措施,是兼顾发展经济、节约资源和保护环境的循环经济发展模式,能实现节约资源、提高能效和保护环境的目的。

　　按照《清洁生产标准　炼焦行业》(HJ/T 126—2003)、《清洁生产标准　钢铁行业(烧结)》(HJ/T 426—2008)、《清洁生产标准　钢铁行业(高炉炼铁)》(HJ/T 427—2008)、《清洁生产标准　钢铁行业(炼钢)》(HJ/T 428—2008),对照酒钢现状各工序的清洁生产水平,174 项可测指标中,147 项达到一级标准要求,13 项达到二级标准要求。对照本项目实施后酒钢各工序的清洁生产水平,177 项可测指标中,153 项达到一级标准要求,14 项达到二级标准要求。

　　按照《清洁生产标准　钢铁行业》(HJ/T 189—2006),项目实施后,酒钢 32 项指标全部达到一、二级标准要求,说明酒钢具有较高的清洁生产水平。

第8章　产业政策符合性和规划相容性分析

8.1　产业政策符合性分析

8.1.1　与《钢铁产业发展政策》符合性分析

钢铁产业是国民经济的重要基础产业,是实现工业化的支撑产业,是技术、资金、资源、能源密集型产业,钢铁产业的发展需要综合平衡各种外部条件。我国是一个发展中大国,在经济发展的相当长时期内对钢铁的需求量较大,我国钢铁产量已多年居世界第一,但钢铁产业的技术水平和物耗与国际先进水平相比还有差距。今后我国钢铁业发展的重点是技术升级和结构调整,为提高钢铁工业整体技术水平,推进结构调整,改善产业布局,发展循环经济,降低物耗、能耗,重视环境保护,提高企业综合竞争力,实现产业升级,把钢铁产业发展成在数量、质量、品种上基本满足国民经济和社会发展需求,具有国际竞争力的产业。依据有关法律法规和钢铁行业面临的国内外形势,国家发展改革委于 2005 年 7月 8 日发布了《钢铁产业发展政策》,以指导钢铁产业的健康发展。本项目与《钢铁产业发展政策》主要内容符合性分析见表 8-1。

表 8-1　本项目与《钢铁产业发展政策》主要内容符合性分析

序号		文件内容	本项目主要内容	符合情况
1	第十二条	建设烧结机使用面积 180 m² 及以上;高炉有效容积 1 000 m³ 及以上;转炉公称容量 120 t 及以上;电炉公称容量 70 t 及以上	本项目建设 265 m² 烧结机 2 座、2 200 m³ 高炉 2 座,2×150 t 电炉、1×160 t 脱磷转炉、160 t 碳钢转炉 1 座	符合
		钢铁联合企业技术经济指标达到:吨钢综合能耗高炉流程低于 0.7 t 标煤,吨钢耗新水高炉流程低于 6 t,水循环利用率 95% 以上	本项目实施后,吨钢综合能耗 0.57 t 标煤,吨钢耗新水 3.7 t;水循环利用率 97.48%	符合
2	第十三条	所有生产企业必须达到国家和地方污染物排放标准,建设项目主要污染物排放总量控制指标要严格执行经批准的环境影响评价报告书(表)的规定,对超过核定的污染物排放指标和总量的,不准生产运行	本项目实施后,废水、废气、噪声可以达到相应的污染物排放标准的要求;外排 SO_2、COD、NH_3-N 有很大程度减少,但是外排烟粉尘、NO_x 均有不同程度增加	符合

续表 8-1

序号		文件内容	本项目主要内容	符合情况
2	第十三条	新上项目高炉必须同步配套高炉余压发电装置和煤粉喷吹装置;焦炉、高炉、转炉必须同步配套煤气回收装置	高炉采用富氧喷煤工艺,炉顶采用 TRT 技术;新建焦炉、高炉、转炉均同步配套煤气回收装置	符合
		企业应根据发展循环经济的要求,建设污水和废渣综合处理系统,采用干熄焦、焦炉、高炉、转炉煤气回收和利用,煤气-蒸汽联合循环发电,高炉余压发电、汽化冷却,烟气、粉尘、废渣等能源、资源回收再利用技术,提高能源利用效率、资源回收利用率和改善环境	建有全厂综合污水处理站,拟建中水深度处理站;各工艺环节采用高效除尘装置;焦炉、高炉、转炉煤气回收和利用;建设 TRT 装置回收利用高炉煤气余压;采用转炉烟道汽化冷却和加热炉汽化冷却装置回收余热;建设循环经济项目,将产生的矿渣、钢渣及各类除尘灰、尘泥、废钢、氧化铁皮等循环利用,大大提高了能源利用效率、资源回收利用率及改善了环境	符合
3	第十五条	企业应积极采用精料入炉、富氧喷煤、铁水预处理、大型高炉、转炉和超高功率电炉、炉外精炼、连铸、连轧、控轧、控冷等先进工艺技术和装备	采用精料入炉原则,高炉综合入炉矿石品位达到 57.1%;采用高炉富氧喷煤工艺,通过富氧喷煤降低焦比,以减少能源消耗;铁水 100% 脱硫预处理工艺;采用 2 200 m³ 高炉、160 t 转炉、150 t 超高功率电炉;采用 LF、RH、AOD、VOD 等炉外精炼技术;采用先进高效连铸技术和连铸坯热装热送技术,以提高生产效率	符合
4	第十八条	进口技术和装备政策:鼓励企业采用国产设备和技术,减少进口。对国内不能生产或不能满足需求而必须引进的装备和技术,要先进实用。对今后量大面广的装备要组织实施本地化生产	本项目高炉、转炉、连铸、热轧工程均采用国内建设经验和自主设计、自主集成建设模式,由国内技术总负责,只引进国内目前不能提供的关键技术和关键设备,其余设备均国内配套	符合
5	第二十三条	建设炼铁、炼钢、轧钢等项目,企业自有资本金比例必须达到 40% 及以上	本项目工程静态投资 3 352 669 万元,酒钢自筹资金 1 341 067.6 万元,其他部分申请银行长期贷款,企业自有资本金比例为 40%	符合

　　由表 8-1 分析可知,本项目符合《钢铁产业发展政策》的相关要求,且本项目的实施满足《钢铁产业发展政策》中相关规定的要求。

8.1.2　与《产业结构调整指导目录(2011年本)》符合性分析

为加快转变经济发展方式,推动产业结构调整和优化升级,完善和发展现代产业体系,国家发展改革委同国务院有关部门对《产业结构调整指导目录(2005年本)》进行了修订,于2011年3月27日发布了《产业结构调整指导目录(2011年本)》,确定当前国家重点鼓励发展的钢铁行业的产品和技术共计17项。本项目采用9项鼓励技术,具体符合情况见表8-2。

表8-2　本项目与《产业结构调整指导目录(2011年本)》符合性分析

序号	文件内容	本项目主要内容	符合情况
1	煤调湿、风选调湿、捣固炼焦、配型煤炼焦、干法熄焦、导热油换热、焦化废水深度处理回用、煤焦油精深加工、苯加氢精制、煤沥青制针状焦、焦油加氢处理、焦炉煤气高附加值利用等先进技术的研发与应用	新建2座55孔5.5 m捣固焦炉,采用捣固炼焦技术;焦炉熄焦采用干法熄焦工艺;焦化废水深度处理全部回用不外排;采用煤焦油精深加工、焦炉煤气高附加值利用技术	符合
2	高性能、高质量及升级换代钢材产品技术开发与应用。包括600 MPa级及以上高强度汽车板、油气输送高性能管线钢、高强度船舶用宽厚板、海洋工程用钢、420 MPa级及以上建筑和桥梁等结构用中厚板、高速重载铁路用钢、低铁损高磁感硅钢、耐腐蚀耐磨损钢材、节约合金资源不锈钢(现代铁素体不锈钢、双相不锈钢、含氮不锈钢)、高性能基础件(高性能齿轮、12.9级及以上螺栓、高强度弹簧、长寿命轴承等)用特殊钢棒线材、高品质特钢锻轧材(工模具钢、不锈钢、机械用钢等)等	酒钢不锈钢产品包括低合金高强钢、耐候钢、锅炉压力容器用钢、汽车结构用钢、420 MPa级及以上建筑和桥梁等结构用钢、热轧双相钢、资源节约型含氮不锈钢	符合
3	焦炉、高炉、热风炉用长寿节能环保耐火材料生产工艺;精炼钢用低碳、无碳耐火材料和高效连铸用功能环保性耐火材料生产工艺	高炉内衬针对高炉不同部位的冶炼条件和侵蚀机制,选择相适应的黏土砖、刚玉砖、超微孔炭砖、碳化硅砖等耐火材料,提高高炉的寿命	符合
4	生产过程在线质量检测技术应用	酒钢配备计算机及自动化仪表设施,实现生产过程在线质量检测技术的应用	符合
5	利用钢铁生产设备处理社会废弃物	用烧结炼铁还原工艺消纳周边铬盐厂的重污染有毒铬渣、消纳金川集团的镍弃渣和副产多余硫酸、年消纳社会废钢铁101.1万t、年消纳嘉峪关城市污水876万 m³	符合

续表 8-2

序号	文件内容	本项目主要内容	符合情况
6	冶金固体废弃物(含冶金矿山废石、尾矿,钢铁厂产生的各类尘、泥、渣、铁皮等)综合利用先进工艺技术	酒钢高炉渣、钢渣售酒钢吉瑞再生资源开发有限责任公司加工处理后,含铁的部分回烧结系统作为烧结配料,部分渣送酒钢宏达建材有限责任公司制水泥;各除尘系统收集的除尘灰/泥送烧结作为配料使用;切头、尾及轧废返回炼钢系统炼钢;氧化铁皮全部收集送至烧结作为生产原料	符合
7	冶金废液(含废水、废酸、废油等)循环利用工艺技术与设备	焦化酚氰废水处理采用 A^2/O^2 内循环生物脱氮处理工艺;炼铁废水经辐射式沉淀池混凝沉淀、冷却塔冷却后循环使用;炼钢废水经旋流沉淀池沉淀、除油、高速过滤器过滤、冷却塔冷却后循环使用;轧钢工序含铬、含油、含碱、含酸废水均有单独的水处理系统;全厂综合污水处理厂采用"强化混凝沉淀 + 过滤"物化处理工艺。酒钢废酸经废酸回收装置回收利用	符合
8	新一代钢铁可循环流程(在做好钢铁产业内部循环的基础上,发展钢铁与电力、化工、装备制造等相关产业间的横向、纵向物流和能流的循环流程)工艺技术开发与应用	酒钢内部工序之间废水、废弃物、废钢、煤气、余热等循环回用,并在此基础上,通过发展铬铁以及钼铁等特种铁合金生产以消化酒泉风电基地生产的风电,将焦油、轻苯等副产品作为原料提供给化工产业等方式实现了与化工、电力等相关产业的能量及物料的循环	符合
9	高炉、转炉煤气干法除尘	高炉煤气采用全干法布袋除尘方式进行煤气净化,新建转炉煤气采用干法除尘方式进行煤气净化	符合

由表 8-2 分析可知,本项目符合《产业结构调整指导目录(2011 年本)》的相关要求,且本项目的实施满足《产业结构调整指导目录(2011 年本)》中相关规定的要求。

8.1.3　与《国务院办公厅关于进一步加大节能减排力度　加快钢铁工业结构调整的若干意见》符合性分析

本项目与《国务院办公厅关于进一步加大节能减排力度　加快钢铁工业结构调整的若干意见》(国发办〔2010〕34 号)中的主要内容符合性分析见表 8-3。

表 8-3　本项目与《钢铁工业结构调整的若干意见》符合性分析

序号	文件内容	本项目主要内容	符合情况
1	加大淘汰落后产能力度：完善落后产能退出机制；强化淘汰落后产能工作的组织实施，对完成淘汰落后产能任务较好的地区实施先拆后建的技术改造项目，经综合平衡后可优先予以核准	酒钢淘汰落后工艺设备包括 450 m^3 高炉 2 座、65 t 转炉 1 座、65 t LF 炉 1 座	符合
2	节能减排：实现钢铁工业节能减排要将控制总量、淘汰落后、技术改造结合起来。大力推广高温高压干熄焦、干法除尘、煤气余热余压回收利用、烧结烟气脱硫等循环经济和节能减排新技术、新工艺，提高"三废"的综合治理和利用水平。加强和完善废钢铁综合利用，鼓励发展短流程炼钢	进行技术改造，项目实施后污染物排放能够满足总量控制指标要求。采用了先进的生产工艺和设备，并采用了国家重点鼓励发展的技术和清洁生产工艺，如焦化高温高压干熄焦、高炉及转炉煤气干法除尘、烧结烟气脱硫、TRT、高效高风温热风炉等技术；固体废弃物综合利用率达 100%	符合

由表 8-3 可知，本项目的实施符合《国务院办公厅关于进一步加大节能减排力度　加快钢铁工业结构调整的若干意见》的相关要求。

8.1.4　与《中共中央国务院关于深入实施西部大开发战略的若干意见》符合性分析

本项目与《中共中央国务院关于深入实施西部大开发战略的若干意见》（中发〔2010〕11 号）的主要内容符合性分析见表 8-4。

表 8-4　本项目与《中共中央国务院关于深入实施西部大开发战略的若干意见》符合性分析

序号	文件内容	本项目主要内容	符合情况
1	西部大开发在我国区域协调发展总体战略中具有优先地位	酒钢是我国西北地区最大的钢铁联合企业和碳钢、不锈钢生产基地	符合
2	大力发展循环经济，推进甘肃省和青海省柴达木循环经济试点，扩大循环经济试验区和试点企业范围	酒钢发展循环经济内容包括减量化与综合利用相结合、使用清洁能源与减少污染排放相结合、消纳社会有毒有害废弃物与向社会提供高品质产品相结合	符合
3	推动钢铁企业兼并重组，提高产业集中度，形成酒泉、包头、重庆、攀枝花、防城港等钢铁基地	酒钢实施结构调整，用先进装备替代落后装备，新增产能和淘汰落后产能相结合，提升技术装备水平和产品档次，实现整体结构优化	符合

由表8-4可知,本项目的实施符合《中共中央国务院关于深入实施西部大开发战略的若干意见》的相关要求。

8.1.5 《国务院办公厅关于进一步支持甘肃经济社会发展的若干意见》和《国务院办公厅印发关于进一步支持甘肃经济社会发展若干意见重点工作分工方案的通知》符合性分析

本项目与《国务院办公厅关于进一步支持甘肃经济社会发展的若干意见》(国办发〔2010〕29号)、《国务院办公厅印发关于进一步支持甘肃经济社会发展若干意见重点工作分工方案的通知》(国办函〔2010〕143号)的主要内容符合性分析见表8-5。

表 8-5 本项目与《国务院办公厅关于进一步支持甘肃经济社会发展的若干意见》和《国务院办公厅印发关于进一步支持甘肃经济社会发展若干意见重点工作分工方案的通知》符合性分析

序号	文件内容	本项目主要内容	符合情况
1	全面提升有色冶金产业,支持酒钢发展碳钢镀锌板、不锈钢薄板、中板等深加工	本项目实施后,不锈钢产品中,400系占比从项目实施前的40%提高到51%、300系产品中新增国家鼓励发展的资源节约型含氮不锈钢,利用消纳镍渣中Cu元素的抗菌不锈钢等高附加值新品种	符合
2	大力发展循环经济,支持和鼓励矿产资源开采加工企业提高采矿回收率、选矿回收率、共伴生矿综合利用率,加强冶炼渣、尾矿等大宗工业固体废弃物综合利用,提升节能降耗和资源综合利用水平。大力实施重点节能工程,通过技术减排、结构减排、管理减排等措施,确保实现节能减排目标	酒钢发展循环经济和实施结构调整内容包括减量化与综合利用相结合、使用清洁能源与减少污染物排放相结合、建设先进技术装备与淘汰落后装备相结合、增加高效钢产能与淘汰低档次产品相结合、消纳社会有毒有害废弃物与向社会提供高品质产品相结合等内容	符合

由表8-5可知,本项目的实施符合《国务院办公厅关于进一步支持甘肃经济社会发展的若干意见》、《国务院办公厅印发关于进一步支持甘肃经济社会发展若干意见重点工作分工方案的通知》的相关要求。

8.1.6 与《焦化行业准入条件》符合性分析

为遏制焦化行业低水平重复建设和盲目扩张趋势,推动产业结构升级,规范行业健康发展,促进节能减排和技术进步,维护市场竞争秩序,依据国家有关法律法规和产业政策要求,工业和信息化部对原《焦化行业准入条件》进行了修订。本项目中焦化项目的建设与《焦化行业准入条件》(2008年修订)(产业〔2008年〕15号)中的主要内容符合性分析见表8-6。

表 8-6　本项目焦化建设与《焦化行业准入条件》符合性分析

序号		文件内容	本项目焦化建设主要内容	符合情况
1	生产企业布局	新建和改扩建焦化生产企业厂址应靠近用户或炼焦煤原料基地。必须符合各省(自治区、直辖市)地区焦化行业发展规划、城市建设发展规划、土地利用规划、环境保护和污染防治规划、矿产资源规划和国家焦化行业结构调整规划要求	本项目新建 2 座捣固焦炉,符合各区域、产业规划要求	符合
2	工艺装备	(1)焦炉。 常规机械焦炉:新建捣固焦炉炭化室高度必须≥5.5 m、捣固煤饼体积≥35 m³,企业生产能力 100 万 t/a 及以上。钢铁企业新建焦炉要同步配套建设干熄焦装置并配套建设相应除尘装置	本项目新建 2 座捣固焦炉,炭化室高为 5.5 m,捣固煤饼体积为 44.7 m³,总生产能力为 110 万 t/a;配备 1 套 140 t/h 干熄焦设施;项目采用装煤出焦除尘,地面站治理焦炉装煤、出焦及运焦产生的烟尘	符合
		(2)煤气净化和化学产品回收。 焦化生产企业应同步配套建设煤气净化(含脱硫、脱氰、脱氨工艺)、化学产品回收装置与煤气利用设施	新建焦炉的煤气净化系统包括冷凝鼓风工序、脱硫工序、硫铵工序(含剩余氨水蒸氨装置)、终冷洗苯工序、粗苯蒸馏工序及油库等。焦化工序通过煤气净化系统回收硫铵、硫黄;设有焦油精加工系统,可以生产蒽油、洗油、工业萘、酚类、粗蒽;设有苯精制系统生产轻苯、纯苯、重苯、甲苯、二甲苯。焦炉煤气部分焦化自耗,剩余的焦炉煤气主要供其他工序使用,以及供嘉峪关城市用气	
		(3)环境保护、事故防范与安全。 焦化企业应严格执行国家环境保护、节能减排、劳动安全、职业卫生、消防等相关法律法规。应同步建设煤场、粉碎、装煤、推焦、熄焦、筛运焦等抑尘、除尘设施,以及熄焦水闭路循环、废气脱硫除尘及污水处理装置,并正常运行。常规机焦炉企业应按照设计规范配套建设含酚氰生产污水二级生化处理设施、回用系统及生产污水事故贮槽(池)	新建焦炉同步建设煤场、粉碎、装煤、推焦、熄焦、筛运焦等抑尘、除尘设施,以及熄焦水闭路循环、废气脱硫除尘及污水处理装置,并配套建设酚氰废水的二级生化处理设施、回用系统及生产污水事故贮槽(池)	

续表 8-6

序号		文件内容	本项目焦化建设主要内容	符合情况
3	主要产品质量	(1)焦炭。 冶金焦应达到 GB/T 1996—2003 标准	新建焦炉产品为冶金焦,其质量达到 GB/T 1996—2003 标准	符合
		(2)焦炉煤气。 城市民用煤气应达到 GB 13612—2006 标准;工业或其他用煤气 H₂S 含量应≤250 mg/m³	净化后民用煤气 H₂S 含量 < 20 mg/m³;净化后工业煤气 H₂S 含量 < 200 mg/m³	
		(3)化学工业产品。 硫酸铵符合 GB 535—1995 标准(一级品);粗焦油符合 YB/T 5075—1993 标准(半焦所产焦油应参照执行);粗苯符合 YB/T 5022—1993 标准;甲醇、焦油和苯加工等及其他化工产品应达到国标或相关行业产品标准	焦化的化学产品质量均达到相应产品标准	
4	资(能)源消耗和副产品综合利用	(1)资(能)源消耗。 综合能耗 ≤ 165 kgce/t 焦,煤耗(干基)≤1.33 t/t 焦,吨焦耗新水 ≤ 2.5 m³,焦炉煤气利用率≥98%,水循环利用率≥95%	综合能耗 128.5 kgce/t 焦,煤耗 1.29 t/t 焦,吨焦耗新水 0.19 m³,焦炉煤气利用率 100%,水循环利用率 97.48%	符合
		(2)焦化副产品综合利用。 焦化生产企业生产的焦炉煤气应全部回收利用,不得放散;煤焦油及苯类化学工业产品必须回收,并鼓励集中深加工	焦炉煤气全部回收利用,不放散;煤焦油及苯类化学工业产品集中深加工后外售	
5	环境保护	(1)污染物排放量。 焦化生产企业主要污染物排放量不得突破环保部门分配给其排污总量指标	主要污染物排放量未突破环保部门分配给其的排污总量指标	符合
		(2)气、水污染物排放标准。 焦炉无组织污染物排放执行《炼焦炉大气污染物排放标准》(GB 16171—1996),其他有组织废气执行《大气污染物综合排放标准》(GB 16297—1996),NH₃、H₂S 执行《恶臭污染物排放标准》(GB 14554—1996)。酚氰废水处理合格后要循环使用,不得外排。外排废水应执行《污水综合排放标准》(GB 8978—1996)。排入污水处理厂的达到二级标准,排入环境的达到一级标准	焦炉废气污染物均达标排放,酚氰废水经处理后循环利用不外排,其他废水处理后均重新利用	

续表 8-6

序号		文件内容	本项目焦化建设主要内容	符合情况
5	环境保护	(3)固(液)体废弃物。 备配煤、推焦、装煤、熄焦及筛焦工段除尘器回收的煤(焦)尘、焦油渣、粗苯蒸馏再生器残渣、苯精制酸焦油渣、脱硫废渣(液)以及生化剩余污泥等一切焦化生产的固(液)体废弃物,应按照相关法规要求处理和利用,不得对外排放	焦化固体废弃物均回用不外排:配煤、推焦、装煤等工序的除尘灰送烧结配料使用;焦油渣、再生器残渣、酚氰污泥等危险废物返回焦化配料,自循环	符合
6	技术进步	鼓励焦化生产企业采用煤调湿、风选调湿、捣固炼焦、配型煤炼焦、粉煤制半焦、干法熄焦、低水分熄焦、热管换热、导热油换热、焦炉烟尘治理、焦化废水深度处理回用、焦炉煤气制甲醇、焦炉煤气制合成氨、苯加氢精制、煤沥青制针状焦、焦油加氢处理、煤焦油产品深加工等先进适用技术	焦化采用捣固炼焦、干法熄焦、焦炉烟尘处理、焦化废水深度处理回用、焦炉煤气制合成氨、煤焦油产品深加工等先进技术	符合

从表8-6中可以看出,本项目焦化建设符合《焦化行业准入条件》的相关要求。

综上所述,本项目的建设符合《钢铁产业发展政策》、《产业结构调整指导目录(2011年本)》、《国务院办公厅关于进一步加大节能减排力度 加快钢铁工业结构调整的若干意见》等政策相关要求。因此,项目建设符合国家现行产业政策。

8.1.7 与《甘肃省人民政府办公厅关于进一步加强全省含铬废物污染防治工作的通知》相容性分析

为加强甘肃省铬危险废物管理,保障环境安全,甘肃省人民政府办公厅于2012年5月公布了《甘肃省人民政府办公厅关于进一步加强全省含铬废物污染防治工作的通知》。酒钢循环经济和结构调整项目与《甘肃省人民政府办公厅关于进一步加强全省含铬废物污染防治工作的通知》相容性分析见表8-7。

表 8-7 本项目与《甘肃省人民政府办公厅关于进一步加强全省含铬废物污染
防治工作的通知》相容性分析

序号	与建设项目相关的规划内容	本项目情况	符合情况
1	现有铬盐、铬铁合金企业要按照国家《通用硅酸盐水泥》标准（GB 175—2007）和环保部《关于实施〈铬渣污染治理环境保护技术规范〉有关问题的复函》（环函〔2011〕149号）要求，将铬渣送往钢铁冶炼企业进行无害化安全处置，停止将铬渣（无论解毒与否）送往水泥厂综合利用。武威以西区域铬盐、铬铁企业产生铬渣交由酒钢宏兴股份公司进行无害化处置	酒钢将 1 台 130 m² 烧结机、2 座 450 m³ 高炉专门用于冶炼工业铬渣，年使用铬渣 8.4 万 t 左右，可以消纳周边化工等企业产生及历史堆存的铬渣	符合

从表 8-7 可知，本项目符合《甘肃省人民政府办公厅关于进一步加强全省含铬废物污染防治工作的通知》的相关要求。

8.2 规划相容性分析

8.2.1 与《国家环境保护"十二五"规划》相容性分析

为推进"十二五"期间环境保护事业的科学发展，加快资源节约型、环境友好型社会建设，国务院于 2011 年 12 月 15 日公布了《国家环境保护"十二五"规划》（国发〔2011〕42号）。本项目与《国家环境保护"十二五"规划》内容相容性分析见表 8-8。

表 8-8 本项目与《国家环境保护"十二五"规划》相容性分析

序号	与建设项目相关的规划内容	本项目情况	符合情况
		三、推进主要污染物减排	
1	（一）加大结构调整力度 加快淘汰落后产能。严格执行《产业结构调整指导目录》、部分工业行业淘汰落后生产工艺装备和产品指导目录。加大钢铁、有色、建材、化工、电力、煤炭、造纸、印染、制革等行业落后产能淘汰力度。 着力减少新增污染物排放量。进一步提高高能耗、高排放和产能过剩行业准入门槛。 大力推行清洁生产和发展循环经济。提高造纸、印染、化工、冶金、建材、有色、制革等行业污染物排放标准和清洁生产评价指标	酒钢淘汰落后工艺设备，包括 450 m³ 高炉 2 座、65 t 转炉 1 座、65 t LF 炉 1 座。 本项目实施后，废气、噪声排放符合国家污染物排放标准；固体废弃物处置利用率达到 100%；本项目采取国内外先进工艺，资源、能源消耗相对较低，固体废弃物综合利用体现循环经济理念，具有较高的清洁生产水平	符合

续表 8-8

序号	与建设项目相关的规划内容	本项目情况	符合情况
1	(三)加大二氧化硫和氮氧化物减排力度　加快其他行业脱硫脱硝步伐。推进钢铁行业二氧化硫排放总量控制,全面实施烧结机烟气脱硫,新建烧结机应配套建设脱硫脱硝设施	本项目新建烧结机烟气脱硫工程采用石灰石-石膏法技术,预留脱硝工艺,外排烟气中粉尘、SO_2、NO_x 等污染物满足《工业炉窑大气污染物排放标准》的要求	符合
	四、切实解决突出环境问题		
2	(一)改善水环境质量　推进地下水污染防控。开展地下水污染状况调查和评估,划定地下水污染治理区、防控区和一般保护区。加强重点行业地下水环境监管。取缔渗井、渗坑等地下水污染源,切断废弃钻井、矿井等污染途径。防范地下工程设施、地下勘探、采矿活动污染地下水。控制危险废物、城镇污染、农业面源污染对地下水的影响。严格防控污染土壤和污水灌溉对地下水的污染	建立多处地下水监测井,渣场采取防渗措施	符合
	(二)实施多种大气污染物综合控制　深化颗粒物污染控制。钢铁行业现役烧结(球团)设备要全部采用高效除尘器,加强工艺过程除尘设施建设。推进城市大气污染防治。在大气污染联防联控重点区域,建立区域空气环境质量评价体系,开展多种污染物协同控制,实施区域大气污染物特别排放限值,对火电、钢铁、有色、石化、建材、化工等行业进行重点防控	本项目新建烧结机采用双室四电场静电除尘器接布袋除尘器,球团采用四电场电除尘器,外排烟气含烟尘浓度能满足国家相应排放标准要求。各工艺环节采用高效除尘装置,大大减少烟粉尘外排量,符合深化颗粒物污染控制要求	符合
	五、加强重点领域环境风险防控		
3	(四)推进固体废弃物安全处理处置　加大工业固体废弃物污染防治力度。完善鼓励工业固体废弃物利用和处置的优惠政策,强化工业固体废弃物综合利用和处置技术开发,加强煤矸石、粉煤灰、工业副产石膏、冶炼和化工废渣等大宗工业固体废弃物的污染防治	本工程新建尾矿综合利用项目、碳钢钢渣综合利用项目、不锈钢尘泥、钢渣综合利用项目、氧化铁皮及氧化铁粉综合利用项目、固体废弃物综合利用生产建材项目等循环经济项目,对酒钢产生的各种固体废弃物综合利用。固体废弃物处置利用率达到100%	符合

从表 8-8 的分析中可以看出,本项目符合《国家环境保护"十二五"规划》中推进主要

污染物减排、切实解决突出环境问题、加强重点领域环境风险防控的要求。

8.2.2 与《西部大开发"十二五"规划》相容性分析

为全面贯彻落实党中央、国务院关于实施新一轮西部大开发的战略部署,促进区域协调发展,国家发展改革委于 2012 年 2 月公布了《西部大开发"十二五"规划》(中发〔2010〕11 号)。本项目与《西部大开发"十二五"规划》内容相容性分析见表 8-9。

表 8-9 本项目与《西部大开发"十二五"规划》相容性分析

序号	文件内容	本项目情况	符合情况
1	第二十三节 加大节能减排力度 全面推进电力、钢铁、石化、有色、建材等重点行业脱硫脱硝设施建设,提高现有设施运行效率	本项目拟对现有 1#~4# 烧结机安装烟气脱硫设施,新建 5#、6# 烧结机同步配套建设烟气脱硫设施,采用石灰石 – 石膏法技术,并预留脱硝工艺	符合
2	专栏 12 循环经济试点行业:在钢铁、有色、煤炭、电力、化工、建材、轻工、机械制造、农产品加工等重点行业开展循环经济试点	本项目内容包括减量化与综合利用相结合、使用清洁能源与减少污染排放相结合、建设先进技术装备与淘汰落后装备相结合、增加高效钢产能与淘汰低档次产品相结合、消纳社会有毒有害废弃物与向社会提供高品质产品相结合等内容	符合
3	第二十六节 优化调整资源加工产业 推动钢铁企业兼并重组,提高产业集中度,改造提升酒钢、包钢、重钢、攀钢钢铁基地,积极推进防城港钢铁基地建设	本项目为酒钢发展循环经济和结构调整的系统工程,项目目的在于实现酒钢技术装备大型化,生产流程连续化、紧凑化、高效化,使酒钢从一个传统的普钢企业转变成一个普特结合、产品丰富的大型钢铁联合企业,具备更强的市场竞争力	符合
4	专栏 14 钢铁:推进重庆、昆明、贵阳等城市钢厂搬迁和酒钢、包钢、水钢、八钢升级改造	本项目以先进装备代替落后装备,企业能耗降低、资源利用率提高、水资源节约、污染减少,酒钢与社会之间循环经济深化,生产水平、技术装备水平和产品档次得到较大提升,实现整体结构优化	符合

注:包钢指包头钢铁(集团)有限责任公司。重钢指重庆钢铁(集团)有限责任公司。攀钢指攀钢集团有限公司。水钢指首钢水城钢铁(集团)有限责任公司。八钢指宝钢集团新疆八一钢铁有限公司。

从表 8-9 的分析中可以看出,本项目符合《西部大开发"十二五"规划》要求。

8.2.3 与《钢铁工业"十二五"发展规划》相容性分析

为推动钢铁工业转型升级,走中国特色的新型工业化道路,依据《国民经济和社会发展第十二个五年规划纲要》和《工业转型升级规划(2011～2015 年)》,工业和信息化部于 2011 年 10 月 24 日公布了《钢铁工业"十二五"发展规划》。本项目与《钢铁工业"十二五"发展规划》相容性分析见表 8-10。

表 8-10　本项目与《钢铁工业"十二五"发展规划》相容性分析

序号	与建设项目相关的规划内容		本项目情况	符合情况
1	三、指导思想、基本原则和主要目标			
(1)	1. 品种质量	产品质量明显提高,稳定性增强,满足重点领域和重大工程需求,支撑下游行业转型升级和战略性新兴产业发展。进口量较大的高强高韧汽车用钢、硅钢片等品种实现规模化生产,国内市场占有率达到 90% 以上;船用耐蚀钢、低温压力容器板、高速铁路车轮及车轴钢、高压锅炉管等高端品种自给率达 80%。400 MPa 及以上高强度螺纹钢筋比例超过 80%	本项目实施后,酒钢将形成碳钢、不锈钢并举格局,二者形成互补,有利于克服市场波动风险。碳钢产品包括高速线材、棒材、中厚板、热轧薄板、冷轧薄板、镀锌板等,不锈钢产品包括热轧板卷(黑卷)、热轧酸洗退火卷(白卷)、中板酸洗退火板、冷轧薄板卷(2B 表面和 BA 板)等系列产品,产品档次和质量较高	符合
(2)	2. 节能减排	淘汰 400 m³ 及以下高炉(不含铸造铁)、30 t 及以下转炉和电炉。单位工业增加值能耗和二氧化碳排放分别下降 18%,重点统计钢铁企业平均吨钢综合能耗低于 580 kg 标煤,吨钢耗新水量低于 4.0 m³,吨钢二氧化硫排放下降 39%,吨钢化学需氧量下降 7%,固体废弃物综合利用率 97% 以上	酒钢拆除淘汰落后工艺设备,包括 450 m³ 高炉 2 座、65 t 转炉 1 座、65 t LF 炉 1 座;项目实施后,吨钢综合能耗 568.5 kgce,吨钢耗新水量 3.72 m³,吨钢二氧化硫排放量 0.94 kg,固体废弃物综合利用率 100%	符合
2	四、重点领域和任务			
(1)	(一)深入推进节能减排　专栏 5 节能减排技术推广应用重点	按照国家节能减排总体要求和地区分解任务指标,降低钢铁企业单位增加值能源消耗、二氧化碳排放和用水量,减少二氧化硫排放总量。烧结机全部加装烟气脱硫和余热回收装置,鼓励实施脱硝改造,高炉全部配备高效喷煤和余热余压回收装置,提升转炉负能炼钢水平,进一步推广普及应用干法除尘、蓄热式燃烧等节能技术。加强冶金渣、尘泥等固体废弃物的综合利用,加快钢铁行业资源能源回收利用产业发展　01　铁前系统节能减排技术　低温烧结工艺技术,烧结烟气脱硫脱硝技术,小球烧结技术,链箅机-回转窑球团技术,球团废热循环利用技术,高炉利用废塑料技术,高炉高效喷煤技术,高炉脱湿鼓风技术,高炉干法除尘技术,高炉热风炉双预热技术,转底炉处理含铁尘泥技术	本项目新建烧结机配套烟气余热回收及脱硫装置,预留脱硝工艺,采用小球烧结技术;球团采用链箅机-回转窑球团技术,球团废热循环利用技术;高炉配备煤粉喷吹和余压发电装置,高炉热风炉采用空气、煤气双预热技术,高炉煤气采用干法除尘;高炉配套煤气回收装置	符合

续表 8-10

序号	与建设项目相关的规划内容		本项目情况	符合情况
（1）	（一）深入推进节能减排专栏5节能减排技术推广应用重点	02　炼钢、轧钢节能减排技术 转炉煤气干法除尘技术，转炉负能炼钢工艺技术，电炉烟气余热回收利用除尘技术，蓄热式燃烧技术，低温轧制技术，在线热处理技术，轧钢氧化铁皮综合利用技术	轧钢工序采用转炉负能炼钢，配套煤气回收装置；电炉烟气余热回收利用；采用蓄热式燃烧技术，低温轧制技术，在线热处理技术，轧钢氧化铁皮综合利用	符合
		03　综合节能减排技术 燃气－蒸汽联合循环发电技术，原料场粉尘抑制技术，双膜法污水处理回用技术，能源管理中心及优化调控技术。冶金渣综合利用技术，综合污水处理技术，余热余压综合利用技术	料场外围安装防风网，场内设有喷水抑尘设施，输送机上部设有密闭防护罩；建有全厂综合污水处理站；建设能源管理中心项目；生产过程中产生的各类除尘灰、尘泥、氧化铁皮等均进行循环利用；采用余热（蒸汽、热水、烟气）以及余压（高炉炉顶煤气的压差）发电等综合利用技术	符合
（2）	（三）强化技术创新和技术改造专栏6技术创新重点	01　新工艺、新装备、新技术 非高炉炼铁技术，新一代可循环钢铁流程技术，钢材强韧化技术，新一代控轧控冷技术，大型电炉设备成套技术，薄带连铸短流程产业化技术，煤针状焦产业化技术，工业核心工艺控制器系统（CCTS）研究与开发	新工艺：酒钢采用高炉－铁水罐－炼钢的紧凑连接工艺，喷吹脱硫铁水预处理工艺，采用副枪、炉气分析以及计算机控制科学炼钢，CSP薄板坯连铸连轧工艺技术，连铸采用保护浇铸、漏钢预报等先进工艺。 新技术：酒钢采用干法熄焦、烧结余热回收、转炉负能炼钢、燃气蒸汽联合循环发电、加热炉高温蓄热燃烧等先进技术	符合
		02　新产品、新材料技术 核电不锈钢、核岛压力容器钢板、核电发电机转子锻件合金钢、核电蒸发器传热管用钢生产技术；超临界火电机组蒸汽管、过热器、再热器用钢，高中压电转子用钢生产技术；超纯铁素体不锈钢、高氮控氮奥氏体不锈钢、超级奥氏体耐蚀不锈钢生产技术；油船用高品质耐蚀船板、特种耐腐蚀油井管生产技术；高强高韧汽车用钢、高品质轴承钢、齿轮钢等生产技术	新产品、新材料技术：酒钢采用高强度级管线钢、锅炉及压力容器钢、桥梁结构用钢、汽车结构用钢、高强度钢、超低碳钢、超深冲级碳钢、超低碳氮铁素体不锈钢、马氏体不锈钢、奥氏体不锈钢、双相不锈钢、抗菌不锈钢、含氮不锈钢等生产技术	

续表 8-10

序号		与建设项目相关的规划内容	本项目情况	符合情况
(2)	(三)强化技术创新和技术改造 专栏6 技术创新重点	03　节能减排 新技术及资源、能源循环利用技术高炉富氧喷吹焦炉煤气技术,高炉炉顶煤气循环氧气鼓风炼铁技术,烧结脱硝脱二噁英技术,电炉炼钢中二噁英类物质的减排技术,转底炉直接还原钒钛磁铁矿技术,矿产资源综合利用新流程技术,高炉渣、钢渣等显热回收利用技术,共伴生矿、难选冶矿应用技术	节能减排新技术及资源、能源循环利用技术:酒钢采用高炉富氧喷吹焦炉煤气技术,高炉炉顶煤气循环氧气鼓风炼铁技术,矿产资源综合利用新流程技术	符合
(3)	专栏7 技术改造重点	01　品种质量 重点开发满足下游行业和战略性新兴产业发展需要的关键钢材品种,提高产品质量、档次和稳定性。依托有实力的企业发展高速铁路用钢、高磁感取向硅钢、高强高韧汽车用钢、高强度机械用钢、低温压力容器板、船舶行业用耐蚀钢、高性能油气输送管线钢、高强度机械用钢、海洋工程用钢、油气储罐用钢、电力行业用高压锅炉管和核电用钢等高精尖产品和关键钢材品种。建筑钢材生产企业全面改造升级,生产400 MPa及以上高强度螺纹钢筋	酒钢重点开发满足下游行业和战略性新兴产业发展需要的关键钢材品种,提高产品质量、档次和稳定性。依托有实力的企业发展高强高韧汽车用钢、高强度机械用钢、低温压力容器板、电力行业用高压锅炉管等高精尖产品和关键钢材品种。建筑钢材生产企业全面改造升级,400系列产品占不锈钢产品比例从40%提高到51%	符合
		03　节能减排 转炉、高炉烟气干法净化与余热余压综合利用系统集成优化,电炉烟气余热回收,烧结工序节能减排系统集成优化,冶金渣等固体废弃物处理利用与过程中余热利用系统集成优化	酒钢转炉、高炉烟气干法净化与余热余压综合利用系统集成优化,电炉烟气余热回收,烧结工序节能减排系统集成优化,冶金渣等固体废弃物处理利用与过程中余热利用系统集成优化	
		05　两化融合 钢材性能在线监测、预报、控制技术改造,信息化集成系统技术改造,建设能源管理中心	钢材性能在线监测、预报、控制技术改造,信息化集成系统技术改造,建设能源管理中心	

续表 8-10

序号	与建设项目相关的规划内容		本项目情况	符合情况
(4)	(四)淘汰落后生产能力专栏8落后生产工艺装备和产品	02　炼铁、炼钢生产工艺装备 400 m³ 及以下的炼铁高炉,200 m³ 及以下的专业铸铁管厂高炉,生产地条钢、普碳钢的工频和中频感应炉(机械铸造用钢锭除外),30 t 及以下炼钢转炉,15 000 kVA 及以下(30 t 及以下)炼钢电炉,5 000 kVA 及以下(公称容量10 t 及以下)高合金钢电炉	酒钢淘汰落后工艺设备包括 450 m³ 高炉 2 座、65 t 转炉 1 座、65 t LF 炉 1 座;另外 2 台 450 m³、1 台 130 m² 烧结机用于处理铬镍渣	符合
(5)	(五)优化产业布局	西部地区部分市场相对独立区域,立足资源优势,承接产业转移,结合区域差别化政策,适度发展钢铁工业。西部地区已有钢铁企业要加快产业升级,结合能源、铁矿、水资源、环境和市场容量适度发展	本项目完成后,企业能耗降低、资源利用率提高、水资源节约、污染减少、酒钢与社会之间循环经济深化,生产水平、技术装备水平和产品档次得到较大提升,实现整体结构优化	符合

从表 8-10 的分析中可以看出,本项目符合《钢铁工业"十二五"发展规划》中有关节能减排、加快产业升级、淘汰落后生产能力、加快兼并重组、优化产业布局等相关要求。

8.2.4　与《钢铁产业调整和振兴规划》相容性分析

为应对国际金融危机的影响,落实党中央、国务院保增长、扩内需、调结构的总体要求,确保钢铁产业平稳运行,加快结构调整,推动产业升级,国务院于 2009 年 2 月公布了《钢铁产业调整和振兴规划》(国发〔2009〕6 号)。本项目与《钢铁产业调整和振兴规划》相容性分析见表 8-11。

表 8-11　本项目与《钢铁产业调整和振兴规划》相容性分析

规划名称	与本项目相关的规划内容	本项目情况	符合情况
钢铁产业调整和振兴规划	节能减排:重点大中型企业吨钢综合能耗不超过 620 kgce,吨钢耗用新水量低于 5 t,吨钢烟粉尘排放量低于 1.0 kg,吨钢 SO₂ 排放量低于 1.8 kg,二次能源基本实现 100%回收利用,冶金渣近 100%综合利用,污染物排放浓度和排放总量双达标	本项目完成后,酒钢吨钢综合能耗 568.5 kgce,吨钢耗用新水量 3.7 t,吨钢烟粉尘排放量 0.92 kg,吨钢 SO_2 排放量 0.94 kg,二次能源实现 100%回收利用,冶金渣 100%综合利用,污染物排放浓度和排放总量双达标	符合
	加大技术改造力度,推动技术进步:对发展高速铁路用钢、高磁感取向硅钢、高强度机械用钢等关键钢材品种,推广高强度钢筋使用和节材技术,发展高温高压干熄焦、烧结余热利用、烟气脱硫等循环经济和节能减排工艺技术,给予重点支持	本项目生产高强度机械用钢等关键钢材品种,推广高强度钢筋使用和节材技术,采用高温高压干熄焦、烧结余热利用、烟气脱硫等循环经济和节能减排工艺技术	符合

从表 8-11 的分析中可以看出,本项目符合《钢铁产业调整和振兴规划》中节能减排的要求,符合加大技术改造力度、推动技术进步的要求。

8.2.5　与《甘肃省循环经济总体规划》相容性分析

酒钢循环经济和结构调整项目与《甘肃省循环经济总体规划》(国函〔2009〕150 号)相容性分析见表 8-12。

表 8-12　本项目与《甘肃省循环经济总体规划》相容性分析

序号	与本项目相关的规划内容	本项目情况	符合情况
1	指导思想——坚持全面贯彻 3R、减量化优先的原则	酒钢采用精料方针,实现资源消耗减量化;采用先进工艺技术装备,提高资源利用效率,降低各种资源消耗;通过循环再利用,变废为宝,实现资源综合利用	符合
2	指导思想——坚持科技创新、制度创新并重的原则。依靠科技进步,大力推进钢铁、有色、石油化工、电力、建材、煤炭等重点产业副产品的综合利用和废弃物再生利用,解决二次污染和不经济的问题	酒钢通过循环再利用,变废为宝,实现副产品的综合利用和废弃物再生利用。包括烧结配加铬渣和镍弃渣,减少社会污染、充分利用资源;返矿、碎焦、含铁尘泥、粒铁等返回烧结使用;回收废钢返回炼钢利用;建设还原铁粉及粉末冶金生产线,利用氧化铁皮生产还原铁粉和粉末冶金等,实现资源综合利用;建设矿渣微粉生产线利用高炉渣;建设钢渣处理线,综合利用钢渣;利用冷轧酸洗污泥生产高品质氧化铁红;利用尾矿生产可控缓释肥;利用粉煤灰制烧结砖、复合保温砌块;建设不锈钢渣处理线,回收渣钢资源;不锈钢电炉配加镍弃渣,综合利用资源;建设不锈钢除尘灰回收利用设施,制成炉料返回不锈钢炼钢电炉使用,回收宝贵的铬、镍资源	符合
3	调整产业结构——到 2015 年年底,钢铁行业淘汰金昌铁业集团 30 万 t 钢铁生产线,酒钢 100 万 t 钢铁生产一代炉役结束后即按期淘汰,淘汰落后产能 23.2 万 t	酒钢淘汰 2 座 450 m³ 高炉和配套鼓风机、1 座 65 t 转炉及配套 LF 炉,改变保留的 2 座 450 m³ 高炉的功能定位,即用于消纳社会铬渣、镍渣,所产铁水供不锈钢生产实现废物资源化,共淘汰落后产能 240 万 t	符合

续表 8-12

序号	与本项目相关的规划内容	本项目情况	符合情况
4	行业循环经济——钢铁行业:以酒钢等优势企业为龙头,通过联合、收购和股份制等多种方式,整合全省黑色金属矿产资源。加强与国内外原料企业、下游用户的合作,加大新产品的研究开发,重点向碳钢镀锌板、彩涂板、建筑钢结构、不锈钢薄板、中板及深加工等方向延伸。实现采、选、冶、精深加工一体化,全面提升黑色金属冶炼及压延加工业整体竞争力。积极引导、鼓励和支持炭素制品、铁合金企业的联合重组,提高产业集中度,鼓励发展特种铁合金	本项目实施后,产品结构得到明显优化:碳钢钢坯比例从 87% 降低到 75% ,不锈钢钢坯比例从 13% 提高到 25% ,使酒钢从一个传统的普钢企业转变成一个普特结合、产品丰富的大型钢铁联合企业,具备更强的市场竞争力;产品档次得到有效提升:普碳钢、高强钢筋钢种等级显著提高,有利于全社会钢材消耗的减量化,并开发出耐候钢、管线钢、超低碳钢、汽车用钢等高质量品种,有效扩大品种规格;不锈钢 300 系列产品中新增国家鼓励发展的资源节约型含氮不锈钢、利用消纳镍渣中 Cu 元素的抗菌不锈钢等高附加值新品种,有效提升了酒钢不锈钢产品的产品档次,形成企业特有的核心竞争力	符合
5	循环经济产业链——钢铁行业以酒钢为重点,大力推广"三干"(干熄焦、高炉、转炉煤气干式除尘)、"三利用"(水的重复利用、副产煤气综合利用、高炉转炉废渣处理及利用)、"三治理"(氮氧化物治理、烟气二氧化硫治理、焦化酚氢废水治理)等节能和综合利用技术。通过行业上下游企业间的有效衔接,发展利用废渣生产建材产品、利用废气废水生产化工产品等,力争实现"负能"冶炼、废水"零排放"和废渣全利用	酒钢焦化熄焦采用干熄焦工艺,采用旋风除尘和布袋除尘净化高炉煤气,采用 LT 干法系统净化和冷却转炉高温烟气,回收转炉煤气,实现"三干"。对各个工序的生产废水重复利用,对焦炉煤气、高炉煤气和转炉煤气综合利用,生产过程中产生的高炉渣、钢渣等固体废弃物作为建筑、建材企业原料,实现了"三利用";酒钢配备了废气氮氧化物、二氧化硫的治理,焦化酚氰废水设有酚氰污水处理站专门处理,实现了"三治理"	符合
6	积极推进工业节水——钢铁行业提高废水处理回用能力,实施系统节水技术改造,利用非常规水源替代新水,推广干法除尘、干熄焦等节水工艺技术,重点企业实现废水"零排放"	酒钢消纳嘉峪关城市污水,经统一处理后中水回用,在生产过程中采用干法除尘和干熄焦等节水工艺	符合

从表 8-12 的分析中可以看出,本项目符合《甘肃省循环经济总体规划》相关规划要求。

8.2.6 与《甘肃省工业和信息化委员会关于印发甘肃省"十二五"冶金有色工业发展规划的通知》相容性分析

本项目与《甘肃省工业和信息化委员会关于印发甘肃省"十二五"冶金有色工业发展规划的通知》(甘工发〔2010〕863号)相容性分析见表8-13。

表8-13 本项目与《甘肃省工业和信息化委员会关于印发甘肃省"十二五"冶金有色工业发展规划的通知》相容性分析

序号	与本项目相关的规划内容	本项目情况	符合情况
1	发展方向——以酒钢等优势企业为龙头,通过技术改造实现技术装备大型化,生产流程连续化、紧凑化、高效化	本项目为酒钢发展循环经济和结构调整系统工程,项目目的在于实现酒钢技术装备大型化,生产流程连续化、紧凑化、高效化	符合
2	发展方向——调整产品结构。加大新产品的研究开发,推动钢铁产品由普钢向优质钢、合金钢发展,增加H型钢、结构用钢、压力设备用钢、涂镀层板等产品。加快不锈钢产品规模化发展,进一步降低碳钢产品生产成本,积极发展特钢产品	本项目降低棒线材、普通热轧板卷、普通中板等普通产品产量,提高高强度钢、管线钢、耐候钢、双相不锈钢、超低碳氮铁素体不锈钢等高档次CSP、高技术含量优质钢材的产量,加快不锈钢产品规模化发展	符合
3	发展方向——构建资源综合利用与能量梯级利用的循环经济产业链。积极推广综合利用节能减排新技术。烧结工序:推广混合料预热、热风点火和小球烧结等节能技术,降低烧结机漏风率,提升烧结矿显热回收利用水平;焦化系统:重点推广干熄焦技术,新建及改扩建焦炉采用入炉煤调湿和荒煤气显热回收技术装备,同步配套干熄焦装置;冶炼和加工系统:重点推动高炉技术向装备大型化发展,实施精料、优化高风温操作,提高喷煤比、煤粉置换比,推广高炉炉顶煤气压差发电技术,采用煤气干法除尘技术,钢渣显热回收技术,余压余热综合利用;充分利用低热值高炉煤气、焦炉煤气、转炉煤气等可燃气体和各类蒸汽,逐步实现钢铁生产工艺过程无油化;推广蓄热式燃烧技术在热风炉、轧钢加热炉、烤包器、锅炉及其他炉窑上的应用,采用连铸坯热送热装、直接轧制工艺	本项目是酒钢发展循环经济和结构调整的系统工程,积极推广综合利用节能减排新技术。主要内容有:烧结工序采用混合料预热、热风点火和小球烧结等节能技术,降低烧结机漏风率,提升烧结矿显热回收利用水平;焦化系统采用干熄焦技术、荒煤气显热回收技术装备;高炉炼铁采用精料、高风温操作、提高喷煤比和煤粉置换比、高炉炉顶煤气压差发电技术、煤气干法除尘技术;炼钢工序采用钢渣显热回收技术、余压余热综合利用技术;连铸轧钢工序采用连铸坯热送热装、直接轧制工艺;各工序充分利用低热值高炉煤气、焦炉煤气、转炉煤气等可燃气体和各类蒸汽,逐步实现钢铁生产工艺过程无油化	符合

续表 8-13

序号	与本项目相关的规划内容	本项目情况	符合情况
4	重点项目——酒钢嘉峪关本部通过实施循环经济及结构调整项目,主要建设采、选、烧、焦、铁、钢、材等系统及配套项目,形成 1 100 万 t 钢综合规模,其中不锈钢 300 万 t	酒钢以先进装备代替落后装备,技术装备水平和产品档次得到较大提升,实现整体结构优化:烧结机平均烧结面积由 164 m^2 提高到 211 m^2、高炉平均炉容由 951 m^3 提高到 1 852 m^3、转炉电炉平均公称吨位由 82 t 提高到 115 t;粗钢产量由 750 万 t 提高到 1 016.5 万 t;产品结构得到优化:板带比由 64% 提高到 80.38%,不锈钢材比重由 12.4% 提高到 24.2%	符合
5	重点项目——建立"资源－产品－废弃物－再生资源"循环经济系统。固体废弃物利用:对碳钢钢渣、高炉渣、含铁尘泥、氧化铁皮、脱硫石膏、粉煤灰的综合利用,要重点发展回收含铁料、保温矿棉制品、水泥、新型墙体材料等;污水处理及回用:采用反渗透膜处理技术,解决污水提盐,优化水质,改造酒钢本部、榆钢两个污水处理厂及配套回水管线建设;废气回收:新增焙烧使用低热值煤气,对电站锅炉进行纯燃气改造,榆钢新增炼钢配套转炉煤气回收系统;余压余热利用:实施烧结环冷机余热回收发电项目、高炉炉顶余压回收发电项目、高炉热风炉烟气余热回收双预热装置、干熄焦发电装置、焦化初冷器冷却水余热利用项目	酒钢通过循环再利用,变废为宝,实现资源综合利用。包括烧结配加铬渣和镍弃渣;返矿、碎焦、含铁尘泥、粒铁等返回烧结使用;回收废钢返回炼钢利用;建设还原铁粉及粉末冶金生产线;建设矿渣微粉生产线利用高炉渣;建设钢渣处理线;利用冷轧酸洗污泥生产高品质氧化铁红;利用尾矿生产可控缓释肥;利用粉煤灰制烧结砖、复合保温砌块;不锈钢电炉配加镍弃渣;建设不锈钢除尘灰回收利用设施等。酒钢综合污水处理厂采用反渗透膜处理技术,解决污水提盐,优化水质,并同时配套回水管线建设。酒钢余压余热利用内容包括实施烧结环冷机余热回收发电项目、高炉炉顶余压回收发电项目、高炉热风炉烟气余热回收双预热装置、干熄焦发电装置	符合

从表 8-13 的分析中可以看出,本项目符合《甘肃省工业和信息化委员会关于印发甘肃省"十二五"冶金有色工业发展规划的通知》相关规划要求。

8.3　水资源管理要求分析

酒泉钢铁(集团)有限责任公司循环经济和结构调整项目是在酒钢现状钢铁产业链基础上实施的改扩建项目,其水源与现状用水水源一致,分为酒钢综合污水处理厂中水水源、讨赖河地表水水源、讨赖河地下水水源和镜铁山矿矿井涌水水源。

酒钢现状钢铁产业链所取用的常规水源,均在许可指标内取水,没有超指标取水;本项目实施后,在总用水量基本不变的情况下,增大中水回用力度,减少常规水源的取水量,无须新增取水指标，实现了增产减水。项目取水符合区域水资源配置要求，符合《中共中央　国务院关于加快水利改革发展的决定》提出的"大力推进污水处理回用，积极开展海水淡化和综合利用，高度重视雨水、微咸水利用"精神，也符合《钢铁企业节水设计规范》提出的"现有钢铁企业已利用地下水作为主要生产水水源的，应逐步开发地表水、非传统水源取代地下水"要求。

根据可研，项目采用先进节水工艺技术和设备，减少用水量。其主要包括焦化以干熄焦代替湿熄焦，高炉煤气除尘为干法除尘，炼钢转炉和轧钢加热炉采用汽化冷却，连铸二冷采用水雾冷却方式，采用节水型设备使水漏损降低等。通过循环、再利用，降低水资源消耗。其主要包括实施分质供水（将厂区用水分为三类，即生活水、生产新水、污水处理厂回用中水）；提高水循环利用率，提高循环水浓缩倍数；实施串级用水，如焦化废水处理后作为高炉冲渣等用水；中水回用等（符合国家关于发展推广循环用水系统、串连用水系统、再生水回用系统），提高水的重复利用率的总体要求（符合《中国节水技术政策大纲》、《当前国家鼓励发展的节水设备（产品）》等相关要求）。

综上所述，从发展规划、产业政策、行业准入条件、水资源管理与配置等方面分析，嘉峪关水资源从管理层面可以支撑酒钢的循环经济与结构调整的实施。

第 9 章　水资源保护措施

为了水资源的优化配置、高效利用和科学保护,对水资源供给、使用、排放的全过程进行管理,项目业主需要建立一套合理的水务管理制度,实行一把手负责制,培养一批精干的水务管理队伍,把水务管理纳入到施工、调试、生产运行管理之中,将清洁生产贯穿于整个生产全过程,既做到节水减污从源头抓起,又要做好末端治理工作,确保水资源的高效利用。本项目的水资源保护主要从非工程措施、工程措施两方面提出。

9.1　非工程措施

9.1.1　水务管理机构设置

经了解,本项目原料部分和钢铁部分均设有专门的水务管理机构,负责各部分的水务管理工作,但原料部分未配备相关的水质监测设备,从供用水安全角度考虑,论证建议原料部分配备必要的水质监测设备,参见表 9-1。

表 9-1　建议原料部分配备的仪器设备一览表

编号	仪器设备名称	数量(台)
1	万分之一天平	2
2	原子吸收分光光度计	1
3	722 分光光度计	1
4	pH 计	1
5	油份测定仪	1
6	电热干燥箱	1
7	生化培养箱	1
8	显微镜	1
9	溶解氧测定仪	1
10	电冰箱	2
11	计算机	2
12	其他	根据需要配备

9.1.2　水质监测内容

应对本项目各个水源、各类排水的水量、水质进行在线或定期监测,及时掌握各设备、各流程的运行情况。本项目水质监控内容见表9-2。

表9-2　本项目水质监控内容

序号	采样点位置	监测项目	检测标准
原料部分——镜铁山矿			
1	镜铁山矿地表水取水点	pH、总硬度、挥发酚类、氯化物、SS、COD_{Cr}、BOD_5、Cu、Cd、Hg、细菌总数、总大肠菌群、粪大肠菌群	《生活饮用水卫生标准》(GB 5749—2006)
2	镜铁山矿锅炉补充水进水系统	浊度、硬度、pH、全碱度	《工业锅炉水质标准》(GB 1576—2001)
3	污水处理站排放口	pH、SS、COD_{Cr}、BOD_5、总氮、总磷、NH_3–N、排水量	《城市污水再生利用　工业用水水质》(GB/T 19923—2005)、《城市污水再生利用　城市杂用水水质》(GB/T 18920—2002)
4	矿井水处理站进水口	SS、油类、COD、石油类、全盐量、总硬度、流量	—
5	矿井水处理站出水口	pH、悬浮物、总硬度、COD_{Cr}、石油类、流量	《煤矿井下消防、洒水设计规范》(GB 50383—2006)附录B
钢铁部分			
6	讨赖河地表水取水口、大草滩水库、厂区内6.6万 m^3 蓄水池	pH、水温、溶解氧、高锰酸盐指数、化学需氧量、五日生化需氧量、氨氮、总磷、总氮、氟化物、汞、铬(六价)、挥发酚、石油类、阴离子表面活性剂、总硬度、粪大肠杆菌、流量等	《地表水环境质量标准》(GB 3838—2002)、《工业循环冷却水处理设计规范》(GB 50050—2007)规定的水质标准
7	讨赖河水源地地下水出水前池	色(度)、臭和味、浑浊度、挥发酚类、COD_{Cr}、BOD_5、Cu、Cd、Hg、肉眼可见物、pH、总硬度、溶解性总固体、硫酸盐、氯化物、铁、铬(六价)、总大肠菌数、细菌个数、流量等	《地下水质量标准》(GB/T 14848—93)、《生活饮用水卫生标准》(GB 5749—2006)
8	酒钢综合污水处理厂进水口	化学需氧量、生化需氧量、悬浮物、动植物油、石油类、阴离子表面活性剂、总氮、氨氮、总磷、色度(度)、pH、粪大肠菌群数、浊度、铁、锰、氯离子、二氧化硅、总硬度、总碱度、硫酸盐、溶解性总固体、六价铬、流量等	《城镇污水处理厂污染物排放标准》(GB 18918—2002)、《城市污水再生利用　工业用水水质》(GB/T 19923—2005)

续表9-2

序号	采样点位置	监测项目	检测标准
9	酒钢综合污水处理厂出水口	化学需氧量、生化需氧量、悬浮物、动植物油、石油类、阴离子表面活性剂、总氮、氨氮、总磷、色度（度）、pH、粪大肠菌群数、浊度、铁、锰、氯离子、二氧化硅、总硬度、总碱度、硫酸盐、溶解性总固体、六价铬、流量等	《城镇污水处理厂污染物排放标准》（GB 18918—2002）、《城市污水再生利用　工业用水水质》（GB/T 19923—2005）
10	钢铁部分各环节排水口	《钢铁工业水污染物排放标准》所列监测因子及流量等	《钢铁工业水污染物排放标准》（GB 13456—2012）
11	中水深度处理系统排水口	《城市污水再生利用　景观环境用水水质》所列监测因子及流量等	《城市污水再生利用　景观环境用水水质》（GB/T 18921—2002）
12	尾矿坝周边地下水	色（度）、嗅和味、浑浊度、挥发酚类、COD_{Cr}、BOD_5、Cu、Cd、Hg、肉眼可见物、pH、总硬度、溶解性总固体、硫酸盐、氯化物、铁、铬（六价）、总大肠菌数、细菌个数、流量等	《地下水质量标准》（GB/T 14848—93）

9.1.3　水务管理

（1）制定行之有效的管理办法和标准，严格按设计要求的用水量进行控制，达到设计耗水指标，提高项目运行水平。

（2）项目来水应按照清污分流、污污分流、分散治理的原则进行管理，加强地表水、地下水、中水、矿井涌水等供水设施、各污水处理设施的管理，确保设施正常运行。

（3）每隔三年进行一次本项目各部分的水平衡测试及各水系统水质分析测试，找出薄弱环节和节水潜力，及时调整和改进节水方案，并建立测试技术档案。

（4）积极开展清洁生产审核工作，加强生产用水和非生产用水的计量与管理，应按照《用水单位水计量器具配备和管理通则》等有关要求，在主要用水工艺环节安装用水计量装置，并建立相应的资料技术档案。

（5）加大对职工的宣传教育力度，强化对水资源节约保护的意识和责任意识，严格值班制度和信息报送制度。

（6）建立起完备的突发性水事故应急预案及相关防范措施。

9.2　工程措施

9.2.1　供、退水工程水资源保护措施

为了维持供、退水管网的正常运行，保证安全供水，防止管网渗漏，必须做好以下日常

的管网养护管理工作：

（1）严格控制跑、冒、滴、漏损失，建立技术档案，做好检漏和修漏、水管清垢和腐蚀预防、管网事故抢修。

（2）防止供、退水管道的破坏，熟悉管线情况、各项设备的安装部位和性能、接管的具体位置。

（3）加强供、退水管网检修工作，一般每半年对管网进行一次全面检查。

9.2.2　项目废污水处置

在采取相关风险保障措施的前提下，本项目原料部分退水全部回用不外排，不会对区域水环境和第三方产生影响；钢铁部分外排废水为中水深度处理系统排水，该排水进入酒钢花海农场用于观赏性景观环境用水，其余均回用到生产工序，不会对区域水环境及第三方造成影响。

为防止以上风险事故的发生，业主单位应建立完善的水务管理制度、事故应急处理体系及保障措施，确保非正常工况下项目退水不会对区域水环境和第三方产生影响。建议业主在镜铁山矿设置事故污水缓冲水池1处，用于储存非正常工况下的退水；在钢铁部分焦化工序应设置事故废水储存池，用于储存非正常工况下的焦化酚氰废水。非正常工况下废水必须全部处理回用，不得外排。

9.3　固体废弃物水资源保护措施

经第7章论证分析，业主在积极实施固体废弃物综合利用、安全堆放填埋，对原料部分排土场（废石场）采取四周建截水沟、收集浸出液等措施的情况下，可以确保项目固体废弃物基本上不对区域水环境和第三方造成影响。

9.4　小　结

在建立起严格的水务管理制度、设置完备的事故应急处理体系、培养精干的水务管理队伍，对水资源供给、使用、排放全过程进行监控的情况下，可以实现本项目水资源的高效利用和有效保护。

第 10 章　结　论

10.1　水资源保障程度

（1）本项目原料部分镜铁山矿使用自身矿井涌水作为供水水源,符合国家产业政策要求,有利于水资源利用效率的提高;论证采用了大井法预算桦树沟矿区矿井涌水量,同时根据桦树沟矿井现状涌水量监测数据、桦树沟矿的水文地质条件等进行对比分析,认为大井法预算数据与实际相差较大,论证确定采用 100 m³/d 作为桦树沟矿井涌水的可供水量;矿井涌水处理工艺成熟,经处理后水质可以满足矿井生产用水水质要求,全部回用于矿山生产用水。综上分析,镜铁山矿回用自身矿井涌水,从政策、经济、技术角度分析可行,水量、水质基本可靠。

（2）本项目原料部分镜铁山矿取用讨赖河地表水量很小,在各种极端枯水来水条件下,项目取水水量均可以得到保证;取水口处水质较好,取水口处水深较大、河势稳定,取水口布置为非固定式,取水口设置合理。镜铁山矿建设符合国家产业政策,用水水平较高,取水水量很小,对区域水资源配置、河道水文情势、水功能区纳污能力、水环境及其他用户影响甚微。综上分析,本项目原料部分镜铁山矿取用讨赖河地表水可靠且可行。

（3）在大草滩水库引水期,酒钢引水枢纽断面枯水条件下的讨赖河来水量可以满足酒钢 4 500 万 m³/a 的许可取水量需求;考虑到大草滩水库的调节作用,酒钢及本项目钢铁部分供水完全可以得到保证。讨赖河地表水水质较好,本项目钢铁部分取水口、供水管线等将沿用现有布置,取水口位置设置合理。项目实施钢铁部分无须新增地表水取水指标,在现有地表水取水指标之内即可解决。综上分析,本项目钢铁部分取用讨赖河地表水可靠且可行。

（4）讨赖河水源地的地下水补给量为 24.635 6 万 m³/d,远大于其允许开采量 10.369 万 m³/d;经非稳定流干扰法验证,预测期实际水位降深小于设计最大降深,可形成稳定的降落漏斗,地下水允许开采量保证程度较高;讨赖河水源地地下水水质优良,适用于集中式生活饮用水水源及工农业用水;项目实施后,钢铁部分取用地下水量为 1 492 万 m³,比现状大幅度降低,符合《钢铁企业节水设计规范》要求,讨赖河水源地可采水量完全能够满足项目建成后用水需求;讨赖河水源地地下水资源丰富,抽水井之间干扰很小,井距、井深、井径的布设经济合理,技术上可行,现有井群可直接用于酒钢生产供水。综上分析,本项目钢铁部分取用讨赖河水源地地下水保证程度较高,水质较好,取水符合国家产业政策,取水可靠且可行。

（5）本项目钢铁部分取用中水水源符合国家产业政策和水源管理要求;因中水为非常规水源,其预测存在一定不准确性,从供水安全角度考虑,论证认为中水可供本项目钢铁部分的水量可按照现状实际较稳定的可供水量 9.2 万 m³/d 进行分析,设计水平年剩余约 3.5 万 m³/d 中水量全部供本项目使用;酒钢综合污水处理厂出水水质不能完全满足项目用水标准,在中水深度处理系统建成投入运行的情况下,本项目的中水用水水质可以得到保证;通过建立完善的应急供水方案和建设中水调蓄水池,可以实现本项目稳定用水,项目的供水保证程度可以得到满足;项目实施后,将在酒钢综合污水处理厂中水一干线末端的深度处理系统处取水,通过泵房升压后供给各用水点,取水口位置设置合理。综上分析,本项目钢铁部分取用中水水源可靠且可行。

10.2　用水合理性

合理性分析后,确定本项目原料部分年用水量为 26 万 m³,其中取用矿井涌水量为 3 万 m³/a,讨赖河地表水量为 23 万 m³/a;本项目钢铁部分年用水量为 4 415 万 m³/a,其中取用讨赖河地表水量为 1 672 万 m³/a,讨赖河水源地地下水量为 1 492 万 m³/a,酒钢综合污水处理厂处理后的中水为 1 251 万 m³/a。

经分析,原料部分单位产品取新水量为 0.03 m³/t 矿石,废水回用率 100%,企业内职工人均日用新水量为 0.09 m³/(人·d),符合相关规定,用水水平较高。

经分析,钢铁部分选矿工序单位产品取新水量为 0.829 m³/t,焦化工序单位产品取水量为 1.7 m³/t,烧结工序单位产品取水量为 0.2 m³/t,炼铁工序单位产品取水量为 0.578 m³/t,炼钢工序单位产品取水量为 1.532 m³/t,轧钢工序单位产品取水量为 0.466 m³/t,吨钢产品取水量为 3.887 m³/t(全流程),均符合相关行业清洁生产一级标准、《钢铁企业节水设计规范》和《甘肃省行业用水定额》(修订本)的相关要求,用水水平先进。

10.3　产业政策符合性与规划相容性

酒泉钢铁(集团)有限责任公司循环经济和结构调整项目为国务院批复的《甘肃省循环经济总体规划》重要组成部分,项目的建设符合国家《钢铁产业发展政策》、《钢铁行业生产经营规范条件》、《钢铁工业"十二五"发展规划》、《产业结构调整指导目录(2011 年本)》以及《国务院关于印发"十二五"节能减排综合性工作方案的通知》等国家发展规划、产业政策、行业准入条件要求。

项目采取了一水多用、循环使用、重复利用、废污水再生回用等一系列节水措施,项目实施后,在总用水量基本不变的情况下,增大中水回用力度,减少常规水源的取水量,无须新增取水指标,实现了增产减水。项目取水符合区域水资源配置要求,符合《钢铁企业节水设计规范》提出的"现有钢铁企业已利用地下水作为主要生产水水源的,应逐步开发地表水、非传统水源取代地下水"要求,是落实《中共中央国务院关于加快水利改革发展的决定》提出的"大力推进污水处理回用,积极开展海水淡化和综合利用,高度重视雨水、微咸水利用"精神的具体体现。

10.4　对环境的影响

(1)项目原料部分镜铁山矿回用矿井涌水,有利于节约用水,提高水资源的利用效率,同时也避免了矿井涌水对讨赖河水环境的影响,对区域水资源的优化配置有积极的作用,对其他用水户没有影响。

在各保证率来水条件下,镜铁山矿取用讨赖河地表水占取水点处来水的比例最大不超过 0.54‰,对讨赖河水资源配置、河流水文情势、水功能区纳污能力等的影响甚微,对其他用水户基本没有影响。

(2)项目实施后,钢铁部分取用讨赖河地表水仅占引水枢纽处97% 保证率下来水量的3.8% ,比实施前有一定的降低;因项目取水占讨赖河来水比例相对较小,故对讨赖河的水文情势和水功能区纳污能力的影响较小。

多年来,酒钢严格按照规定时段引水,没有超指标引水,本项目取水不新增取水指标,因此对讨赖河下游其他用水户没有影响;酒钢讨赖河地表水取水指标完全满足本项目用水需求,取用地表水不会对企业内其他用户造成影响。

(3)项目实施后,钢铁部分取用讨赖河水源地地下水比实施之前有了大幅度降低,且在允许开采量和许可水量之内用水,对区域水资源配置没有影响;讨赖河水源地的开采可形成稳定的降落漏斗,不会出现水位持续下降状况,引起的泉水溢出量减少对酒泉西盆地生态环境基本无影响,对市傍河水源地、火车站水源地、双泉水源地影响甚微。

(4)本项目钢铁部分采用酒钢综合污水处理厂中水作为部分生产水源,是推进污水资源化、解决酒钢和嘉峪关市水资源供需矛盾、实现经济可持续发展战略的需要,有利于区域水资源优化配置和水资源利用效益、效率的提高。

(5)本项目原料部分镜铁山矿在正常工况下,废污水全部回用不外排,不会对区域水环境造成影响;在采取相关风险保障措施和完善的固体废弃物处置措施的前提下,非正常工况下镜铁山矿退水以及产生的固体废弃物对区域水环境和第三方影响甚微。

(6)本项目实施后,钢铁部分最终的外排废水为中水深度处理系统排水,该排水送至酒钢花海农场用于观赏性景观环境用水,正常工况下本项目钢铁部分退水不会对区域水环境及第三方造成影响;在钢铁部分建立起完善的风险应急和保障措施、对事故风险及时预测、及时处置的情况下,可以确保非正常工况下钢铁部分退水不会对区域水环境和第三方产生影响;在严格实施可研设计的固体废弃物处置方案的情况下,本项目实施后钢铁部分固体废弃物可以得到妥善处置,对区域水环境造成的影响甚微。

10.5　清洁生产水平

酒钢在生产和工程设计中遵循了循环经济的发展理念,按照建设节能、环保、高效的生产要求,遵循循环经济理念,通过采用先进的清洁生产工艺,如 TRT、烧结余热回收发电、余能回收、大型化和连续化的生产设备组织生产等,从源头上减少污染物的产生。采用资源、能源在公司内部和社会中的再利用、再循环措施,是兼顾发展经济、节约资源和环境保护的循环经济发展模式,以实现节约资源、提高能效和保护环境的目的。

按照《清洁生产标准　炼焦行业》(HJ/T 126—2003)、《清洁生产标准　钢铁行业(烧结)》(HJ/T 426—2008)、《清洁生产标准　钢铁行业(高炉炼铁)》(HJ/T 427—2008)、《清洁生产标准　钢铁行业(炼钢)》(HJ/T 428—2008),对照酒钢现状各工序的清洁生产水平,174 项可测指标中 147 项达到一级标准要求,13 项达到二级标准要求。对照本项目实施后酒钢各工序的清洁生产水平, 177 项可测指标中,153 项达到一级标准要求,14 项达到二级标准要求。

按照《清洁生产标准　钢铁行业》(HJ/T 189—2006),项目建成后,酒钢 32 项指标全部达到一、二级标准要求,说明酒钢具有较高的清洁生产水平。

10.6　水资源保护措施

在非工程措施和工程措施方面,建立起严格的水务管理制度、设置完备的事故应急处理体系、培养精干的水务管理队伍,在对水资源供给、使用、排放全过程进行监控的情况下,实现水资源的高效利用和有效保护。

10.7　小　结

从取用水合理性、政策的符合性等方面分析论证了酒钢循环经济和结构调整项目,同时从水资源管理、水资源量、水利工程等多方面分析论述了嘉峪关市水资源承载能力,从而论证得出,嘉峪关市水资源承载能力可以支撑酒钢循环经济和结构调整项目的实施。

参 考 文 献

[1] 张玲,尹政.甘肃省嘉峪关市水资源现状及开发利用程度分析[J].甘肃地质,2011,20(3):75-79.

[2] 水利部水资源水文司.SL/T 238—1999 水资源评价导则[S].北京:中国水利水电出版社,2000.

[3] 魏忠岩.嘉峪关市摆脱水资源短缺困境的对策[J].甘肃水利水电技术,2007,43(3):166-168.

[4] 马晓蕾,王静,黄迁辉.濮阳市地下水污染特征分析[J].地下水,2010(4):39-41.

[5] 焦瑞峰,吴昊,师洋.基于灰色关联分析的蒙特卡罗法建立水库出库水质预测模型[J].环境工程,2006,24(4):63-65.

[6] 王海锋,游进军,邵天一,等.石羊河流域水资源承载能力研究[J].水利水电技术,2011,42(10):1-4.

[7] 左其亭,等.城市水资源承载能力——理论·方法·应用[M].北京:化学工业出版社,2005.

[8] 张玫,贾新平,魏洪涛.南水北调西线一期工程调水地区河道内生态环境需水量的分析与计算[J].资源科学,2005,27(4):180-184.

[9] 雷红刚.泾河干流水资源变化趋势分析[J].甘肃水利水电技术,2008,44(5):319-320.

[10] 刘义国.小城镇水资源及其承载能力的探讨[J].安徽水利水电职业技术学院学报,2005,5(2):35-37.

[11] 薛万功,刘开清.讨赖河城区段综合治理模式探讨[J].人民黄河,2012,34(6):30-31.

[12] 吴泽宁,高建菊,胡彩虹.干旱区内陆河流域取水总量控制风险分析方法[J].水电能源科学,2013,31(7):143-146.

[13] 左其亭,王中根.现代水文学[M].郑州:黄河水利出版社,2005.

[14] 阮本清,韩宇平,王浩,等.水资源短缺风险的模糊综合评价[J].水利学报,2005,36(8):1-10.

[15] 吴艳,勒系琳.简析工业企业循环经济产业链设计与环境效益[J].企业经济,2012,385(9):60-62.

[16] 潘灶新,陈晓宏,刘德地.影响水资源承载能力增强因子的结构分析[J].水文,2009,29(3):81-85.

[17] 李奋华.讨赖河流域分水制度解析[J].甘肃水利水电技术,2010,46(2):39-41.

[18] 张耀宗,张勃,吕永清.祁连山区流域径流变化及影响因子研究——以讨赖河为例[J].干旱区资源与环境,2008,22(7):109-114.

[19] 吴昊,范如琴,焦瑞峰,等.黄河小浪底水文站河床冲淤趋势分析[J].人民黄河,2008,30(6):37-38.

[20] 李奋华.讨赖河流域水资源管理体制的构想[J].人民黄河,2011,33(1):59-61.

[21] 樊景.建设项目水资源论证实务操作手册[M].北京:中国知识出版社,2006.

[22] 谢晶,张百祖.嘉峪关水资源开发利用及用水水平分析[J].甘肃农业,2013,363(9):58-59.

[23] 刘花台,郭占荣,董华,等.西北地区地下水资源量及其变化趋势分析[J].水文地质工程地质,1999(6):35-39.

[24] 方子云.现代水资源保护管理理论与实践[M].北京:中国水利水电出版社,2007.

[25] 聂振龙,张光辉,申建梅,等.西北内陆盆地地下水功能特征及地下水可持续利用[J].干旱区资源与环境,2012,26(1):63-66.

[26] 吴泽宁,左其亭,张晨光.水资源配置中环境资源价值评估方法及应用[J].郑州工业大学学报,2001,22(4):1-4.

[27] 李小东.嘉峪关市水资源利用现状思考[J].调查研究,2009,229(11):37.

[28] 郝伏勤,黄锦辉,李群.黄河干流生态环境需水研究[M].郑州:黄河水利出版社,2005.

[29] 冯之浚.循环经济导论[M].北京:人民出版社,2004.

[30] 张永青,孙翠华,费燕.炼钢厂清洁生产与循环利用的实践[J].中国冶金,2010,20(3):39-41.

[31] 李国会,王雪,张立娟,等.浅谈钢铁工业的清洁生产与可持续发展[J].工业安全与环保,2012,38(8):76-78.

[32] 蔡九菊.钢铁企业能耗分析与未来节能对策研究[J].鞍钢技术,2009(2):1-6.